国家林业和草原局普通高等教育"十三五"规划教材

高等院校水土保持与荒漠化防治专业教材

水土保持与荒漠化监测

马维伟　李　广　主编

U0215369

中国林业出版社

China Forestry Publishing House

内容提要

《水土保持与荒漠化监测》是国家林业和草原局普通高等教育"十三五"规划教材。全书在介绍水土保持与荒漠化监测相关概念的基础上，系统阐述了水力、风力、冻融与重力侵蚀及荒漠化与沙化监测指标与方法，介绍了水土流失综合调查、生产建设项目水土保持监测的过程和方法，同时突出了新技术在水土保持监测中的应用介绍。

本书可作为高等院校水土保持与荒漠化防治专业本科生和研究生的教材，也可供从事水文、生态和环境保护监测工作、行业管理与技术培训等使用，并可作为相关专业科研人员研究和调查的参考书。

图书在版编目(CIP)数据

水土保持与荒漠化监测 / 马维伟，李广主编 . —北京：中国林业出版社，2022.8
国家林业和草原局普通高等教育"十三五"规划教材
高等院校水土保持与荒漠化防治专业教材
ISBN 978-7-5219-1756-7

Ⅰ.①水… Ⅱ.①马… ②李… Ⅲ.①水土保持–环境监测–高等学校–教材 ②沙漠化–环境监测–高等学校–教材 Ⅳ.①S157②P941.73

中国版本图书馆 CIP 数据核字(2022)第 115839 号

中国林业出版社教育分社

策划编辑：肖基浒   **责任编辑**：高红岩   王奕丹   **责任校对**：苏 梅
电话：(010)83143555   **传真**：(010)83143516

出版发行	中国林业出版社(100009 北京市西城区刘海胡同 7 号)
	E-mail：jiaocaipublic@163.com 电话：(010)83143561
	http://www.forestry.gov.cn/lycb.html
印　刷	北京中科印刷有限公司
版　次	2022 年 8 月第 1 版
印　次	2022 年 8 月第 1 次印刷
开　本	787mm×1092mm　1/16
印　张	15.5
字　数	368 千字
定　价	48.00 元

《水土保持与荒漠化监测》
编写人员

主　　编：马维伟　李　广

副 主 编：卢　嘉

编写人员：(按姓氏笔画排序)

马维伟　(甘肃农业大学)

卢　嘉　(甘肃农业大学)

华　丽　(华中农业大学)

李　广　(甘肃农业大学)

杨彩红　(甘肃农业大学)

前　言

随着新时代社会主义生态文明观的树立和乡村振兴战略的不断深入，国家高等教育对新时代水土保持与荒漠化防治专业人才培养提出了新要求。水土保持与荒漠化监测作为水土保持与荒漠化防治专业一门技术性、综合性和实践性很强的专业课程，教学内容和方法正经历着重大转变。首先，随着科学技术和生产实践的发展，水土保持与荒漠化监测的基本理论和监测方法不断推陈更新，监测课程内容越来越丰富；其次，国家水土保持方面的有关法律法规、标准和技术规范的更新和颁布，需要对课程内容进行调整补充；最后，水土保持与荒漠化监测方法和手段的不断创新，在研究方法上，随着卫星遥感、无人机等高新技术的发展及其成本降低，监测的立体化、自动化、智能化已成为未来发展的必然趋势。水土保持与荒漠化监测发生的这些重大转变，为本书的编写提供了新的素材，丰富了本书的内容。

本书在理清水土保持与荒漠化监测相关概念，分析水土保持与荒漠化监测目的与任务，概述水土保持与荒漠化监测国内外发展历程等基础上，依据水土保持与荒漠化监测的相关法律法规、标准和技术规范，结合学科发展特点，系统阐述了不同水土流失类型和荒漠化监测的内容、指标、方法和设施设备等。编写中既考虑了传统的、成熟的原型监测技术理论和方法，也兼顾了近年来理论与实践创新的新技术和新方法，并突出了监测方法的实际操作运用，力求内容系统、结构层次清晰。

编者根据"水土保持与荒漠化监测"课程的教学体系、教学规律和特点，参考国家相关法律、标准规范和规定，结合多年来在水土保持与荒漠化监测教学中积累的经验，编写了这本教材。本书由马维伟、李广任主编，卢嘉任副主编。编写具体分工如下：第1章、第5章、第7章由甘肃农业大学马维伟编写；第2章、第4章由甘肃农业大学卢嘉编写；第3章由甘肃农业大学杨彩红编写；第5章由甘肃农业大学李广编写；第6章由华中农业大学华丽编写。全书的由甘肃农业大学马维伟和卢嘉统稿。

本书的编写得到中国林业出版社、甘肃农业大学教务处和林学院领导的支持和帮助，在此表示感谢！在编写过程中也得到了甘肃农业大学张富研究员、张玉珍副教授的指导和帮助，在此致以诚挚的谢意！

本书对所引用的标准、规范、教材、专著和期刊的资料和图片尽可能做了标注，如有遗漏和错误之处，敬请谅解。由于编者水平有限，书中内容难免存在疏漏和错误之处，恳请读者批评指正。

编　者

2021年10月

目　录

第 1 章

绪 论

　　水土流失和荒漠化是当今世界面临最重大的生态环境问题之一，它引发的巨大环境灾害影响着区域经济和社会的可持续发展，严重危及人类的生存与安全，因而防治水土流失和土地荒漠化、改善生态环境已受到各国政府的广泛关注。

　　我国是世界上水土流失和荒漠化最为严重的国家之一，水土流失和荒漠化面积大、范围广、类型多，严重危害国家的生态安全、防洪安全、粮食安全和饮水安全。加快水土流失与荒漠化综合防治，保障国家生态安全是我国一项长期的战略任务，也是践行"绿水青山就是金山银山"理念、防范和化解生态安全风险，建设美丽中国的现实需要。为了治理水土流失，防止荒漠化发展，必须准确把握我国水土流失和荒漠化动态变化规律。水行政及林业和草原行政管理部门为了掌握水土流失与荒漠化的类型、危害、防治效果及其动态变化，需要开展水土保持与荒漠化监测。因此，开展水土保持与荒漠化监测是水土流失与荒漠化预防、治理和监督执法的重要基础手段，是践行"绿水青山就是金山银山"的重要举措，是国家保护水土资源、建设生态文明、促进可持续发展的重要基础。开展水土保持与荒漠化监测，发布水土流失及荒漠化现状，已成为《中华人民共和国水土保持法》和《中华人民共和国防沙治沙法》赋予水行政及林业和草原行政管理部门的神圣职责。

1.1　水土保持与荒漠化监测指标的相关概念

　　(1)水土保持

　　水土保持(soil and water conservation)是指防治水土流失，保护、改良与合理利用水土资源，维护和提高土地生产力，减轻洪水、干旱和风沙灾害，以利于充分发挥水、土资源的生态效益、经济效益和社会效益，建立良好的生态环境，支撑可持续发展的生产活动和社会事业。

　　(2)水土流失

　　水土流失(soil erosion and water loss)是指在水力、风力、重力及冻融等自然营力和人类活动作用下，水土资源和土地生产能力的破坏和损失，包括土地表层侵蚀和水的损失。在我国，广义上的水土流失还包括土壤侵蚀。土壤侵蚀(soil erosion)指在水力、风力、重力及冻融等自然营力和人为活动的作用下，土壤或其他地表组成物质被破坏、剥蚀、搬运和沉积的过程。

　　土壤侵蚀的影响因素包括自然因素和人为因素，分为自然侵蚀和人为侵蚀。自然侵蚀指不受人为影响仅受自然作用过程而发生的侵蚀，如地质侵蚀(又称正常侵蚀)。人为侵蚀

(又称加速侵蚀)指由人类活动,如开矿、修路、工程建设以及滥伐、滥垦、滥牧、不合理耕作等,引起的土壤侵蚀。与此同时,土壤侵蚀还可以根据侵蚀的作用力分为水力侵蚀、风力侵蚀、重力侵蚀和冻融侵蚀等,其中水力侵蚀和风力侵蚀是我国最主要侵蚀类型,水力侵蚀一般又称水土流失。

本书中水土流失主要指水力侵蚀,即水蚀。

(3)荒漠化

荒漠化(desertification)主要指包括气候变异和人类活动在内的各种因素造成的干旱、半干旱和亚湿润干旱地区的土地退化。该定义明确了3个问题:①指出"荒漠化"是在包括气候变异和人类活动在内的多种因素的作用下产生和发展的,明确了荒漠化产生的原因;②指出"荒漠化"发生在干旱、半干旱及亚湿润干旱区(指年降水量与可能蒸散之比在0.05~0.65的地区,但不包括极区和副极区),明确了荒漠化产生的背景条件和分布范围;③指出"荒漠化"是发生在干旱、半干旱及亚湿润干旱区的土地退化,明确了荒漠化的表现形式,也将荒漠化置于宽广的全球土地退化的框架内,界定了区域范围。

(4)水土保持与荒漠化监测

监测(monitoring),根据《辞海》,"监"有监视、督查之意;"测"有测量、估计和猜想、推想之意;"监测"则为"监视测量"之意。一般来说,监测是指对某种现象(监测对象)的变化过程进行长期地、持续地观测和分析过程。

水土保持监测指以水土流失过程、水土保持活动及其环境因子变化为对象的监测。在我国,水土保持监测通常指以从保护水土资源和维护良好的生态环境出发,运用多种手段和方法,对水土流失产生的原因、数量、影响范围、危害及其防治成效等进行动态监测和评估。长期地、持续地观测是掌握水土流失规律,进行水土流失防治的基础。美国的全国性水土保持监测早期每5年进行1次,现在每年1次;我国的土壤侵蚀普查,每5~10年进行1次;完整进行水土保持监测界定,必须从对象、方法、内容和频次等方面考虑。

荒漠化监测是人类对全球或某一地区的干旱、半干旱及亚湿润干旱区因气候变动、人类活动及其他因素引发的土地退化现象,采取某些技术手段就人类所关心的、可以反映土地退化现象的某些指标进行定期、不定期观测,并以某种媒介形式进行公布的活动。我国于1994年组织开展了第一次荒漠化和沙化土地监测,其后以5年为一个周期进行监测,截至2020年已开展了6次。

(5)水土保持监测指标的相关概念

① 土壤侵蚀量(soil erosion amount)　指土壤及其母质在侵蚀营力作用下,被分离和移动的数量,通常以 t/hm² 为单位。

② 土壤流失量(amount of soil loss)　指土壤及其母质在侵蚀营力的作用下,产生位移并通过某一观察断面的泥沙数量,以 t 或 m³ 为单位。通常用径流小区来观测土壤流失量。

③ 土壤侵蚀强度(soil erosion intensity)　指以单位面积和单位时段内发生的土壤流失量为指标划分的土壤侵蚀强弱等级。

④ 土壤侵蚀模数(soil erosion modulus)　指单位时段内单位面积地表土壤及其母质被侵蚀的总量,通常以 t/(hm²·a)为单位。

⑤ 容许土壤流失量(soil loss tolerance)　指为保持土壤资源永续利用和维持可持续土

地生产能力确定的土壤流失量上线，最小值往往是成土速率，或根据经济目的或环境目的确定的值。

⑥ 水蚀基准面(water erosion base) 指水流下切接近某一平面后即失去侵蚀能力，不再往下侵蚀，这一平面称为侵蚀基准面。

⑦ 沟壑密度(gully density) 指单位面积内分布的沟道总长度，通常以 km/km^2 为单位。

⑧ 流域产沙量(watershed sediment yield) 指通过流域出口观测断面的泥沙量及其上游工程拦蓄和沟道、河床及湖泊等沉积的泥沙量的总和，通常以 t 为单位。

⑨ 流域输沙量(amount of sediment delivery) 指通过流域出口观测断面的泥沙总量，以 t 为单位。

⑩ 含沙量(sediment concentration) 指单位体积水体中所含泥沙的重量，通常以 kg/m^3 为单位。

⑪ 输沙模数(modulus of sediment yield) 指某一时段内，流域输沙量与相应集水面积的比值，通常以 t/(km^2 · a) 为单位。

⑫ 泥沙输移比(delivery ratio) 指在某一时段内，通过沟道或河床某一段面的泥沙总量与该断面以上流域的产沙量的比值。

(6)荒漠化监测指标的相关概念

① 生物生产力(biological productivity) 指单位面积土地的生物在整个生育过程中累积的有机物质总量。包括根、茎、叶、花、果的干重和所载动物。

② 景观(landscape) 指具有单一地质基础，成因相同，能代表同一生态特征的一个自然区域综合体。尺度一般在几千米至几十千米。

③样区(sample region) 指在一景观区内，选作长期固定观测的地段。面积一般为 0.1~10 km^2。

④ 测点(measurement point) 指在样区中按指定规律或随机方法选出进行测量的地点，或根据实际情况在样区外选择的流动的测量地点。

⑤ 样方(sample area) 指在测点进行某些操作(如测量植物干重、植被覆盖率等)所选择的采样区。测量草地时，样方取 1~4 m^2；测量灌木或灌丛，样方取 10~20 m^2；测量森林，样方取 500 m^2。

1.2 水土保持与荒漠化监测的目的、依据、原则及任务

党的十八大以来，"既要金山银山，又要绿水青山"成为推动生态文明建设的重要指导方针。2018 年，第十三届全国人民代表大会通过的宪法修正案将建设"美丽中国"和生态文明写入宪法，生态文明的主张成为国家意志的体现，绿色发展理念更加深入人心，水土保持监测是实现绿色发展的基础。

1.2.1 监测的目的及意义

水土保持与荒漠化监测是对我国水土保持与荒漠化发展的精准"把脉"，对于绿色发展

起着重要的推动作用。通过对我国水土流失与荒漠化的面积、类型、程度、强度、时空分布特征，以及影响因素、发生发展规律、动态变化趋势的监测，摸清水土流失和荒漠化发展现状，掌握水土流失和荒漠化的扩展或逆转信息，对水土流失综合治理和生态环境建设宏观战略决策以及合理、科学、全面系统地布设水土保持措施和实施重大工程战略提供支撑；通过监测认清在一定的地理环境、土壤和气候条件下，不同水土保持措施的布局和施工顺序，同时掌握各种水土保持措施的调水保土、社会、经济和生态等效益，对于同类地区治理规划和水保措施布局的调整提供理论指导；通过对生产建设项目的监测，掌握项目实施前后的水土流失状况、地表干扰状况及其治理达标程度，为水土保持监督管理提供依据，对准确执行相关水土保持法规政策具有重要现实意义；通过长期定位实验观测，结合其他类型监测，对水土保持研究、水土流失与风蚀模型及其动态预报，以及科学制定有关法律法规有重要的科学意义。因此，研究水土流失及荒漠化发生发展规律和动态趋势，评价水土保持与荒漠化治理成效，已成为国家制定生态建设宏观战略决策、调整总体部署、实施重大工程的重要任务。

1.2.1.1 水土保持监测的目的及意义

随着水土保持工作的不断发展，监测的主要目的可以概括为查清水土流失现状，评估水土保持生态建设状况和效益，跟踪生产建设项目水土保持动态，为政策法规和科学管理服务，为社会公众提供服务等几个方面内容。

(1)查清水土流失现状

水土流失是资源破坏、生态恶化的症结，查清水土流失的范围、程度、强度(潜在危险性)、危害及流失量等水土流失现状，用相对的指标回答水土流失动态变化问题。一般从以下几个方面进行。

①宏观尺度的水土流失现状 一般在不小于1:250 000比例尺下，从宏观尺度掌握全国或大江、大河流域内的水土流失发生的大致范围和侵蚀强度，或者从较长历史时期分析土壤侵蚀现状。监测对象主要包括全国水力、风力、冻融三大土壤侵蚀类型区，具体范围为：①大兴安岭—阴山—贺兰山—青藏高原东缘一线以东南，以水力侵蚀为主的类型区，包括西北黄土高原、东北的低山丘陵和漫岗丘陵、北方山地丘陵、南方山地丘陵、四川盆地及周围山地丘陵、云贵高原等地；②主要分布在西北、华北、东北西部等地，以风力侵蚀为主的类型区，包括新疆、青海、甘肃、宁夏、内蒙古、陕西等省(自治区)的沙漠及沙漠周边地区；③我国西部青藏高原、新疆天山等一些高山地区和黑龙江流域、大小兴安岭等一些高寒地区，以冻融侵蚀为主的类型区。大江、大河流域主要为长江流域、黄河流域、淮河流域、海河流域、珠江流域、松辽流域、太湖流域和西南诸河流域等。宏观尺度的水土流失监测主要是掌握土壤侵蚀一级类型及其分布的范围、大致面积、总体发展趋势，为国家或大流域尺度上的水土保持战略决策、水土保持区划提供依据，为国民经济发展中的水土资源和人口布局的导向提供依据。

②中尺度的水土流失现状 一般在不小于1:100 000比例尺下，从中观尺度掌握大、中流域范围内的水土流失发生的范围和侵蚀强度，或者10~20年的历史时期分析土壤侵蚀现状。监测对象主要包括省(自治区、直辖市)与重点防护区(小兴安岭、呼伦贝尔、长白山等23个国家级水土流失重点防护区)。中尺度的水土流失监测主要掌握土壤侵蚀亚类型

及其分布位置、面积、发展趋势，为流域或省级水土保持中期规划提供依据，为水土保持生态建设项目提供可行性研究资料，为大范围的生产建设项目水土保持方案和监测提供本底数据，为国民经济发展规划提供基础资料。

③小尺度的水土流失现状 一般在不小于1：10 000 比例尺下，较详细地掌握区域或中、小流域水土流失发生的范围和侵蚀强度，或者5～10 年的时间内土壤侵蚀程度变化。监测对象主要包括县(县级市)及中、小流域。小尺度的水土流失监测主要是掌握土壤侵蚀类型及其准确分布位置、面积、发展阶段、水土流失危害等，服务于区县级水土保持可行性研究，为小流域治理初步设计的措施布局、小范围的生产建设项目水土保持提供基础资料。

④典型小流域尺度的水土流失现状 研究不同水土流失类型区水土流失规律，定位、定量观测在不同地形、土壤、地表覆盖、外营力特征等条件下的水土流失量，地表土壤侵蚀程度、坡面细沟发育年度内的发展变化趋势，泥沙迁移及化学物质随泥沙输移规律(包含面源污染)，沙丘移动等，为水土保持措施设计、建设项目设计提供详细参数资料。

⑤指定断面水土流失量 研究坡面向沟道、小流域向大流域及上游向下游变化时的输沙量与沟道侵蚀规律，设定固定断面或随机断面，监测其在不同时间范围或时段的水土流失量，主要为河道及河流沿岸工程建设提供数据。

(2)评估水土保持生态建设状况和效益

水土流失综合防治是实现水土保持生态建设的主要任务，是实现"绿水青山"的基础。通过水土保持监测，能够准确获得建设项目的实施进度、质量状况，成为水土保持项目验收的基础；评价不同措施配置对水土流失的防治效果(即水土保持综合治理效益)，可回答水土保持综合治理措施配置和施工顺序合理的问题，也为实现水土保持的"绿水青山"向"金山银山"的精准量化提供数据保障；分析水土保持生态环境效益，为水土保持规划和可行性研究提供依据。

①水土保持生态工程实施状况 通过监测准确获得水土保持生态建设项目的实施状况，包括各项治理措施的分布位置、数量、规格、质量、进度是否符合国家标准、行业标准和地方标准，是否与设计指标一致，是否按期完成。水土保持治理状况的监测结果可以为水土保持建设项目监理、项目验收等提供基础数据。

②水土保持防治效果 水土流失综合防治效果，可利用地面监测、高低空遥感监测、典型调查等方法，获得前后不同水土保持措施布局和数量、地表覆盖变化等。通过分析实施这些水土保持措施前后的地表破坏减轻程度、调水保土能力变化、养分流失减少量和措施增加的直接经济产值等指标来精准量化水土保持综合治理效果。通常采用相似无措施治理小流域对比分析(梯田、保土耕作法与一般坡耕地对比，造林、种草与荒坡或退耕地对比)，或者采用治理前后相同微区域的观测值变化来说明治理效果。

通过对水土保持耕作措施监测可以验证各种耕作管理方法对改变微地形带来的效果；通过水土保持生物措施监测可以验证林草植被覆盖地表、改良土壤和控制水土流失的效果；通过水土保持工程措施可以验证各种工程措施控制水土流失的效果。这些水土保持措施治理直接效果和措施配置防治水土流失效果，为水土保持综合治理的措施配置和施工顺序提供依据。

③水土保持生态环境效益　水土保持生态环境效益是指流域水土流失治理后，对周边生态环境和下游的水沙输移、泥沙(风沙、滑坡)淤积危害、洪水危害的影响。分析水土保持生态环境效益，能够帮助我们从更广的视角理解水土保持治理效果，避免"站在治理区谈水土保持与效益"的狭隘观点，为水土保持规划和国家决策提供理论基础。

(3)跟踪生产建设项目水土保持动态

通过对生产建设项目的扰动土地面积、水土流失的情况实施动态监测及对防治效果进行及时有效的评估，能够及时预防水土流失的发生，将生产建设项目产生的水土流失控制在最低范围。

①监测水土流失动态，为完善水土保持工作提供基础数据　生产项目水土保持监测工作，主要对水土流失数量、强度、成因和影响范围动态监测，监测水土流失的变化动态，分析潜在的危险，为防治水土流失提供科学数据和信息，也为完善水土保持方案提供依据。

②监测生产建设项目水土流失动态，为工程建设提供安全保障　在生产项目建设中，随着人为活动和外力作用的突变，场地的地表扰动增强，料场和弃渣场侵蚀随之出现，同时出现一些隐蔽的危险。在水土保持动态监测中，实时对监测对象的特征、数量变化、突发事件的损坏和危害进行监测跟踪，能够及时有效采取防范措施，规避风险，减少财产和生命损失。

③客观全面分析建设项目水土流失防治效果，为项目建设管理提供依据　在生产项目建设中，对水土流失进行动态监测，对水土流失防治效果进行客观评价，能为管理机构提供准确信息，便于及时采取合理防治措施，有效控制工程建设。水土保持监测也为水土保持方案的实施、水土保持的监督管理和后期评估工作提供基础数据。同时，为同类水土流失的防治工作提供参考数据。

④对水土保持设施和效益进行评价，为设施验收和管护提供参照标准和依据　在水土保持全面实时的动态监测中，对水土保持设施的数量、质量和效果，以及变化趋势作出科学分析，能为水土保持设施的验收和管护提供科学依据。同时，在全面的动态监测中，对项目建设中的土壤流失控制比、渣土防护率、林草植被的覆盖率和恢复率、水土流失的总治理状况等问题作出科学分析，对水土保持措施的实施效果作出全面评价，也能为水土保持工作的管理提供基础数据和信息。

⑤为水土保持学科发展服务　水土保持工作的宗旨是协调人与自然的和谐相处。生产建设项目对生态环境的破坏主要是人为活动引起的，在自然力作用下，对地表植物造成干扰和破坏，同时排放大量不同形态的废弃物。通过水土保持监测工作，研究分析这类人为侵蚀破坏的机理、特点和变化规律，为水土保持防治提供依据，是水土保持学的一个新发展方向。在水土保持监测的实时动态监测过程中，对不同条件下水土流失的变化情况和水土保持的效果进行分析，不断总结水土流失发展变化的规律和影响，为水土保持监测提供理论依据，推动水土保持科学技术不断发展完善。

(4)为政策法规和科学管理服务

从不同尺度和不同方面开展的水土保持监测，能够从宏观到微观获得不同区域空间水土保持真实情况，为支撑行政决策、政策法规制定提供依据；长系列的动态监测成果是科学研究和水土保持科学发展的重要基础和条件，也为科学管理和规划、公众信息服务提供了依据。

（5）为社会公众提供服务

为社会公众提供水土保持生态服务是水土保持监测的新课题，也是水土保持发展的新趋势。目前还没有成熟的服务模式和内容，但随着人们生态意识的提高和生产效率的需求不断提升，这种服务理念会越来越深刻。如通过监测可以减少肥料的使用，找出合理的耕作措施，防治区域面源污染、保障生态安全，也可为水土保持法律的制定提供依据。

1.2.1.2　荒漠化监测的目的及意义

20 世纪 90 年代，随着《联合国防治荒漠化公约》的签署出现了荒漠化监测这个新兴科学领域，从此世界各国开始了探讨和研究。荒漠化监测目的主要为：了解和掌握荒漠化土地发展现状、动态及防治方法的积极性和准确性；为各级政府和决策部门提供宏观理论依据；为防治荒漠化与防沙治沙体系的制定和调整、国家土地资源的合理开发和保护利用及可持续发展战略的实现提供基础数据；同时，也是履行《联合国防治荒漠化公约》，开展国际交流与合作的需要；荒漠化监测在环境质量评估和土地管理中也占有重要地位。就荒漠化土地整治而言，荒漠化监测是防治荒漠化方针制定的基础，能够用来判别防治效果，并对可能产生的负面影响进行及时预测。因此，荒漠化监测为加快推进生态文明建设，推动国家退化土地防治能力现代化，落实最严格生态环境保护制度，实施重大生态保护和修复工程，科学决策、合理保护、有效治理荒漠化和沙化土地提供依据。

1.2.2　水土保持与荒漠化监测法规与技术依据

早在 20 世纪 20 年代，我国就开始了径流泥沙测验等工作，但其制度建设，尤其是以法律形式规范行为，是以 1991 年《中华人民共和国水土保持法》颁布为标志，并以此为依据和基础逐步建立起来的。按管理效力，可分为法律法规、规范性文件和技术标准 3 个层次。

法律法规主要包括《中华人民共和国水土保持法》《中华人民共和国防沙治沙法》《水土保持生态环境监测网络管理办法》等，具有强制性、纲领性和原则性等特点，尤其是 2011 年 3 月施行的修订后的《中华人民共和国水土保持法》，吸收了 1993 年国务院制定的《中华人民共和国水土保持法实施条例》部分内容，从水土保持监测的地位与作用、完善水土流失调查与公告制度、严格生产建设项目水土保持监测管理、完善水土保持监测网络和保障监测经费 5 个方面强化了水土保持监测工作，是水土保持与荒漠化监测工作管理制度体系建设的基本遵循。

规范性文件主要包括水利部办公厅关于印发《水利部关于加强水土保持监测工作的通知》《水利部关于进一步深化"放管服"改革全面加强水土保持监管的意见》《水利部办公厅关于进一步加强生产建设项目水土保持监测的工作通知》《生产建设项目水土保持监测单位水平评价管理办法》的通知等，具有规范性、程序性等特点。

技术标准多是规范监测技术行为的，现行标准包括《水土保持监测技术规程》（SL 277—2002）、《水土保持遥感监测技术规范》（SL 592—2012）、《水土保持监测点代码》（SL 452—2009）、《水土保持监测设施通用技术条件》（SL 342—2006）、《生产建设项目水土保持监测与评价标准》(GB/T 51240—2018)、《土地荒漠化监测方法》(GB/T 20483—2006)等，以及《生产建设项目水土保持监测规程(试行)的通知》《全国荒漠化和沙化监测技术规定》(2019 年修订版)、《全国荒漠化和沙化监测管理办法》等规定。各省(自治区、直辖市)也制定或出台了地方性水土保持监测法规、管理制度和地方性技术标准或规定。此外，党的十八大以来，党中央、国务院对全面推进生态文明建设做出了一系列重大决策部署，如《中共中央 国务院关于加快推进生态文明建设的意见》《生态文明体制改革总体方案》《关于划定并严守生态保护红线的若干意见》等，制定了《生态文明建设目标评价考核办法》《党政领导干部生态环境损害责任追究办法(试行)》和《生态环境监测网络建设方案》等制度文件，这一系列文件为水土保持监测指引了方向。

近年来，水利部水土保持监测中心新编和修订了与水土保持监测有关的技术标准共 22 项，其中国家标准 13 项、行业标准 9 项。涉及水土流失分类分级、监测技术、质量控制、监测设施设备和信息化等方面，构成了水土保持监测技术标准体系，为提高我国水土保持监测水平、保证监测成果质量提供了保障，为水土保持社会化管理和工程建设提供了技术依据。

1.2.3　水土保持与荒漠化监测的原则

1.2.3.1　水土保持监测的原则

水土保持动态监测能够及时、准确、全面地反映水土保持生态建设情况、水土流失动态及其发展趋势，为水土流失防治、监督和管理决策主动服务、及时服务和超前服务，为国家生态建设提供依据。因此，监测工作应充分考虑服务对象的需求和服务的有效性，在监测工作中应遵循以下原则。

(1)规范性

监测方法、监测方式和范围的界定、指标等必须统一，监测描述和表达等应符合国家标准，监测方法在同一类型区具有通用性。

(2)综合性

针对不同的水土保持监测对象和项目任务，应从自然、经济和社会等多方面选择监测指标，从多个角度反映水土流失及其预防、治理状况；在水土保持监测的方法上，既要利用现代高新技术，也要采取常规调查，互相补充，使得监测结果全面、完整、科学和可靠。

(3)动态性

水土保持监测应定期或不定期进行，开展连续定位观测、周期性普查和临时性监测，或定位观测、普查和临时监测相结合，以便了解水土流失及其防治现状、分析其动态变化、预测其演变趋势。在大量的监测、专题研究和调查的基础上，综合开展物理过程分析、机理研究和数量统计等，建立各个监测指标、土壤流失量和水土流失效益等预报模型，以期实现定位、定量的动态监测和预报。

(4)层次性

水土保持监测的层次性既是监测对象、水土保持防治项目组织管理的客观要求，也是水土保持科学研究发展的必然结果。宏观尺度、中观尺度、微观尺度和典型小流域尺度的水土保持监测均涉及层次性。受必要性和技术条件限制，监测可以在全国、大江(河)流域、重点地区或典型样点(某一流域或某一段面)进行。

1.2.3.2 荒漠化监测的原则

为解决好荒漠化监测与沙漠化普查的衔接及其与国际接轨问题，荒漠化监测应遵循如下原则。

(1)监测重点

首先着眼于国内防沙治沙和荒漠化土地开发利用对监测信息的需要，特别是在亚湿润干旱气候条件下，应该重点监测农林牧交错沙区土地资源的合理开发利用。

(2)与国际接轨

在《联合国防治荒漠化公约》定义、目标及原则的指导下，使监测的对象、内容及标准与国际接轨。

(3)监测本底

以全国荒漠化、沙化普查定义作为起点和基础，普查的图件和数据成果作为监测本底的重要组成部分。

(4)技术目标

常规技术与高端技术相结合，通过试验研究，逐步实现以高端技术为主要监测手段的技术目标。

1.2.4 水土保持与荒漠化监测工作的主要任务

水土保持与荒漠化监测的主要任务有：①定期监测全国或地方水土流失及荒漠化面积、程度、强度、土地利用状况、植被状况、土地生产力状况和群众经济状况；②定期监测全国或地方水土保持及荒漠化治理状况，如水土流失和荒漠化治理面积、河流含沙量、沙尘暴状况、各类水土保持和荒漠化防治工程、植被覆盖率、优化农林牧(副)业产业结构和土地利用结构、土地生产力的提高，农民经济改善状况等；③根据需要和条件，定期提供全国和地方重点水土流失区和荒漠化地区及其治理区的自然、经济和社会发展状况的监测数据和图件等；④定量化分析多种因素与水土流失及荒漠化的关系，建立各地区不同水土流失和荒漠化防治措施与区域经济、社会发展的模型，预测、预报水土流失及人为影响因素的变化趋势，分析优化有关地区的综合治理规划，为水土保持和区域发展服务。

为促进水土保持与荒漠化监测工作有序发展，水利部制定了《全国水土流失动态监测规划(2018—2022年)》，目标为：通过实施覆盖全国的水土流失动态监测，掌握到县级行政区域的年度水土流失面积、分布、强度和动态变化，为水土保持政府目标责任考核、生态文明评价考核、生态安全预警、领导干部生态环境损害责任追究，以及国家水土保持和生态文明宏观决策等提供支撑和依据。规划任务：一是对23个国家级水土流失重点预防区和17个国家级水土流失重点治理区开展动态监测，涉及1091个县，县域面积499.8×10^4 km²；二是选取不同侵蚀类型区的115个典型监测点开展水土流失定位观测；三是根据国家级重点防治区和省级水土流失动态监测成果，结合监测点观测数据等资料，开展全国水土流失年度消长情况分析评价；四是开展水土保持监测数据整(汇)编；五是加强监测成果与信息应用，编制年度水土保持公报。

1.3　水土保持与荒漠化监测的内容和方法

1.3.1　监测的内容

1.3.1.1　水土保持监测的内容

《中华人民共和国水土保持法》第二条规定："本法所称水土保持，是指对自然因素和人为活动造成水土流失所采取的预防和治理措施。"因此，水土保持监测范围应包括水土流失及其预防和治理措施。

《中华人民共和国水土保持法》第四十二条规定："国务院水行政主管部门和省、自治区、直辖市人民政府水行政主管部门应当根据水土保持监测情况。定期对下列事项进行公告：（一）水土流失类型、面积、强度、分布状况和变化趋势；（二）水土流失造成的危害；（三）水土流失预防和治理情况。"因此，水土保持监测内容应包括以下4个方面：

（1）影响水土流失的自然因素和人为活动

主要包括气象（如降水、风速风向、温度等）、土壤、地形地貌、植被覆盖、土地利用、水土保持措施的类型与数量、人为水土流失状况等。

（2）土壤侵蚀状况

主要包括土壤侵蚀类型、强度、程度、分布和侵蚀量等，含水力、风力侵蚀引起的面蚀、沟蚀、滑坡、崩塌、泥石流等。

（3）水土流失灾害

主要包括水土资源的破坏、泥沙（风沙、滑坡）淤积危害、洪水危害、水土资源污染和社会危害等。

（4）水土保持工程效益

主要包括实施的各类防治工程控制水土流失、改善生态环境和群众生产条件与生活水平的作用等。

1.3.1.2　荒漠化监测的内容

依据荒漠化定义，荒漠化监测是对包括气候变化和人类活动在内的整个土地系统的监测。因此，荒漠化监测内容涵盖以下几方面。

（1）土壤

主要包括土壤风蚀量，土层厚度，土壤类型、质地、结皮、结构、pH 值、含盐量、有机质及 N、P、K 含量等土壤理化性质。

（2）植被

主要包括植被类型、分布、覆盖度、生产力、生物量，群落结构和指示性植物。

（3）水文

主要包括水源补给、地表水域、地下水水位、水质、土壤含水量、沼泽化程度及排水能力。

（4）地质地貌

主要包括地貌类型、基岩出露与类型、沉积物质、海拔高度、地形（坡度、坡向、坡位)、侵蚀与切割程度。

（5）气候气象

主要包括日照时数、温度(平均气温、极端气温、积温)、湿度、风(平均风速、起沙风速、风向)、降水(平均降水量、降水变率、大雨或暴雨)、蒸发量和无霜期。

（6）社会经济

主要包括土地利用状况(农林牧比例、灌溉方式、耕作方式、城市化、旅游、开矿、工程项目)、土地利用强度(土地利用率、土地生产力、人口密度、牲畜密度、土地垦殖率、防护措施)、能源及交通条件、人民生活水平和受教育程度。

1.3.2 水土保持与荒漠化监测方法与技术

1.3.2.1 水土保持监测方法与技术

水土保持监测所采用的方法和技术应符合相关技术标准、规范和规程的要求，满足全国或省级水土流失动态监测规划、水土保持综合监管对监测数据的需求。同时，要保证监测数据年际之间的可比性和区域之间的协同性，不同监测对象、不同监测层次的水土保持监测技术和方法、基础数据、成果分析等应统筹协调一致。总体说来，水土保持监测要综合运用遥感(RS)、全球定位系统(GPS)、地理信息系统(GIS)、无人机等技术和地面观测、专项试验、调查统计、模型计算和统计分析等相结合的方法，开展水土流失的因子提取、模数计算和动态分析评价。

水土保持监测可以在3种空间尺度上进行，即从地面、飞机(无人机)及卫星上实施监测。3种水平监测范围大小、时间频率以及用途如下：

（1）地面观测

在不同类型区选择有代表性的地区，建立若干长期、定点、定位的监测点，利用仪器和设备等测量手段，通过持续性的观测，获取自然因素和人为活动造成水土流失及其防治效果数据。水蚀可以采用坡面小区观测、控制站观测等方法；风蚀降尘量采用降尘管(缸)法、风蚀强度采用地面定位插钎法，或可采用高精度地面无人机技术；滑坡和泥石流采用地表裂缝观测、地下水观测、地表巡视等方法。在一定区域内，选择不同坡度、降水、径流与不同水土保持治理措施的组合，观测不同时段的防治措施数量、质量与水土流失量，掌握水土保持措施的防治效果。

地面监测可以提供"地面—真实"测定结果，结果可以用来甄别飞机、无人机、卫星提供的"遥感"数据的准确性，以及用来解释这些数据。地面监测范围主要包括小区或样地监测、空中和卫星等遥感监测的训练区监测等，比例尺一般不大于1:1万。地面测量对只有从地面监测才能获得最好属性的对象特别适用。例如：土壤侵蚀模数、泥沙输移比及其他许多环境属性。

在地面监测时，要充分利用GPS定位技术，以便记录监测对象的位置属性，分析诸如位置、面积、长度、体积、等高线和坡度等。GPS技术可以帮助我们实现数据的快速采集、对象属性的实时分析等。

（2）航空监测

航空监测适用于大范围的地表及其覆盖物、侵蚀类型区等信息的获取，具有较强的宏观性和时效性。利用遥感信息源及其处理软件、地理信息系统技术，可以快速获得区域土壤侵蚀及其防治状况。这些信息可以为水土保持宏观规划和制定防治政策提供决策依据。航空监测包括飞机监测和无人机监测。

结合地面观测，航空监测的数据可以用来校验卫星影像判读的正确性和判读精度等。航摄带宽随制图比例尺要求变化。比例尺一般在 1：1 万~1：10 万之间，扫描宽度为 2~10 km。

航空监测可以用来监测典型地区水土保持工程措施的分布及其数量、面积等。一般可用于小流域（5~30 km²）、中型流域（100~1 000 km²）等范围的土地利用状况，植被覆盖、淤地坝及梯田等水土保持措施状况。

（3）卫星监测

利用卫星遥感技术，对大流域或大范围水土流失及其防治效果进行监测，与地面调查和航空监测技术结合，可以判读植被覆盖、作物状况、地面组成物质区划等影响土壤侵蚀的因素，分析水土流失的分布与强度变化、治理面积等。卫星监测的最大优点是资料以很频繁的间隔重复，实现水土流失状况的动态监测。

另外，包括询问、收集资料、典型调查和抽样调查等在内的调查方法，可以获取公众和专家对相关政策与法规、对水土流失及其防治的了解、认识与评价，总结水土流失防治方面的经验、存在的问题和解决的办法，了解和掌握与水土保持有关的社会经济情况，收集水土流失影响因素的资料及相关的图件、卫片和影像等，取得水土流失典型事例及灾害性事故资料等。调查可以用于全国重点治理流域、示范区和生产建设项目水土流失及其防治等，也可以用来对宏观的遥感监测解译结果进行检验。

此外，水土保持也可综合运用多种监测技术和方法，以实现至少 4 个方面的功能：一是快速清查宏观区域水土流失状况；二是定量检查、验收水土保持治理工程；三是实时分析监督执法对象的有关属性；四是预测预报水土流失及其防治发展趋势。

1.3.2.2 荒漠化监测方法与技术

国内外研究学者在荒漠化监测方法与技术上达成共识，将荒漠化监测方法分为地面监测、空中监测和卫星监测 3 种，地面监测又称人工监测，后 2 种又称遥感监测。

地面监测指通过人工地面观测和建立生态监测站进行实地监测，包括要素评价法、Thornthwaite 法和地面抽样法。要素评价法以定性分析为主，主要进行荒漠化程度的评价与制图；Thornthwaite 法广泛应用于植被—气候关系和气候生产力研究中；地面抽样法是利用成数抽样技术进行调查，结合数理统计分析推算荒漠化土地面积及动态。地面监测需要的人力、物力多，耗费时间长，监测速度慢且受主观影响大。

遥感监测是利用遥感技术进行监测的方法，主要监测与荒漠化特征、范围等密切相关的荒漠化组成及影响因素，其监测对象包括大气、地面覆盖、海洋及近地表状况等，该技术广泛应用于气象、土地、农业、地质和军事等领域。目前应用于地球观测的遥感卫星有法国的 SPOT 卫星、美国的陆地卫星（Landsat）和 NOAA 卫星等。遥感监测具有如下特点：①范围大，能有效识别荒漠化类型及特征，而且能够获取偏远地区的荒漠化信息；②速度快，卫星轨道覆盖重复周期短，便于动态监测；③技术复杂，对传感器要求高。

1.4 水土保持与荒漠化监测的发展概况

1.4.1 国内外水土保持监测发展概况

现代水土保持和荒漠化监测起始于18世纪末到19世纪初，历经100余年的发展，至今已形成了集地面监测、空中监测和卫星监测为一体的多维度监测技术体系。随着科学技术的进步和社会发展需求的提升，水土保持监测将向更广阔的领域延伸。

1.4.1.1 国外水土保持监测发展现状

国外关于水土保持监测技术和方法研究始于土壤侵蚀模型和水土流失规律观测，发展到现在的水土保持生态环境动态监测。据有关文献记载，早在1882—1883年，德国土壤学家沃伦(Ewald Wollny)建立了第一个坡面径流小区(径流场)，主要用来观测植被覆盖、坡度对土壤侵蚀影响，此后该研究方法迅速传入欧美各国并广泛推广应用，该方法对苏联、美国、日本及欧洲国家等的土壤侵蚀研究产生了深刻影响。其中，1975年，美国林务局率先根据该方法在犹他州布设了全美第一个定量观测径流小区。而后，在1940年，津格(A. W. Zing)发表了"土地坡度和坡长对土壤流失的影响"，成为全球最早的定量模型。经过长期的发展和知识积累；1976年，美国科学家威斯迈尔(W. H. Wicmheier)在总结了8 000多个试验小区的资料基础上，提出了土壤流失方程USLE(Universal Soil Loss Equation, USLE)。自1985年起，美国又对USLE作了较大修改，命名为修正土壤流失方程(Revised Universal Soil Loss Equation, RUSLE)，并于1994年被美国土壤保持局确定为官方土壤保持预报和规划工具。与此同时，人们也发现USLE有存在明显的不足和限制，因此，美国在1986年开发出新一代水蚀预报模型(Water Erosion Prediction Project, WEPP)。1995年8月，美国正式发表了WEPP模型95.7版本。

WEPP是一个过程模型，可用于水土保持规划、环境规划及评价，与现有其他侵蚀预报模型相比有明显的优势。美国始终重视水土保持监测，已经在全国布设了80万个水土保持监测站点，由国家和州水土保持部门统一领导，及时汇总分析监测数据，全国每5年普查发布一次监测结果。

俄国水土保持监测始于19世纪中叶，土壤科学工作者开展了土壤侵蚀调查，编绘了俄国欧洲部分沟蚀分布图。1917年，苏联建立了世界上第一个土壤保持试验站，科兹缅科任第一任站长，开展了侵蚀与防治研究。20世纪50年代后，研究进入新阶段，由于阿尔德曼、扎斯拉夫斯基的工作，径流泥沙测验逐步完善，调查及试验新方法不断出现，如索波列夫冲土水枪的研制与应用，开辟了水土流失研究的新领域。

澳大利亚的土壤侵蚀普查是由联邦科学与工业研究组(Commonwealth Scientific and Industrial Research Organisation, CSIRO)资助的，在国家水土资源保护项目中，学者Lu H(2002)牵头以RUSLE模型为基础，利用覆盖全澳的较粗分辨率影像(8 km)和较小尺度地形数据(20~80 m DEM)，20年降雨侵蚀力，在地理信息系统(GIS)系统支持下完成了澳洲大陆片蚀、细沟侵蚀监测工作。

欧洲的水土保持监测与澳大利亚情况类似，是在欧洲土壤局的支持下，研究组织以

Morgan 在 1994 年提出的欧洲土壤侵蚀方程（European Soil Erosion Model，EUROSEM）为评价工具，利用覆盖全欧的较高分辨率影像（1.1 km）和较小比例尺的地形数据（1 km DEM），同时结合收集整理的土壤和气候数据，在 GIS 系统支持下完成了欧洲境内细沟侵蚀调查和细沟间侵蚀的评价监测工作。

此外，国外还开发了土壤生产力评价模型（EPIC）（J. R. Williams，1984）、非点源污染模型（AGNPS 和 ANSWERS）（B. N. Wilson，1984）、水土资源评价模型（SWAT）（J. G. Arnold，1998）等，这为现代水土保持监测打下了坚实的基础。

1.4.1.2 国内水土保持监测发展现状

我国水土保持监测起步较晚，基础相对薄弱，中华人民共和国成立后党和政府十分重视水土保持，水土保持监测取得了长足的发展，在监测方法与技术、预报模型、网络建设和法律法规等方面取得了瞩目的成绩。

（1）水土流失地面调查和典型实验观测

近代我国的水土流失监测始于 20 世纪 20 年代，主要从开展典型实验观测，来探索水土流失规律和进行治理技术改良。在 1922—1927 年，金陵大学先后在山西沁源、宁武东寨和山东青岛建立了首批径流泥沙实验小区，主要用来确定森林植被对水土流失的影响，标志着我国水土流失监测工作的开始。在 1938—1941 年，我国又先后在重庆北碚、四川内江、甘肃兰州等地设置径流小区，用来观测地形和耕作管理对水土流失的影响。在 1941—1942 年，黄河水利委员会又在甘肃天水、陕西长安荆峪沟设立了水土保持实验区，用来观测造林、梯田等水土保持措施对水土流失的影响，这些试验区成为我国最早的水土流失地面观测点。

1949 年后，在党和政府的关心下，我国水土流失监测取得了瞩目的成绩。20 世纪 50 年代，根据水土保持工作的需要，先后成立了黄河水利委员会西峰和绥德水土保持科学实验站，与天水等实验站一起开展有组织、有计划的水土保持监测工作，积累了丰富资料，培养了一大批水土保持监测技术人员，推动了我国水土保持事业的发展。此后，全国各大流域相继建立了多个径流泥沙测验站，如淮河水利委员会在安徽北淝河青沟、明光瓦屋刘村建立的径流泥沙实验站，黄河水利委员会在陕西子洲的径流实验站。与此同时，黄河流域省（自治区、直辖市）也开始设立水土保持实验站。中国科学院也建立了安塞水土保持综合实验站、神木水蚀风蚀交错带生态环境实验站、元谋水土流失综合实验站、子午岭区土壤侵蚀与生态环境观测站、宜川森林水文和水土保持效益观测站等。为了进一步发挥科技支撑、典型带动和示范作用，2004 年以来，我国已建成 49 个水土保持科技示范园区，以丰富的实验观测成果，成为资源节约、生态美丽和效益良好的典范。

与此同时，为了加强水土保持监测职能，我国已建成了由水利部水土保持监测中心、七大流域机构监测中心站、31 个监测总站以及 175 个监测分站、738 个监测点构成的全国水土保持监测网络，极大地促进了我国水土保持监测的发展。

全国大区域水土流失和水土保持的调查也有所开展。早在 1943 年，美国学者罗德民教授带队开始了对陕西、青海、甘肃等地的水土流失和水土保持考察；1953 年 4~7 月，水利部组织对西北黄土高原区进行了考察；1953 年、1955 年和 1984 年由黄河水利委员会和中国科学院在黄河中游地区分别组织了大规模、多学科的水土流失和水土保持专项考察，其中 1955 年中国科学院组建黄河中游水土保持综合考察队从山西省吕梁山区以西至黄河峡谷之间 21 000 km² 面积上进行了水土流失普查；同年，水利部对全国土壤水力侵蚀面积进行了初步估查，这是最早的全国范围水土流失调查；1957 年，中国科学院与苏联科学院组成中苏考察队，对黄河中游做了大面积的考察，编制了自然、经济与水土保持区划以及水土保持典型规划；20 世纪 60 年代初，中国科学院还对长江流域进行了科学考察；2011 年，我国进行了第一次全国水利普查水土流失专项普查，摸清了我国的水土及治理现状。所有这些考察和普查，为我国水土流失类型划分、水土保持区划等奠定了坚实的基础。

（2）水土流失遥感监测

为适应水土保持发展的需要，在 20 世纪 80 年代以后，随着遥感技术的普及，遥感技术、地理信息系统等手段开始介入水土流失调查领域。在 1985 年前后，水利部以 80 年代中期陆地卫星多光谱扫描仪（Multi-Spectral Scanning，MSS）卫片为主要信息源，历时 7 年多时间，对全国的水蚀、风蚀和冻融侵蚀等进行了第一次遥感调查，并发布第一次公告，完成我国真正意义的全国范围第一次水土保持监测。此后，在一些重点水土流失地区，航空遥感监测也有开展，如 20 世纪 80 年代在黄土高原开展的航空遥感监测。RS（遥感）、GIS（地理信息系统）、GPS（全球定位系统）技术的发展，尤其是 90 年代以来 GIS 技术的迅速发展，给水土流失监测带来了前所未有的推动，如始于 1999 年的第二次水土流失监测，以 90 年代中期陆地卫星专题制图仪（Thematic Mapping，TM）影像为主要信息源，采用了 GIS 技术，全部工作仅历时 10 个月就完成了第二次全国水土流失调查任务公告并发布公告。2001 年，水利部又开展了全国第三次土壤侵蚀遥感调查，同时水土保持监测网络建设也在这一时期全面展开。而后，在 2019 年，水利部对水土流失动态监测技术方案进行了优化，方案明确提出，从 2019 年起，全国水土流失动态监测工作采用的卫星遥感影像统一为 2 m 分辨率，由水利部统一提供。对《全国水土流失动态监测规划（2018—2022 年）》和省级水土流失动态监测规划中确定的一般监测区域，全部按照重点监测区域的要求，基于 2 m 分辨率卫星遥感影像开展动态监测工作。这进一步规范了遥感监测的标准和全国水土流失监测区域，使得监测结果更加准确。

除了上述航空遥感监测之外，随着无人机遥感技术的不断成熟和完善，加之费用低廉，近年来被广泛应用于水土保持监测当中，不仅能对梯田、淤地坝以及小型蓄水保土工程等工程治理措施进行精准监测，而且能对生产建设项目扰动土地、水土保持设施、占地类型、动态变化等进行精确定位。如张雅文等（2017）通过结合前人研究和自己多次尝试，系统性地研究了利用无人机航拍这种方法在生产建设项目的水土保持监测中应用的效果，并进行了初步的方法构建，为生产建设项目中的水土流失防治提供参考依据和理论支持。姜德文等（2016）则以传统监测手法存在的缺陷为切入点，分析了高分遥感手段和无人机低空飞行方式分别应用在水土保持监测中的特点，认为无人机遥感技术具有飞行高度低、分辨率高、外业成本低、信息获取高速、即时性强和随时可操作的优势。总体而言，无人机遥感技术能较好地应用于水土保持监测中，相对于传统的方法具有效率高、范围大等特点，能够高效、全面地完成水土保持监测任务。可以预见，随着无人机技术研究的不断深入，借助无人机来满足水土保持监测工作中的需求，为水土保持工作带来了新的机遇。

（3）水土流失预报模型

①经验模型　我国坡面水土流失预报模型的研究始于1953年，大量的开展始于20世纪80年代。

1953年，刘善建等根据径流小区的观测资料，提出了坡面年侵蚀量的计算公式，这是我国最早的土壤侵蚀预报模型。20世纪70年代末期，随着我国改革开放及对外学术交流的不断发展，美国通用土壤流失方程（USLE）开始被我国土壤侵蚀研究者引入。20世纪80年代以来，研究者以USLE为蓝本，结合各研究区的实际情况进行修正，对我国主要水蚀区的黄土高原、东北漫岗丘陵、红壤丘陵、滇东北山区、闽东南、黄河多沙粗沙区、长江三峡库区、华南地区等坡面侵蚀预报模型进行了探索。这些研究多是地方性的，不能用于较大尺度。2002年，刘宝元等以RUSLE为基础，根据我国水土保持措施特点，利用黄土丘陵沟壑区的径流小区的实测资料，建立了中国土壤流失方程（Chinese Soil Loss Equation，CSLE）。该方程确立了一个中国土壤侵蚀预报模型的基本形式，简单实用，可以用于计算坡面上多年平均年土壤流失量，但此方程缺乏对物理过程的考虑，也只能适用于缓坡地，对浅沟、切沟侵蚀等一些侵蚀方式没有考虑；同时，由于一些因子的标准在不同地区存在差异，方程的推广也受到一定的限制。

对小流域尺度的土壤侵蚀研究开始于20世纪80年代初期，多数研究采用回归分析确定小流域尺度的土壤流失预报模型。如牟金泽等（1980）经回归分析确定了黄土丘陵沟壑区第一副区陕北子洲岔巴沟小流域一次洪水和全年的产沙量预报模型；孙立达等（1988）应用逐步回归分析的方法，在宁夏西吉建立了黄土丘陵沟壑区小流域土壤流失预报方程；范瑞瑜（1985）选用降雨影响因子、土壤可蚀性指标、流域平均坡度、植被影响侵蚀系数和工程影响土壤侵蚀系数作为定量指标，通过多元回归分析建立了适用于黄土高地区 $200~km^2$ 以下的小流域年产沙模型。

总之，目前国内经验统计模型对土壤流失及其影响因子定性、定量研究不够深入，致使模型移植性较差。因此，经验统计模型是目前使用较强，便于大范围推广应用的一个具有中国特色的基本经验模型。

②侵蚀产沙物理过程为基础的物理模型　自20世纪80年代中期以来，我国以侵蚀产沙物理过程为基础的物理概念性模型研究取得了一定的进展，建立了若干个流域侵蚀产沙的模拟模型。

早在1981年，我国学者从河流动力学的基本原理出发，根据黄土丘陵沟壑区径流小区观测资料，以年径流模数、河道平均比降、泥沙粒径和流域长度为基本参数，建立了黄土丘陵区流域土壤侵蚀模型。史景汉等（1989）建立了黄土丘陵沟壑区第一副区小流域暴雨洪水汇流、输沙过程预报模型；而后，包为民等（1994）根据黄河中游北方干旱地区流域的超渗产流水文特征和冬季积雪的累积及融化机制，提出了大流域水沙耦合模拟物理概念模型。坡面、沟坡和沟道是相互联系的统一体，但是产沙过程考虑较少，因此，在1998年，蔡强国等在坡面子模型中，考虑了降雨、入渗、植被截留、坡面溅蚀、细沟侵蚀等过程，在晋西羊道沟小流域建立了一个次降雨侵蚀产沙过程模型。随着"3S"技术应用的发展，贾媛媛等（2004）基于黄土丘陵沟壑区侵蚀环境设计了GIS支持下的小流域分布式水蚀预报模型结构。该模型能够同步模拟流域内任意一点土壤侵蚀过程，对流域侵蚀过程时空特征能够很好地反映；然而模型将浅沟、切沟和重力侵蚀对流域产沙的贡献以修正系数提出，影响了模型的预报精度。为了精确预测小流域不同侵蚀部位和侵蚀过程，李兵斌等（2008）根据黄土丘陵区复杂地理环境、水文和侵蚀过程机理，建立了小流域分布式水文—侵蚀数学模型，包括截留、入渗、微地形存储、产流、汇流过程子模型、溅蚀—片蚀带侵蚀子模型、细沟侵蚀带侵蚀子模型、细沟—浅沟侵蚀带侵蚀子模型、切沟侵蚀带侵蚀子模型和沟道侵蚀带侵蚀子模型，模拟精度较高。

总之，我国已有的物理模型主要是考虑坡面径流量、径流侵蚀力、溅蚀和沟蚀分散量、输沙能力，缺少重力侵蚀产沙的模拟，而重力侵蚀却是侵蚀产沙中重要的一部分，如何将重力侵蚀考虑到模型中去，是未来需要解决的问题。同时，现今的土壤侵蚀模型主要集中在坡面及小流域，对大、中流域的研究较少，加大对大、中流域的模型研究是今后土壤侵蚀模型研究的重点。这些模型主要是统计型或沟道模型的半理性，而物理成因模型相对缺乏。

③ 国内区域土壤侵蚀模型研究　我国区域水土流失定量评价始于 20 世纪 80 年代。国家水土保持宏观决策，需要对我国区域水土流失进行宏观预测，为此，周佩华（2000）将中国划分为 7 个水土流失区，分区建立了统计模型，完成了各区域的水土流失趋势预测。20 世纪 90 年代后期，周佩华等结合径流、降雨、水土保持措施对侵蚀的影响，在充分考虑了地域差异基础上，分别对黄土高原和长江上游在 2010 年、2030 年和 2050 年的水土流失趋势进行了预测。该模型充分考虑了地域差异，能够对全国水土流失进行分区预测，但该模型仍属于集总式模型，无法反映区域水土流失的差异。国家"973"项目等研究中，在学习吸收国内外土壤侵蚀模型研究成果基础上，基于对区域水土流失过程的认识和理解、区域水土流失因子野外实测和遥感提取与 GIS 分析以及 GIS 支持下的空间分析和水文地貌分析技术为基础，通过过程分析、模型初步探索、算法设计、算法实现、模型界面改进和算法实现的优化、敏感性分析等手段开发了一个基于土壤侵蚀过程的区域土壤侵蚀模型。内容主要包括产流过程、侵蚀产沙过程和水沙物质汇集过程。模型在延河流域试运行，初步实现了算法设计，可完成区域土壤侵蚀模拟计算并输出水土流失系列图。但是，该模型对区域水土流失过程缺乏更清晰的理解；同时，由于基础数据和参数难以获取，对区域水土流失的降水—产流—产沙—水沙汇集传输过程等各环节的算法设计并不全面或合理，尤其是没有考虑蒸发、土壤含水量等对区域水土流失的影响，因此尚需进一步的完善。

1.4.2 国内外荒漠化监测发展概况

荒漠化土地面积的迅速扩展以及由此引发的政局动荡与环境恶化问题，使荒漠化研究成为公众和学者广泛关注的热点。自 1997 年联合国防治沙漠化会议以来，荒漠化越来越被国际社会所重视，无论是发达国家还是发展中国家都加快了对荒漠化的研究，作为荒漠化研究核心问题之一的监测与评估受到了学者们的极大关注。因为监测与评价的科学性直接关系到对荒漠化分布范围、危害程度的评估和监测标准的制定，以及防治措施和效益的评价。防治荒漠化，合理的监测和评估必不可少，荒漠化决策的制定和防治均需要准确的监测评估。荒漠化监测主要研究进展如下：

（1）荒漠化监测与评估指标体系研究进展

为了荒漠化制图的需要和对全球荒漠化发展现状进行评估，荒漠化监测与评估指标体系受到国外研究者的关注。1977 年，Berry 和 Ford 首先提出了荒漠化的评估指标体系，指标体系主要由气候因子组成，而对于人为活动因素的影响考虑较少。此后，Reining（1978）在该指标体系基础上加入自然因素和人为因素，提出了由生物、物理、社会 3 个方面多指标监测评价体系。1984 年，联合国粮食及农业组织（FAO）和联合国环境规划署（UNEP）提出的《荒漠化评价和制图的暂行方法》列出了依照风蚀、水蚀、有机质含量降低等 7 个主要过程的现状、危险性和发展速率方面的评价指标，并且将每个指标细分为轻度、中度、严重和极严重 4 个不同等级的相对和绝对数值。但该指标体系由于主观性强致使实用性不足，仅能够在各国编制指标体系时起到理论指导作用。20 世纪 90 年代初，经济合作与发展组织（OECD）开始汇编农业环境指标，依据压力—现状—响应模型（PSR）提出了一套实用的指标检验标准，并对标准的实用性在其成员国中进行了问卷调查，组织专家会议讨论指标的具体分类。随后，欧洲环境署（EEA）在 PSR 模型基础上引进介绍了驱动力—压力—现状—影响—响应模型（DPSIR），用来描述不同类型指标之间的作用评价反馈循环，并被 FAO 采用作为土壤退化评价的一个标准理论框架。

近些年来，联合国可持续发展委员会列出了 134 个对可持续发展有潜在影响的指标，并在 22 个国家进行验证，最终确定 2 级 58 个可用于监测和评估的关键指标，其标准格式也被意大利等许多国家的环境保护机构用于荒漠化指标制定。随后，非洲及南美洲等地区根据自身的目的来选择一些最好的指标并进行测试。然而，这些指标中的一些并不能准确获得。因此，欧盟在其各组织的经验教训之后，开展了 DESERTLINKS 项目研究。该项目结合 DPSIR 系统及其他指标体系的优点开发了包括 150 个指标的地中海荒漠化监测和评估信息系统 DIS4ME，并自 2005 年起在地中海地区 19 个国家的荒漠化监测和评估等管理工作中广泛应用，该系统被认为是国内外最先进和全面的荒漠化监测和评估系统之一。

在计算模型方法上，Reynolds（2011）基于 H-E 体系将荒漠化指标拟合为环境模型、社会经济模型、Agent 模型和土地利用模型共 4 种模型；Sepehr（2012）提出将理想点法（TOPSIS）测算方法应用到荒漠化指标研究上，并通过实验从 29 个指标中得出植被覆盖的增加、土地利用方式改变、林火、郁闭度或生物量减少、耕地面积增加这 5 个指标是巴西、莫桑比克以及葡萄牙 3 国土地退化评价的关键性指标。

在传统的指标选取研究上，Awadhi 等（2013）列举了 7 个科威特土地退化指标（风蚀、水蚀、植被覆盖率降低、土壤板结、土壤压实、石油污染和土壤盐渍化），据此将 4 个区域土地退化分成重、中、轻 3 个等级。Kosmas 等（2014）认为土地退化和荒漠化风险最重要的指标是季雨量、坡度、植被覆盖率、土地荒废度、土地利用强度以及政策执行水平，并将它们分为现状指标、驱动力指标、压力指标及响应指标 4 类，再应用已有的分类系统。

国内荒漠化监测和评估指标体系研究则起步较晚。在 1994 年《联合国防治荒漠化公约》签署之前，我国的荒漠化评价研究大多数在以风沙活动为主要特点的沙质荒漠化类型上（即沙漠化）。朱震达等（1984）最早对荒漠化指标开展了系统的理论研究，主要以沙漠化土地年增加率、流沙占地面积百分数和地表形态组合特征 3 个方面为基础，建立了一套我国北方沙漠化评价指标体系，为我国荒漠化评价奠定了理论基础。1995 年董玉祥提出荒漠化危险度概念，并修正了联合国粮食及农业组织制定的荒漠化指标体系，将易风蚀土壤占地率、风蚀气候因子指数和森林覆盖率划分为内在危险性评价指标，再把各方面指标的评分相加，由此以获得的总和表示危险度指数，用来评价沙漠化的危险性，该指标在荒漠化指标体系中被广泛应用。

王葆芳等(2004)依据地表形态、植被、土壤等指标，采用多因素综合指标分级数量法，建立了可用于国家、区域、地方尺度的沙漠化土地现状监测与评价指标体系。同时，李香云等(2004)首次在全面综合地分析土地荒漠化发展过程中人类活动因素(包括人类活动的驱动、人类各种活动方式和人类活动的管理作用等)基础上，构建出适用于干旱区人类活动对土地荒漠化影响作用的指标体系。胡小龙等(2005)以浑善达克沙地为研究对象，采用实地调查和室内分析的研究方法，选择出能够评价该地区土地荒漠化状况的植被因子、土壤理化性质因子和生物量因子 3 类指标，建立了浑善达克沙地土地荒漠化的评价指标体系。

在遥感监测应用上，高尚武等(1998)首次从荒漠化遥感监测需要的角度考虑，制定了一套包含植被盖度、土壤质地和裸沙占地百分比的沙漠化评价指标体系。同时，丁国栋(1998)以毛乌素沙地为例，针对不同草场类型提出了一套基于植被与土壤因子定性与定量分析的荒漠化评价指标体系。裴欢等(2013)依据干旱区绿洲生态环境特点，建立了完整的生态脆弱性评价指标体系，并结合 GIS 和遥感技术，分别从生态压力、生态敏感度和生态稳定度 3 个方面对研究区生态脆弱性进行分析，最终选取了 17 个指标。此外，在遥感动态监测中，多数研究以归一化植被指数(Normalized Difference Vegetation Index，NDVI)动态变化来揭示监测荒漠化过程。如郭强利用 NDVI 和高程数据反演新的湿润指数对荒漠化气候进行区划，改进了现有气候区划的一些缺陷。也有研究者将植被盖度、土壤调整植被指数、地表反照率、陆面温度和植被旱情指数 5 种指数进行组合分类或构建综合指数来判断荒漠化的程度。

除上述指标外，土壤状况指标，如土层厚度、土壤质地、土壤水分、有机质含量等均可用作调查判定荒漠化的常用指标，但目前以土壤退化作为表征指标的研究还较少。受遥感技术的限制，从遥感数据中准确获取这些指标仍存在一些困难，但技术的进步和研究的发展表明相关土壤参数的获取已经成为可能，这为通过土壤有机质含量、土壤温度、土壤水分、表层土壤来表征荒漠化变化提供了可能。

从国内荒漠化指标体系的发展进程可以看出，随着荒漠化问题越来越严重，越来越多的学者将注意力放在荒漠化研究上，荒漠化指标体系所涉及的范围也变得越来越广。目前，国内还没有统一的荒漠化监测与评估指标体系。国家林业局(现国家林业和草原局)和国家荒漠化监测办公室汇编了内部使用的《全国荒漠化和沙化监测技术规定(修订稿)》。该规定确定了一套荒漠化监测调查指标体系，并在 6 次全国荒漠化和沙化监测中得以应用，是我国目前较为全面和实用的荒漠化监测指标体系。

(2)荒漠化监测方法研究进展

在荒漠化监测方法上，国内外的研究者已达成共识：主要采用基于人工地面观察、测量和建立生态监测站的和基于 RS、GIS 和 GPS 技术(统称"3S"技术系统)的方法进行监测，每种方法都有其特点和优越性。荒漠化的资源调查工作大多采用常规监测方法，该方法能够为荒漠化研究提供更为详细的土地荒漠化成因、过程、发展动态、治理成效等基础数据。然而，地面常规调查需要大量人力、物力，受空间、时间限制大，测量方法简单，具有较大主观性。RS技术能够对地表植被、土壤等荒漠化相关信息进行宏观、快速的获取，且不受地域限制，已成为目前荒漠化监测的主要方法。

最早利用RS进行荒漠化监测的，是在1975年联合国和国际自然资源联合会资助开展的苏丹南部撒哈拉南缘的沙漠入侵和生态退化状况项目，该项目通过空间数据和地面调查相结合的方法确定了植被和沙漠的分界线，并将误差控制在5km。20世纪80年代，国内外利用RS对土地荒漠化的监测主要处于目视解译阶段，即通过室内判读航片、卫片与编绘荒漠化草图，结合野外关键地带路线的考察最终成图。目前由联合国有关机构提出的3种使用于不同地区的土地退化评价与监测理论，即全球人为作用下的土地退化（GLASOD）、南亚及东南亚人为作用下土地退化（ASSOD）和俄罗斯科学院提出的评价方法，在实践上均以目视解译为主、依靠常规技术支持的经验性指标体系来完成。20世纪90年代以来，SPOT、TM、MSS、NOAA等多种空间分辨率遥感数据开始广泛用于荒漠化研究，遥感图像处理软件ERMAPPER、PCI、ERDAS、ENVI和一些GIS软件如ArcGIS、MapGIS、GeoStar、MGE也逐步集成使用，大大推动了"3S"的荒漠化监测技术路线的迅速发展。

在国内，荒漠化监测方法经历了实地考察、遥感调查到抽样与"3S"技术联合调查。1959年，中国科学院成立治沙队，围绕"查明沙漠情况，寻找治沙方针，制定治沙规划"的任务，连续3年对我国沙漠戈壁进行了多学科考察，基本查明了我国沙漠戈壁的面积、分布等情况。20世纪80年代初，水利部组织了全国土壤侵蚀调查，采用RS方法，对全国范围内包括风蚀、水蚀和冻融在内的土壤侵蚀状况进行了调查，编制了1：500 000到1：1 000 000的土壤侵蚀图；80年代中期，中国科学院自然资源综合考察委员会应用RS方法对全国土地资源进行评价，查明了全国盐渍化土地、退化土地及土地利用状况，编制了1：1 000 000土地资源图；随后农业部门组织科研人员对中国南、北方草场资源情况进行了调查，此外，还完成了许多与荒漠化有关的资源调查，如全国土地详查、土壤普查、森林资源清查等。20世纪90年代中期，林业部组织技术人员在全国范围内进行了沙漠、戈壁及沙化土地普查，并采用地面调查与最新TM影像核对，首次全面系统地查清了我国的沙漠、戈壁及沙化土地面积、分布现状和最近几年来的发展趋势，为防沙治沙和防治荒漠化提供了非常有用的信息数据。调查方法上的不断进步，使得荒漠化调查周期越来越短，调查数据的适用性更强，数据的精度也更高。

随着荒漠化监测的发展趋势变化，今后应多采用多种监测信息源相结合，航天、航空和地面调查相结合，宏观监测和微观监测相结合，点、面相结合等方法，同时需加强遥感图像数据、地面数据和历史资料的融合，进一步提高荒漠化遥感监测的精度，同时应建立智能化荒漠化监测与预警系统。

（3）我国荒漠化监测主要发展历程

我国的沙漠化监测最早可追溯到20世纪50年代开始的大规模沙漠（化）考察和研究，在这一时期内，在我国北方地区共建立了6个综合实验站和24个治沙中心，为全面摸清我国沙漠的分布、面积、危害现状，探讨治理技术与防治对策等奠定了基础。到 20 世纪 70 年代以后，又开展了以干旱、半干旱地区为中心的土地沙漠化调查，其标志性的成果是中国北方沙漠与沙漠化土地现状图(1∶25 万)。20 世纪 90 年代以来，研究的广度和深度都得到了迅速的发展，特别是我国于 1994 年开始进行国家级荒漠化和沙化定期监测以来，在监测与评价技术体系方面取得了明显的进步。

我国是目前世界上唯一开展国家级荒漠化和沙化定期监测的国家。我国从 1994 年开始先后开展过 6 次全国荒漠化和沙化监测，已形成每 5 年 1 次的土地荒漠化和沙化监测制度。

2013 年 7 月至 2015 年 10 月底，国家林业局组织相关部门的有关单位开展了第五次全国荒漠化和沙化监测，2015 年 12 月 29 日发布了《中国荒漠化和沙化状况公报》。公报显示：自 2004 年以来，我国荒漠化和沙化状况连续 3 个监测期"双缩减"，呈现整体遏制、持续缩减、功能增强、成效明显的良好态势。截至 2014 年，我国荒漠化土地面积 261.16× 10^4 km², 沙化土地面积 172.12×10^4 km²。与 2009 年相比，5 年间荒漠化土地面积净减少 12 120 km²，年均减少 2 424 km²；沙化土地面积净减少 9 902 km²，年均减少 1 980 km²。同时，第六次全国土地荒漠化和沙化监测已完成，将于近期公布。

为适应我国荒漠化监测工作的需要，1998 年国家林业局制定了《全国荒漠化监测主要技术规定(试行)》，然后在每次荒漠化和沙化监测进行修订，《全国荒漠化和沙化监测技术规定(2019 年修订)》共包括 6 章 3 个附件。第一章总则；第二章技术标准；第三章监测方法；第四章监测成果及要求；第五章检查验收；第六章附则；附件一为调查与统计表；附件二为调查因子代码；附件三为属性数据结构。同时，在荒漠化监测过程中制定了一些技术规程，如国家林业局制定的《南方省区沙化土地监测技术操作办法》(1999)、《全国荒漠化典型地区定位监测主要技术规定》(2001)、《环北京地区防沙治沙工程及沙地监测主要技术规定》(2001)、《沙化土地监测技术规程》(GB/T 24255—2009)等。同时其他省(自治区、直辖市)、部门也制定了一些规程，如中国气象局制定的标准《土地荒漠化监测方法》(GB/T 20483—2006)、天津市地方标准《沙化和荒漠化技术规程》(DB 12/T417—2010)等。

1.5 学科属性及学习的要求和任务

1.5.1 学科属性

"水土保持和荒漠化监测"是一门研究性和综合性很强的应用性学科。它主要应用常规调查、航天和无人机低空遥感技术与原理，对水土流失、水土保持与荒漠化的现实发展水平给予准确的反映和诠释，既涉及气候、土壤、植被、水文、地质地貌等环境背景基础知识，又涉及航片、卫片的判读，调绘、转绘和制图，以及图像数据处理的计算机自动识别分类问题，同时应用 GIS 等相关的软件建立水土保持和荒漠化土地资源信息系统。通过与相关学科的有机结合，才能对水土资源的性质及其流失和荒漠化程度有透彻的了解，并做出合理的治理决策。

此外，水土保持和荒漠化监测具有鲜明的生产实践意义。农业、林业、牧业、城市建设、工矿、交通、军事活动等必须合理利用水土资源，并且在利用水土资源时防止出现人为因素造成的水土流失和荒漠化问题。水土保持及荒漠化监测工作正好能满足这一要求。因此，包括我国在内的世界上许多国家，已将该方面的研究工作列为国土整治、区域规划、土地利用规划和管理等的重要基础工作。随着社会的发展，人口、资源、环境的矛盾日益突出，开展水土保持及荒漠化监测的科学研究和实践，将发挥越来越重要的作用，尤其在我国，随着"绿水青山就是金山银山"理念成为全社会的共识，水土保持及荒漠化监测将成为国家生态文明建设的重要课题。

1.5.2　水土保持与荒漠化监测学习的要求和任务

水土保持与荒漠化监测是水土保持与荒漠化防治专业中一门重要的专业课，课程涉及的内容是该专业人员实际工作中必须具备的基本技能。本课程的主要任务是为学生今后从事科研、教学、生产等工作奠定坚实的基础。

通过对本课程的学习，达到下列基本要求：理解和掌握水土保持与荒漠化监测的基本概念、原理及方法，并具备一定的动手能力；重点掌握地面和遥感监测技术中水蚀影响因子监测、坡面水蚀监测，风力侵蚀监测、生产建设项目监测、荒漠化和沙化监测方法和过程；了解重力侵蚀、混合侵蚀等的监测方法和过程。

通过课程学习，能运用所学知识，解决水土保持生产实践中的具体问题，如土壤侵蚀普查、荒漠化和沙化监测、土壤侵蚀预报等。

复习思考题

1. 名词解释

水土保持监测　荒漠化监测

2. 水土保持与荒漠化监测的内容和方法是什么？

3. 简述水土保持与荒漠化监测的国内外发展历程。

4. 为什么当前水土保持生态建设重视水土保持与荒漠化监测工作？它的意义和作用何在？

第 2 章

水蚀监测

水力侵蚀(简称水蚀)是目前世界上分布最广、危害也最为普遍的一种土壤侵蚀类型。水力侵蚀是指在降雨雨滴击溅、地表径流冲刷和下渗水分的共同作用下，土壤、土壤母质及其他地表组成物质被破坏、剥蚀、搬运和沉积的全部过程。常见的水力侵蚀形式主要有雨滴击溅侵蚀、面蚀、沟蚀、山洪侵蚀、库岸波浪侵蚀和海岸波浪侵蚀等。影响水力侵蚀的因素主要有气候、水文、地质、地貌、土壤、植被和人为活动等。

2020 年，全国共有水土流失面积 $269.27×10^4 \ km^2$。其中，水力侵蚀面积 $112.00×10^4 \ km^2$，占水土流失总面积的 41.59%。而水力侵蚀面积中，轻度侵蚀面积 $83.11×10^4 \ km^2$，占水力侵蚀面积的 74.21%；中度侵蚀面积 $16.39×10^4 \ km^2$，占水力侵蚀面积的 14.63%；强烈及以上侵蚀面积 $12.50×10^4 \ km^2$，占水力侵蚀面积的 11.16%。以水力侵蚀为主的西北黄土高原、长江经济带、京津冀地区、三峡库区、丹江口库区及上游、东北黑土区、西南石漠化地区年际水土流失面积减幅在 1.04%~1.56% 之间。因此，对水力侵蚀实施监测，能够掌握水土流失的基本规律，发现影响水土流失的主导因素，进而有针对性地采取一些防治措施构成防治体系，控制和削弱水土流失的发生和发展。

2.1 坡面水蚀监测

坡面是最基本的地貌单元，更是水土流失发生发展的最小单元。观测坡面的水土流失是探索坡面水土流失防治措施的关键，是正确评价水土保持效益的基础，也是水土保持研究的基本方法。因此，坡面水土流失的观测是水土保持监测中最重要的内容。

2.1.1 坡面水蚀监测内容与方法

2.1.1.1 坡面水蚀监测内容

坡面水蚀监测的基本内容有以下几方面：

(1)坡面水土流失影响因素监测

影响坡面水土流失的因素十分复杂，既有自然因素也有人为因素。自然因素主要包括地貌、气候、植被、土壤及地面组成物质四个方面。自然因素监测要求抓住主导因子及其变化，以阐明影响侵蚀的机理。研究因子与坡面侵蚀关系时，需注意对临界状态的监测。人为因素是人类的生产活动对引发或加剧侵蚀的影响，主要包括大农业生产活动和对坡面自然环境的改变。人为因素监测要求先区分水土保持(正作用)和加剧水土流失(负作用)，再对其作用特性重点监测。

（2）坡面水土流失状况与危害监测

坡面水力侵蚀状况包括侵蚀方式、数量特征及动态变化3个方面。按侵蚀方式可分为雨滴溅蚀，薄层水流冲刷，细沟及浅沟、切沟侵蚀。监测要明确侵蚀方式及组合，重点说明沟蚀的部位、特征和发展。水土流失数量特征主要有流失的径流量、泥沙量及依此推算出的侵蚀强度、径流系数和侵蚀模数，以及它们在不同坡面特征下的差异等。对一些重点监测坡面，还应有流失泥沙的颗粒分析、土壤力学性质和水理性质分析、养分流失和有毒有害污染物的分析等。侵蚀动态变化是指坡面侵蚀过程的时空变化，它既与侵蚀动力有关，也与坡面特征有关，在一个相对较长的时期内还受人为活动的制约，需要重点监测。

坡面水土流失危害存在于多个方面。目前，水土保持监测的重点是流失的径流泥沙危害、土壤恶化及减产危害、生态环境危害等方面。径流泥沙危害有洪水灾害、泥沙淤积等；土壤恶化及减产危害有土层厚度变薄、渗透持水等性质变化、肥力降低、作物长势减弱及产出量减少和经济收入减少等；生态环境危害有水质污染、土壤污染、大气污染，包括固体颗粒悬浮物、有害有毒重金属含量、水体富营养化及生化性质等带来的生物多样性减少、环境组成单一和脆弱性增大等。

（3）水土保持措施及实施效益监测

坡面水土保持措施包括工程防治措施、林草措施和耕作措施三大类。工程措施中主要有各类梯田和小型集流蓄水工程；林草措施主要有造林、种草和增加植被覆盖；耕作措施主要有深耕、施肥、水平耕作和合理轮作等，以拦截径流增加入渗。对于各措施监测的主要内容有各措施的数量、质量，以及保存状况、完好情况等。

效益监测包括蓄水保土效益、增产增收效益和生态社会效益等方面的监测。调水保土效益是水土保持措施的直接效益，由减少水土流失量可以得出；增产增收效益又称经济效益，通过产量计算和折现对比可以说明；生态社会效益也可以分为生态环境改善效益和促进社会和谐发展效益，通称间接效益，如生物多样性恢复、生物群落复杂，以及区域国民经济收入、人均产值等，都反映了社会经济发展状况。

2.1.1.2　坡面水蚀监测方法

水土保持监测始于坡面水蚀监测。目前，坡面水蚀监测基本方法主要有坡面试验监测、典型调查监测、遥感监测和同位素示踪技术应用监测等。

（1）坡面试验监测方法

坡面试验监测是用一套实验技术和设施，观测坡面侵蚀过程和结果，用来定量评价和计算侵蚀强度、侵蚀危害和水土保持措施功能大小的方法。目前，应用最多的方法有野外定位观测试验、模拟试验和专项试验观测研究等。

①野外定位观测试验　坡面水蚀监测的野外定位观测试验也称径流小区试验。径流小区试验一般用作坡面流失规律和防治措施单因子观测研究。要求观测场地相对集中，且保持原有自然状态，不宜大平、大挖、大填，并有重复设置；观测还需要有导流、分流、集流和测量设施设备，结合现场观察取得测验结果。

②模拟试验　坡面水蚀监测的模拟试验是用一套人工模拟降雨装置在野外试验地或室内试验厅，在较短的时期内观测研究坡面侵蚀理论和水土保持措施设计的方法。该方法除了下垫面特征应具有典型代表性之外，最重要要求是需要有一套人工降雨装置，并要求所

模拟的降雨要与天然降雨十分相近或相似,包括模拟天然降雨的雨滴、落地速度、分布,以及降雨过程的强度变化。

③专项试验观测研究 坡面水蚀监测的专项试验观测主要有雨滴特性测验、土壤崩解、土壤抗冲性和抗蚀性测验,以及土壤和地面物质组成的理化性质等分析试验。

（2）典型调查监测方法

调查监测是坡面水土保持监测最古老、最常用的方法,多用于土地利用、坡面特征、侵蚀类型和相关因子特征等方面,目的在于取得与坡面侵蚀有关的宏观因素和微观因子,包括全面详查和抽样调查两种。

全面详查是对研究区域内影响坡面水土流失因素或水土保持状况做全面详细的调查。而抽样调查包括典型（样地）调查和按数理统计原理进行设计的调查。典型（样地）调查是对某一侵蚀事件或地块的详细解剖,以求得对该类事件或该地块侵蚀影响因子的深刻认识,如沟蚀调查和植被因子调查等。

（3）遥感监测方法

遥感监测方法是利用运载工具上的仪器,从高空拍照,收集地表目标物的影像、电磁波信息,然后在室内借助仪器、计算机进行分析、判别的监测方法。目前应用最多的是航空遥感监测和"3S"技术集成监测。

（4）同位素示踪技术应用监测

同位素示踪技术是以自然环境中或人工施放的放射性核素为标志,通过仪器检测其浓度变化,分析计算与其密切关联的泥沙侵蚀、输移与堆积,从而实现定量监测土壤侵蚀及过程的空间变化等的新方法。目前,应用最多的有 ^{137}Cs 法和稀土元素 REE 示踪法。

坡面土壤侵蚀监测除上述方法外,还有用理论公式或经验公式计算的方法,最常用的公式是通用土壤流失方程（USLE）。

2.1.2 影响坡面水蚀因素监测

2.1.2.1 气候因素监测

气候是导致坡面土壤流失的动力因素,降水是其中的主要因子。降水对坡面侵蚀的影响决定于降水径流侵蚀力,它是降水量、降雨强度、雨型和雨滴动能的函数。

（1）降水量

降水量是影响坡面侵蚀的主要气候因子。一般来说,年降水总量大,坡面侵蚀总能量也越大,因此导致侵蚀增强,尤其是降水量年内分配不均,在十分集中的季节和地区表现更为明显。

降水量监测的设施和方法有多种,有雨量筒和自记雨量计,常用的自记雨量计有虹吸式、翻斗式、浮子式和综合记录仪等数种。其原理是用一定口径面积的承雨器收集大气降水,并集中于储水器中,或通过一定传感装置记录数量过程,最后用特制的雨量杯测出降水量。下面介绍 3 种方法。

①雨量筒 又称雨量器,它由承雨器、储水筒、储水器和雨量杯等组成。雨量筒适于有人驻守的观测点,它可以记录次降水量,而不能反映雨量变化过程,但它是校准其他雨量计的基准,所以在坡面径流场监测中都有设置。

雨量筒安装高度为 0.7 m，承雨口必须保持水平状态，一般在安装位置选定后，不得随意变动，以保持长期观测结果的一致性和可比性。

当降水发生并结束后，观测人员立即用清洗后的雨量杯量测储水器中的雨水量，作为次降水量。日降水量、月降水量和年降水量则由次降水量逐渐累加而来。多年平均年降水量则是多年降水量之和的平均值，反映该区域年降水量的多少。

当有融雪径流产生坡面侵蚀时，需要观测降雪量。鉴于降雪的特殊环境，用雨量器时安装高度为 1.2 m 或 2.0 m，不应超过 3.0 m，并在器口安装 F-86 型防风圈，防止雪花随风飘移，提高观测精度；若现有苏制特立奇耶夫式(Tretyakov)防风圈，也可应用。

②虹吸式自记雨量计　由浮子式传感器、机械传动、图形记录、时钟等部分组成，是靠人工更换记录纸的一种自记仪器，适用于有人驻守的观测区。虹吸式自记雨量计的原理是先收集雨水到浮子室，当浮子上升到一定位置时，与之相接的虹吸管发生虹吸，将水送至储水器。校正的仪器，每次虹吸量正好是 10 mm 降水量，并由浮子带动的记录笔在时钟筒上贴卷的记录纸上记画变动曲线，观测计算记录曲线即得次降水量。由此可知，它是能记录降雨变化过程的仪器，不同于雨量筒。

观测时，每虹吸一次即为 10 mm 降水量，乘以虹吸次数，再加上末端未虹吸值，即为该次降雨总量，当然也可用雨量杯量储水器的水量得到，但需将浮子室中水全部吸出。鉴于该记录仪较大，一般安装高度为 1.2 m(器口高)，其他要求同前。

自记雨量计一般与雨量筒同时安装在一个观测场地，在使用前需要做雨量和时间校订。雨量校订的计算式为

$$\delta = \frac{W_r - W_d}{W_d} \times 100\% \qquad (2\text{-}1)$$

式中　δ——测量误差，%；

$\quad\quad W_r$——仪器记录纸上记录水量，mm；

$\quad\quad W_d$——仪器排出水量或雨量筒收集水量，mm。

一般规定，误差不超过±4%才可应用。时间校正则是对记录时间与精准时间比较，误差不超过±5 min。

该自记仪的特点是能够记录降水过程变化和降水量，结构简单，操作方便，精度较高，造价便宜，适于广大地区应用。缺点是需有人驻守看管，不能远距离传输信息。目前应用较广泛。

该自记仪的雨量计算同雨量筒。

③翻斗式遥测雨量计　国产翻斗式遥测雨量计可以测定降水起止时间及降水强度，由感应器和指示记录器两大部分组成，并由双芯电线连接，可实现较远距离遥测。

仪器的感应器由承水器、上翻斗、计量翻斗、下翻斗等构成。当降水进入承水口并输至计量翻斗，每降雨 0.1 mm 计量翻斗翻动一次，使下翻斗装有的干簧开关工作将信号输送到记录器。记录器由计数器、记录笔、记录钟、控制线路板组成，可将传输信号放大、记录。

该仪器安装要求同虹吸式自记雨量计，在使用前除检查、安装记录纸外，还需要使计数器清"0"，及记录笔归"0"，并要经常检查维修保养。

（2）降雨强度与雨型

单位面积内的降水量称为降雨强度。通常降雨强度越大，雨滴动能越大，地表径流量越大，土壤侵蚀越严重。因此，监测降雨强度，对阐明坡面土壤侵蚀特征极为重要。

降雨强度是分析计算出来的，水土保持中常用的降雨强度指标介绍如下。

①平均降雨强度　指次降雨平均强度，单位为 mm/min 或 mm/h，它是降水量与降雨历时的比值，反映侵蚀的平均状况。

②瞬时降雨强度　指在降雨过程中影响侵蚀最明显的某一时段的平均降雨强度，经过国内外多年研究，常用的瞬时降雨强度有：I_{10}、I_{30}、I_{60} 等，它是在次降雨过程中，降雨强度最大的 10 min、30 min 和 60 min 中的平均强度，单位为 mm/min 或 mm/h。

计算瞬时降雨强度需要分步进行，首先将降雨过程记录按降雨强度大小不同划分若干段，如记录纸中按曲线斜率划分；再从各段中摘出降水量和降雨历时，如曲线段上纵坐标（即上下）之差为降水量，横坐标（即左右）之差为降雨历时；最后，降水量除以历时即得瞬时雨强。

I_{10}、I_{30}、I_{60} 的计算步骤同前，所不同的是，在划段时还要考虑时间，即从中选取出最大雨强的 10 min、30 min、60 min 一段加以计算。当降雨过程变化不大时，选取的时间是某一段中的最大的部分；当降雨过程变化较大时，选取的时间可能包含了最大降雨强度及其两侧的变化部分。如利用自记仪的曲线记录纸，凡斜率大、曲线陡的那部分即是降雨强度大的部分。实质上，I_{10}、I_{30}、I_{60} 是 10 min、30 min、60 min 内最大降水量的平均值。

③最大降雨强度　指某一时段（月或年）中，最大的降雨平均强度，单位为 mm/min 或 mm/h。在水文计算中，常用次降雨的最大平均值，即是将 1 个月中的最大值比较后摘出来；再对 12 个月中的最大值比较后，摘出得到年最大值。

在水土保持工作中，由于影响侵蚀最明显的是 I_{10}、I_{30}、I_{60}。因而，取用时是对一月中，或一年中的 I_{10}、I_{30}、I_{60} 进行对比，摘出最大值。有时为了表示明显，并与瞬时雨强相区别，记为 max I_{10} 或 $I_{10\ max}$。

④雨型　指降雨过程变化的类型，是次降雨过程中随降雨历时变化的不同降雨强度的组合，是影响土壤侵蚀的主要降雨参数之一。降水量相同或相似的两场降雨，雨型不同，即次降雨过程中雨强组合和时间分布不同引起的侵蚀量有很大的差异。在水土流失严重的北方半干旱半湿润地区，次降雨变化过程不同，侵蚀效果是不一样的。人们研究了黄土高原的降雨特性，尤其是高降雨强度的暴雨特性，根据其降雨过程、降雨强度和降雨范围的变化大小，将侵蚀严重的暴雨划分为 3 个类型：由强对流条件引起的小范围、短历时、高强度暴雨，称 A 型；由锋面及局部对流具雷暴性质较大的范围、中历时、中强度暴雨，称 B 型；由锋面引起的大范围、长历时、低强度暴雨，称 C 型。这 3 种类型均能产生强烈土壤侵蚀，所不同的是，A 型侵蚀强度大，但范围小；B 型侵蚀强度较大，范围较大；C 型侵蚀强度较小，但历时长、范围大，总体后果依然十分严重。

（3）雨滴动能与降雨侵蚀力

坡面水力侵蚀包括雨滴击溅侵蚀和径流冲刷侵蚀两个既紧密联系而又不同的侵蚀过程。

①雨滴动能　雨滴溅蚀与雨滴大小有关，雨滴越大，其动能越大，溅蚀越强。雨滴大

小又与降雨强度相关联，降雨强度越大，雨滴也越大。但并不是所有的降雨都能产生侵蚀，产生侵蚀的降雨仅是其中的一部分，称为可蚀性降雨，也称侵蚀降雨。一般次降雨达 10 mm 及以上，瞬时雨强达 0.5 mm/min，即为侵蚀降雨。凡在此标准以下的降雨不能产生明显侵蚀。

雨滴动能 $E = \frac{1}{2}mv^2$ [式中，m 为雨滴质量；v 为雨滴落地时的速度]。单个雨滴的 m 很小，但数量很大，v 一般可达 6 m/s 以上，最大达 9.3 m/s。所以动能 E 不可忽视。然而 E 的计算不用动能方程，而是用与降雨强度有关的统计公式，应用时仅计算可蚀性降雨，公式如下：

a. 通用土壤流失方程(USLE)中，D. D. Smith 等提出的公式为：

$$E = 210.35 + 89.04 \lg I \tag{2-2}$$

或

$$E = 11.897 + 8.73 \lg I \tag{2-3}$$

式中　E——雨滴动能，式(2-2)单位为 m·t/(hm²·cm)，式(2-3)单位为 J/(m²·mm)；

I——一次降雨过程不同时段内的平均降雨强度，式(2-2)单位为 cm/h，式(2-3)单位为 mm/h。

需要说明的是，计算 E 时需将侵蚀降雨按照降雨强度不同划分出来，再求出各时段的雨强(I)，最后代入式(2-2)或式(2-3)求出各时段 E，加总得该次降雨的雨滴动能 E，即 $E = \sum E'$。

b. 周佩华先生通过模拟试验，提出下列计算式：

$$E = 23.492 I^{0.27} \tag{2-4}$$

式中　E——雨滴动能，J/(m²·mm)；

I——降雨强度，mm/min。

计算过程同 USLE 中计算。

此外，在我国不同地区，不少学者还提出适用于不同雨型的雨滴动能计算式，主要有西北黄土区、东北黑土区和南方红壤区。

②降雨侵蚀力　是表达雨滴溅蚀、扰动薄层水流，增加径流冲刷和挟带搬运泥沙的能力，它并非物理学中"力"的概念，而是降雨侵蚀作用强弱的一个表达指标，通常用 R 表示。

降雨侵蚀力是雨滴动能和降雨强度两个特征值的乘积。计算公式如下：

a. USLE 中 R 的计算式——W. H. Wischmeyer 公式：

$$R = \sum E I_{30} \tag{2-5}$$

式中　R——降雨侵蚀力指标，为某区域年总值；

E——次降雨雨滴动能，m·t/(hm²·cm)；

I_{30}——次降雨过程中最大 30 min 时段的平均雨强，cm/h。

为解上式，先选出每次降雨记录曲线中最大 30 min 降雨时段，截取雨量后，算出 $I_{30} = \frac{P_{30}}{t}$ [式中，P_{30} 为该 30 min 降水量(cm)；t 为历时即 0.5 h]；再计算出其他时段不同降雨

强度 I，然后按雨滴动能中方法依次计算每次降雨动能 E，再用式(2-5)计算得年总侵蚀力指标。

　　b. USLE 中 R 的计算经验式。若不能得到每次降雨过程曲线，式(2-5)不能应用。为解决这个问题，W. H. Wischmeyer 提出一个由降水量计算的统计公式：

$$R = \sum_{1}^{12} 1.735\exp\left(1.5\lg\frac{P_i^2}{P} - 0.8188\right) \tag{2-6}$$

式中　P——年降水量(或平均值)，mm；

　　　　P_i——某月降水量(或平均值)，mm。

　　这样将各月值累加，即得年侵蚀力指标 R。

　　c. 我国降雨侵蚀力 R 的计算式。我国学者研究了不同区域 R 的计算式，有的为次降雨 R 的计算式，有的为年降雨侵蚀力 R 的计算式，还有多年平均降雨侵蚀力 R 的计算式，这些均为地区经验公式，一般不能外延，且其中变量也不一致，应用时需注意。下面列出几个典型公式：

　　次降雨 R 的计算公式：

$$R = 1.07(PI_{30}/100) - 0.136 \tag{2-7}$$

式中　P——次降水量，mm；

　　　　I_{30}——最大 30 min 降雨强度，mm/h。

　　该式适用于 $I_{30} < 10$ mm/h 的情况。

　　年降雨 R 的计算公式：

　　——周伏建公式(适于福建)：

$$R = \sum_{1}^{12} 0.179P_i^{1.5527} \tag{2-8}$$

　　——刘秉正公式(适用于陕西渭北)：

$$R = 105.44\frac{P_{6\sim9}^{1.2}}{P} - 140.96 \tag{2-9}$$

　　——马至尊公式(适用于太行山区)：

$$R = 1.2157\sum_{1}^{12} 10^{1.5\left(\lg P\frac{P_i^2}{P}-0.8188\right)} \tag{2-10}$$

　　——孙保平公式(适用于宁南)：

$$R = 1.77P_{5\sim10} - 133.03 \tag{2-11}$$

式中　P——年降水量，mm；

　　　　P_i——某月或给定的月份降水量，mm。

　　——江忠善公式：

$$R = \sum EI_{30} \tag{2-12}$$

$$R = \sum PI_{30} \tag{2-13}$$

　　式(2-12)和式(2-13)是适用于黄土高原地区的经验式，其中式(2-12)与式(2-5)意义完全相同，它与侵蚀的相关系数高达 0.85，用降水量 P 代替降雨动能 E 也具有一定的精度，与侵蚀的相关系数低于 0.8。

多年平均降雨侵蚀力 R 的计算公式——王万忠公式（适于全国）：

$$R = 0.009\overline{P}^{0.564}\overline{I}_{60}^{1.155}\overline{I}_{1440}^{0.560} \tag{2-14}$$

式中 R——某地多年平均值，$m \cdot t \cdot cm/(hm^2 \cdot h \cdot a)$；

$\overline{P}$——年平均降水量，mm；

$\overline{I}_{60}^{1.155}$，$\overline{I}_{1440}^{0.560}$——平均年最大 60 min、1440 min 时段内的雨强，mm/min。

有了上述降雨侵蚀力指标 R，就可以与土壤侵蚀模数拟合函数关系，其通式为：

$$M_s = aR^b \tag{2-15}$$

2.1.2.2　地貌因素监测

地貌因素对坡面侵蚀的作用主要通过坡底、坡长、坡形和坡向等因素。以下分述这些因素的监测方法。

（1）坡度

坡度是地貌形态特征的主要因素，又是影响坡面侵蚀的重要因素。有坡度的地面，就有地势高差，地势高差是产生径流能量的根源。坡面径流产生的能量是径流质量和流速的函数，而径流量的大小和流速则主要取决于径流深和地面坡度。因而，监测地面坡度十分必要。

①测量　实地测量地面坡度，最常用的测量仪器有经纬仪、测斜仪和手持水准仪（简称手水准），现代探地雷达（GPR）也可用来测量坡度。

a. 经纬仪是测量坡度最精密的仪器。仪器本身有一垂直度盘，照准镜上下移动后，其视准线与水平线的夹角就可在垂直度盘上读出来，精确到分或秒，这个夹角即是坡度。测量时由两人配合进行，一人执测尺立于坡顶（或坡脚），一人执经纬仪立于坡脚（或坡顶），先将经纬仪安装调平，并用钢尺量仪器安装高度（照准镜至地面垂直距离），然后观测坡顶的测尺相应高度（即仪器安装高度），固定测镜，在垂直度盘上读数，即为地面坡度。

b. 测斜仪、手水准测量坡度较粗糙，能估计到度或分，这是由于垂直度盘刻画粗糙的缘故。测定方法基本同经纬仪法，所不同的是需要在照准的同时调整管水准，使其气泡居中，方能读数。

②测量计算　对于一些陡峭或无法直接测量的坡面，可以间接测量一些其他相关值，再利用三角函数关系来计算出需要的值。以下介绍 2 种方法。

a. R. R. 丘吉尔法。该法要求测定坡段的始端和末端有较明显的特征，以便能使用测距仪。测定时（图 2-1）将经纬仪设置于坡麓不远处，分别观测该坡段始端和末端两点，分别得视距 D_1、D_u 和视角度 α、β 值，用下式计算该坡段的坡长（D_s）和坡度（γ）：

$$D_s = [D_u^2 + D_1^2 - 2D_uD_1\cos(\alpha - \beta)]^{0.5} \tag{2-16}$$

$$\gamma = \cos^{-1}[(D_u^2 + D_s^2 - D_1^2)/2D_uD_s] + \alpha \tag{2-17}$$

b. 两点测定法。对于无法测定高度和角度的坡面，可以从两个测站测定坡面上某定点，分别取得角度 α、β，如图 2-2 所示；再量测仪高 h 和两测站间的距离 d[可以是水平距，如图 2-2(a)所示，也可以是斜距，如图 2-2(b)所示]，这是容易达到的。这样先用下列公式计算出测站以上坡高 H 和最近一个测站至测点的水平投影距离 D 和至坡脚的直线距离，再用三角函数计算坡长和坡度。分以下 3 种情况：

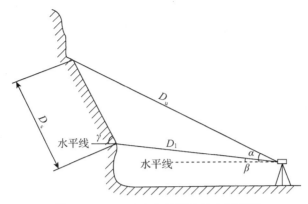

图 2-1　R. R. 丘吉尔法测定坡度示意图

第一种：从平坦地面取得读数[图 2-2(a)]：

$$H = [d\tan\alpha \cdot \tan\beta/(\tan\alpha - \tan\beta)] + h \qquad (2\text{-}18)$$

$$D = (H - h)/\tan\alpha \qquad (2\text{-}19)$$

第二种：从角度为 θ 的上倾坡地上取得读数[图 2-2(b)]：

$$H = h + d\tan(\alpha - \theta)\tan(\beta - \theta)/\{\cos\theta[\tan(\alpha - \theta)\tan(\beta - \theta)]\} \qquad (2\text{-}20)$$

$$D = [(H - h)/\tan\alpha] + (H - h)\sin\theta \qquad (2\text{-}21)$$

第三种：从角度为 θ 的下倾坡地上取得读数（图略）：

$$H = h + d\tan(\alpha + \theta)\tan(\beta + \theta)/\{\cos\theta[\tan(\alpha + \theta)\tan(\beta + \theta)]\} \qquad (2\text{-}22)$$

$$D = [(H - h)/\tan\alpha] + (H - h)\sin\theta \qquad (2\text{-}23)$$

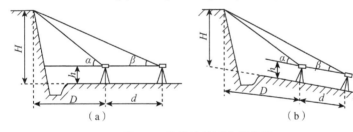

图 2-2　悬崖陡坡测定示意图

(a)从平坦地面测　(b)从上倾面测

　　直线距离 S 是最近一个测站至坡脚某点的水平距离。测量时用仪器照准坡脚点并读数，再旋转 90°定线，将仪器移到该线上任一点并测量至原点的距离（用皮尺或测尺测量），以及该线与坡脚点的夹角，利用直角三角形已知直角边和一角度的公式，可以计算出另一直角边 S。

　　由三角函数可知，有了垂直高度 H 和水平距离 D 及坡脚至测站的距离 S，即可算出坡度：

$$\tan\gamma = H/(D - S) \qquad (2\text{-}24)$$

(2)坡长

坡长对坡面侵蚀的影响呈现较为复杂的关系，主要随降雨径流状况而变化。一般情况下，坡长长，受雨面积大，径流流程长，侵蚀机会多，故而坡面侵蚀增大。但在降雨强度小、持续时间短的情况下，径流入渗量会增大，侵蚀也会减小。因此，无论怎样，坡长都是坡面侵蚀重要的影响因子。

①测量法　直接用卷尺或测绳在实地测量坡长是最普遍的方法，也是最精确的方法。需要注意的是，一般量测坡面的长度均为斜坡长度，若要求出水平长度，还需要进行改算，改算式为：

$$L_{水平} = L_{斜坡} \times \cos\alpha \tag{2-25}$$

式中　α——坡度，°；

　　　$L_{水平}$——水平长度，m；

　　　$L_{斜坡}$——斜坡长度，m。

②图面量算　是在较大比例尺地形图上量算坡度、坡长，是室内常用的方法。一般图的比例尺应不小于 1:5 万，否则精度较差，实用意义不大。

量算时，先取一组相互平行（或基本平行）的等高线坡面，用直尺在垂直等高线方向上量取若干间距一致（即坡度一致）的等高线间距，再由图比例尺换算成水平距离，即为坡面水平长度。用上下两条等高线的高差 h 除以水平长度 l 得坡度值。计算公式为：

$$\tan\alpha = \frac{h}{l} \tag{2-26}$$

有了坡度和坡面水平长度，不难算出坡面斜长。

③地形因子　坡面土壤侵蚀影响因子尽可能简化和减少，因而地貌因素的影响通常简化为坡度、坡长因子，即地形因子 SL。

a. USLE 中计算式。在 USLE 中计算 SL 因子是用与标准小区比较方法进行的。美国的标准小区长为 22.1 m，坡度为 9% = 5.16°，经统计得。

$$SL = \left(\frac{\lambda}{22.1}\right)^{0.3} \left(\frac{\alpha}{5.16}\right)^{0.3} \tag{2-27}$$

式中　λ——测区长度，m；

　　　α——坡面坡度，°。

b. 我国部分区域 SL 计算式。我国不少学者也提出了适用于不同区域的 SL 计算式，主要有：

——江忠善公式（适用黄土高原）：

$$SL = 1.07\left(\frac{\lambda}{20}\right)^{0.28} \left(\frac{\alpha}{10}\right)^{1.45} \tag{2-28}$$

——张宪奎公式（适用东北黑土区）：

$$SL = \left(\frac{\lambda}{20}\right)^{0.18} \left(\frac{\alpha}{8.75}\right)^{1.30} \tag{2-29}$$

——黄炎和公式（适用福建）：

$$SL = 0.8\lambda^{0.35}\alpha^{0.66} \tag{2-30}$$

——杨艳生公式（适用南方红壤区）：

$$L = h(1 - \cos\beta)/63.8\sin\beta$$

$$S = 0.419 \times 1.1^{\beta} \tag{2-31}$$

$$SL = 0.002\,3 \times 1.1^{\beta}h(1 - \cos\beta)/\sin\beta \tag{2-32}$$

式中　λ——坡长，m；

　　　α——坡度，°；

　　　β——地面平均坡度，°；

　　　h——相对高度，m。

（3）坡形和坡向

①坡形　坡面的形态称为坡形。坡形不同会导致坡面降雨径流的再分配，改变径流的方向、流速和深度，它直接影响坡面侵蚀方式和侵蚀强度。

坡形一般分为直形坡(也称直线坡)、凹形坡、凸形坡和复合坡 4 种。直形坡为坡度不变的坡面，凹形坡为上陡下缓的坡面，凸形坡为上缓下陡的坡面，复合坡则有阶梯坡、凹凸形坡等，实则是前 3 种基本坡形的组合坡面。

由上述可以看出，坡形的监测实质是对坡面的坡度测量。通常一个较大的区域或坡长较长时，均有坡形的变化，测量时垂直等高线顺坡向分段测量坡度，即可判断坡形。注意判别坡度的转折点，这是准确判断坡形的关键。

②坡向　为坡面的倾斜方向，共分 8 个方位，如图 2-3 所示。

在北半球依据太阳入射角，将东南向、南向、西南向和西向坡称为阳坡，而把西北向、北向、东北向和东向坡称为阴坡。其中，东南向和西向坡又称半阳坡，西北向和东向坡又称半阴坡。

实地测量坡面的坡向，多采用罗盘仪进行。将罗盘长轴指向坡面倾斜方向，圆水准居中，此时指北针所指方位角即为坡向，对照图 2-3 查看，即知坡向。

若要在大比例尺地形图上确定坡向，可先将各级沟谷底线画出，构成水路网。然后，依据等高线在每一网斑中的分布粗略定出坡向。若要细测，则作每条(段)等高线的垂线，

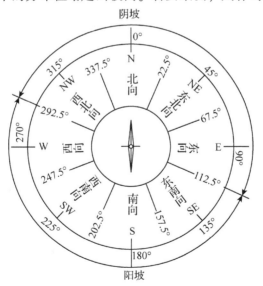

图 2-3　坡向划分图

量测该垂线与正北方向坐标系的夹角，即为方位角，不难查出坡向来。

2.1.2.3　土壤与地面组成物质因素监测

土壤与地面物质是坡面侵蚀的对象，是决定坡面侵蚀过程和侵蚀强度的内在因素，尤其是土壤的物理化学性质、力学性质等直接影响水力侵蚀作用。下面介绍目前水土保持中涉及的相关内容。

（1）土壤质地

土壤质地是指组成土壤固相颗粒的大小及其组合比例。土壤颗粒都由岩石风化形成，其大小差别很大，因而土壤物理性质不同。

（2）土壤结构

土壤结构是指土壤中原生颗粒与次生颗粒集合在一起形成较大且可分的团聚体的大小、形状和排列。不同的土壤结构其功能不一，即对水、肥、气、热等因素的影响不同，因而成为水蚀监测的重要内容。

土层厚度也称有效土层厚度，是指能够为植物根系生长发育提供和调节水、养分的土壤厚度。可通过开挖土壤剖面判别土壤发生层次后测量得到。土壤形成的过程十分复杂，可以概括为自然肥力的发展和土壤剖面的形成。这两个过程往往与生物作用相联系，这就产生了土壤有机质的累积和营养元素的生物循环，因而土壤剖面留下了这个形成特征。

（3）土壤容重与孔隙度

土壤容重与孔隙度既影响土肥力，又影响土壤的入渗性能和蓄水能力，从而间接影响地表径流的产生和发展，还与土壤抗侵蚀能力有关，也是侵蚀土壤性质变化的标志之一。所以监测土壤容重和孔隙度十分必要。

土壤容重是指单位体积干土（在 105 ℃下烘干）的质量，包含了孔隙在内，单位为 g/cm^3。土壤容重一般为 $1.2 \sim 1.4\ g/cm^3$，超过了这个值，土壤变得坚实，孔隙减小，不利于水分下渗，地表径流增大，冲刷强烈。

土壤是一个多孔体，土粒之间的孔隙不是被水所占据就是被空气所占据。一般来说，当孔隙的直径大于 0.01 mm 时，其中水分容易被排除，称为通气孔。当孔隙的直径小于 0.01 mm 时，常为水分充塞，具有毛管作用，所以称为毛管孔。毛管孔隙与非毛管孔隙（即通气孔隙）之和称为总孔隙，简称土壤孔隙。

（4）土壤有机质

土壤有机质是指土壤中含有的动物、植物和微生物残体及半分解物质的总称。包括多糖类（纤维素、淀粉等）、含氮化合物（蛋白质等）、多酚类（木质素、单宁等）和其他有机物（有机酸、醇、脂肪等），还有一些钙、镁、钾等灰分元素，其中腐殖质为半分解产物，为黑棕色的复杂化合物。

有机质和腐殖质经过矿化分解，能释放出植物需要的营养元素，它有巨大的表面积，有极好的保水保肥能力，它又是很稳定的胶结剂，能形成水稳性强的团粒结构，对于提高土壤入渗和抗侵蚀能力极为重要。因此，常用有机质含量的多少来评价土壤抗蚀能力强弱。

（5）土壤水分

土壤水分不仅是植物生长过程需要的，它还含有植物需要的溶解养分。一定的含水量有利于土壤团粒结构的形成和保持，水土保持作用好；过于干燥或含水量过多的土壤，往往容易遭到侵蚀；同时土壤含水量又影响土壤的渗透性能。因此，水蚀监测常要测定土壤含水量。

（6）土壤渗透速率

大气降水至坡面，首先要进入土壤，这个过程就是水分入渗。在单位时间内由单位面积土表渗入土壤剖面的水量，称为土壤渗透速率或渗透强度，单位为 mm/mim。通过单位面积土表渗入土壤剖面的水量的累积值，为入渗量，它等于同样面积的土壤剖面中含水量的增加值和由剖面下部流出的水量之和。土壤渗透速率决定了降雨进入土壤的速度，以及暴雨期间地表产生径流的数量和发生土壤侵蚀的危险程度。

2.1.2.4　植被因素监测

植被是陆地生态系统的主体，又是制约水土流失最敏感的因素。当自然植被保存完好，不受人为活动干扰时，侵蚀处于常态侵蚀状况下，强度极小；一旦植被遭到人为破坏，水土流失即进入加速侵蚀状态，侵蚀强度为常态侵蚀的数倍乃至数十倍。由此看出，植被对水土保持起积极作用。

植被防治坡面水土流失的作用主要是冠层对部分降雨的截留作用，植被落叶层对降低径流流速，增强土壤入渗，减少地表径流有积极作用，且利于根系固结土壤、增强其结构稳定性，从而提高土壤抗蚀性能。这些积极作用与植被类型、结构、年龄等林分特征有关。经过多年研究，与水土保持关系最为密切的植被特征为植被类型、郁闭度（覆盖度）、植被覆盖率和植被作用指标等因子。

2.1.2.5　人为因素监测

人类的生产生活活动对水土流失产生的影响，通称为人为因素。人为因素包括两个基本方面：一方面是人为的水土保持活动，通过改变地形（如修梯田）、增加覆盖（如造林种草）、改良土壤增加渗透（如施肥、水平耕作）和截短径流拦蓄泥沙（如谷坊、淤地坝）防治侵蚀与减少泥沙转移，称为正（+）向作用；另一方面是破坏植被，扰动地表，改变微地貌产生新的侵蚀面，或把渣土倒入沟道水流中，产生强烈水土流失，称为负（-）向作用。

2.1.3　坡面雨滴击溅侵蚀监测

雨滴击溅侵蚀往往是水力侵蚀的开始（降水作用下），影响着水力侵蚀的过程，是主要的水蚀阶段，特别是细沟间侵蚀的重要组成部分，它主要发生在裸露地，特别是农耕地上。虽然雨滴溅蚀直接造成的顺坡输移土壤流失量很小，但它却为坡面片状水流和细沟水流的搬运提供了分散泥沙物质的有利条件。并且，雨滴击溅还增加径流紊动性，增强径流的分散和挟沙能力。

从物理学的观点出发，雨滴溅蚀是一个侵蚀做功的过程，而做功就意味着能量的消耗。在降水过程中，雨滴的能量主要消耗在击溅做功、土体吸收和水流吸收 3 个方面。对于松散的地表土壤，在地表尚未形成结皮且未产生径流时，由于雨滴直接打击表土，大部分能量被土壤吸收，转化为热能。而未被吸收的能量则用于击溅做功，破坏土壤结构，夯实表层土壤，分散土壤颗粒，最终转化为土粒势能，使一部分土粒溅起，发生跃移。这些被溅起的土粒重新落到地表，成为相对孤立的土粒，一旦坡面产生径流，它就易于随径流输出坡面。伴随着雨滴的不断打击，溅散的土粒不断地为径流搬运提供沙源。

N. W. Hudson 用动能 $E = \frac{1}{2}mv^2$ 的公式计算说明雨滴击溅能量为冲刷能量的 256 倍。在同一种土壤上雨滴击溅的效果取决于雨滴的大小和密度。雨滴动能 $E = \frac{1}{2}mv^2$［式中，m 为雨滴质量；v 为雨滴落地时的速度］。单个雨滴的 m 很小，但数量很大，v 一般可达 6 m/s 以上，最大达 9.3 m/s。所以动能 E 不可忽视。

2.1.4　径流小区径流泥沙监测

降雨或融雪时形成的沿坡面向下运动的水流称为坡面径流，包括地表径流和壤中流。这些流动的水流携带的泥沙量为侵蚀量。目前，坡面径流量和侵蚀量多采用径流小区进行观测。

2.1.4.1　小区概念

坡面径流小区是坡面水蚀观测的基本设施，是指在坡面上选择不同地面坡度农耕地建立径流小区，可定量监测不同地面农耕地的土壤流失量。坡面径流小区还可以用来研究地形因子(坡度、坡长、坡型)、植被因子、土壤因子、人为活动等对坡面水土流失的影响，是对比研究某一单项因素对水土流失影响的最好方法。多个坡面径流小区集中在一起组成径流泥沙观测场，简称径流场。坡面径流侵蚀监测，常采用在不同的坡地上修建不同类型的径流场，设置降雨、径流、泥沙等观测设施，观测降雨、径流、泥沙等项目。探求坡面流失规律及自然、人为因素对坡面径流、泥沙的影响。

1877 年，德国土壤学家沃伦在森林地内建立了第一个坡面径流小区，用于观测和研究森林植被对土壤侵蚀的影响。在此后，这种用小区观测坡面水土流失及相关影响因素的设施和方法，在全世界水蚀区迅速推广并得到发展和完善。

2.1.4.2　小区类型

由于观测任务的需求不同，小区的设置也出现了差异。径流小区的类型多种多样，根据不同标准可以划分为多种类型。

(1)按小区面积大小划分

①微型小区　面积很小，一般为 1~2 m²，最大不超过 4 m²。它是在监测某一单一因素对水土流失影响，而又不受监测面积大小影响时采用的。如降雨能量对坡面土壤的剥离、分散，不同质地土壤的抗蚀性、抗冲性测验等都可以在微型小区内进行。

②中型小区或一般小区　面积为 100 m²，即 5 m 宽、20 m 长的小区。它是监测坡面最常用的小区。可以监测不同坡度、不同土壤、不同治理措施等的水土流失特征。在一般情况下，这类小区的监测成果基本能反映坡面侵蚀的真实情况，成为其他监测方法对照检验的原型。

③大型小区或集水区　面积较大，多在 1 hm² 左右或更大，其平面形状为有规则的矩形，也有按自然集流边界划分的不规则形(集水区)。如坡长对水土流失影响的测验，可将

小区设成宽度一致、不同长度甚至全坡长的测验区；一些增产效益监测小区，也需要较大面积；对于坡面侵蚀和泥沙输移过程研究，需要按自然集流边界划分(即小集水流域)，此种情况下面积较大且平面形状不规则；还有在考虑不同土地利用对水土流失影响时，也需要在大型小区或集水区中进行。

(2)按小区的可比性划分

①标准小区　是指宽 5 m，垂直投影长 20 m，坡度为 10°或 15°，坡面经耕耙平整、纵横向均匀，地表无植被覆盖，且至少撂荒 1 年的小区。在各地径流场建设中，标准小区可只设 1 组；2 种坡度是为适应我国广大山丘区域的现状而提出的。设置标准小区的目的，在于对各地不同措施小区的观测资料进行对比分析，即建立一个对比标准，就可以把所有小区观测资料订正到标准小区上来，实现全区乃至全国坡面水土流失、水土保持的分析研究。

②非标准小区　是指除标准小区以外的其他小区。它可以是不同坡度、坡长，也可以是不同措施处理，还可以是不同面积与形状等。在径流场的建设中，非标准小区多种多样、数量众多，它是不同地区水土流失特点和水土保持措施的实际需要与反映，无须在不同区域间完全雷同。

(3)按小区内措施(试验处理)划分

为了掌握不同下垫面水土流失特征或水土保持措施效益，人们常设置不同措施(也称试验处理)观测小区。最常见的有裸地小区、农地小区、林地小区、草(灌)地小区等；还可按措施类别划分成工程措施小区、生物措施小区、农业耕作措施小区和无措施小区等几类。

在每一类中，因种植作物不同，或措施名称不同，或其他处理不同(如施肥、年龄、密度等)，又可分为若干种小区。这样设置的小区和研究的内容十分丰富，有力推动着各地水土保持工作稳步健康地开展。

此外，在研究部门生产建设的水土流失观测中还常有固定小区和活动小区之分。固定小区即上述涉及的观测小区，一旦小区设置后，即投入观测，不能随意搬动；活动小区则不同，小区设置和观测设施可依据实验地(或变化)而移动和搬迁，以便在较短时间内实现对不同地面状况的观测，或适应不断变化着的地面状况。

2.1.4.3　小区组成与布设原则

(1)径流小区的组成

坡面径流泥沙测验小区由一定面积的小区、集流分流设施和保护设施等部分组成。布设形式如图 2-4 所示。

①边埂及小区　在一定土地面积周边设置的隔离埂即为边埂。简易的边埂为三角形土质埂；当观测历时较长时，可由水泥板、金属板等材料制作。边埂的地面以上高度为 20~30 cm，以防土粒飞溅，埋深一般为 20 cm 以上，以稳固防冲。土质埂和水泥板宽度较大，为保证区内面积精度不受影响，土质埂为正三角形，三角形顶角线为小区边线；水泥板可制作成偏刃形，刃脊线为小区边线。

边埂所围面积即小区。通常沿水平方向宽 5 m，顺坡面方向长 20 m(垂直投影)，面积 100 m²，它是形成径流产生侵蚀和泥沙的源地，即测验地(区)。该测验地土壤及地表

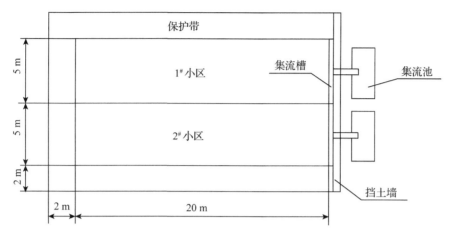

图2-4 径流小区平面布置图

处理，需按试验设计进行，方能取得真实的观测结果。

通常每一处理测验小区，均设两个，称为重复。在重复设置的两个小区紧紧相连时，即相同处理的两个小区在坡面平行相连，称为一组。此时，小区一侧的边埂则转为隔埂。土质隔埂三角形的顶角线，即为两小区的分隔线；用水泥板作隔埂时，则要在地上部分做成等腰三角形。

②集流分流设施

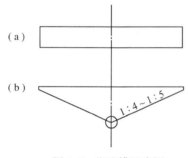

图2-5 集流槽示意图
（a）平面图 （b）剖面图

a. 集流槽和导流管。设置在小区底端，用以收集上部坡面产出的径流泥沙的槽状设施，称为集流槽。该槽长与小区宽一致，宽10～15 cm，平面上为一长方形［图2-5（a）］，长方形的一长边水平并与小区坡面底端高度一致，保证坡面侵蚀不受影响；槽的纵剖面，上口水平，下底为向中部倾斜的陡坡，坡比1∶4～1∶5，坡的最低处设有孔口，连接导流管［图2-5（b）］。目的是将坡面的径流泥沙收集并经导流管排出。

集流槽一般为砖、石浆砌，也可用金属板或硬塑板拼接。要求槽体内壁光滑，无坑洼，保证径流泥沙顺利通过，不产生淤积。导流管多为直径100～150 mm的铸铁管或硬塑管，出口稍低，为避免泥沙中杂草什物堵塞，管径应大些。

b. 蓄水池（桶）。它是蓄积导流管排出的径流、泥沙的设施，当为砖石浆砌的方形（或矩形）时，称为蓄水池；为金属制作的圆桶状时，称为蓄水桶。无论是池或桶其容积大小一般应超过小区面积一次最大降水的产流、产沙量（体积），不使径流泥沙溢出（除了有分流设施外）。在池或桶的砌筑或安装时，底面应水平，形状要规整，内表面应光滑，且底部应设排水闸阀，以保证量测精度和减少工作强度。

c. 分流箱（桶）。若径流泥沙总量大，在蓄水池（桶）的容积不能达到设计要求时，就要加设分流箱（桶）（图2-6）。它是一个金属材料制作的箱或桶，其一侧设有5个或7个、9个极为标准（孔径大小一致，分布间距一致且水平排列）的分流孔，水平安装在一个蓄水

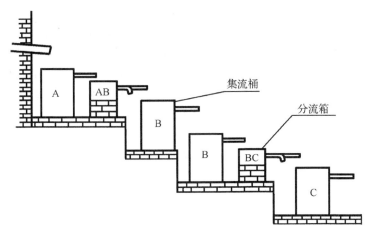

图 2-6　集流桶、分流箱安装示意图

池(桶)的前方，使分流孔的中间一孔出流收集在蓄水池(桶)中，其他分流孔的出流排走不再收集。由此可知，蓄水池中收集的径流泥沙，约是坡面产出的 1/5 或 1/7、1/9。由于受导流管出流的影响，分流箱中水流涡动，实际各分流孔的出流并不均一。因而，在采用分流箱时，需对分流口的出流进行率定，求出分流系数。

③保护设施　径流小区的保护设施包括保护带、排洪渠系以及集流桶箱的防护罩等。

a. 保护带。保护带是设置在小区边埂外一定宽度的带状土地，要求这一带状地的地表处理与小区内完全相同，其作用为保护小区内不受任何干扰或破坏，提高观测精度和它的代表性。通常在测验径流泥沙的同时，还要测验土壤水分等项目，这些项目的测验一般均在保护带上取样，无须干扰小区。保护带的宽度为 1~2 m，对于裸地小区可取小值，对于种植小区或水土保持措施小区，可取大值。

b. 排洪渠系。排洪渠系是设置在小区保护带以外，收集排导洪水的渠道系统，其断面大小应满足上部来水及排导需要。一般为土渠，断面为梯形；在降水多且长期观测的径流场或小区，渠道也可用石料衬砌，以防冲毁。设置排洪渠的目的是保护小区内不受外来径流泥沙影响，保证径流场不受雨洪危害。

c. 防护罩。防护罩是覆盖在集流池(桶)、分流箱等蓄水设施上面的盖子，可以是圆形、方形或斗笠形，以防尘土杂物和雨水落入桶中，影响测量精度并给计算带来麻烦。

(2)径流小区布设原则

设置径流小区或建立径流观测场，应遵循以下原则。

①具有典型区域的代表性　水土流失受动力因素和下垫面特征所控制。不同区域的侵蚀动力大小和环境要素组合是不同的，因而坡面侵蚀差异较大。在设置径流观测场地或小区时，首先要选择代表性很强的典型区域和地段。也就是说，设置区域的地貌类型与形态、土壤类型与特性、植被类型与特征、土地利用与人为生产活动等均是被监测区域最典型的地段，这样监测的成果才能充分反映该区的水土流失和水土保持特征，因而也称这一原则为与环境相一致原则。

有的微型小区是在异地或室内进行模拟研究，也需要用原地区的土壤进行，甚至设置成与原地貌类似(或按一定比例缩小)的形态,采用原地区的植物种属。水土保持测验更是离不开原地区的主要措施、规格和形式,否则测验结果对原地区来说毫无实际意义。

②保持坡面的自然状态　径流场内的径流小区有各种类型,有不同坡度、不同坡长、不同植被等,这些小区应选设在场内不同部位,要求尽量保持原坡面的自然状况,稍加平整即可使用,无须人工大挖大填重新修整。这是因为下垫面特征,尤其土壤结构层次、物理性质、水理性质等会因修整干扰而发生变化,已不具有原来土壤的特征,使观测失效。如黄土区人工修建的陡坡小区(填筑),小雨不仅流失轻,反而有增产效益。当确实无条件而又需设置某一特定小区时,在采用人工修建后,需要留有足够的恢复期,以保证观测的实际效果。

通常植被小区都设在已成林地或多年草地内,且树种、林龄、密度等均不受人为干扰,保持自然状态。如若进行间伐、更新等管理活动,需要详细记录管理措施实施时间、过程、强度等。这一般在林(草)地多年经营的长周期中才会发生,通常林、草效益观测很少遇到。

③小区设置与监测内容要求相一致　小区设置应能满足监测的内容与要求,并要考虑监测内容中的极值状况。这是坡面侵蚀监测所必须的,同时也为了不漏测、错测和缺测稀有的水土流失资料,给分析计算带来很大麻烦。各地区的侵蚀降水变幅很大,干旱和半干旱区尤其如此,在监测设计时应充分注意。

当监测内容与要求多而杂时,需要巧妙安排小区纵向的观测内容,不可能在一二年内依赖众多小区来完成,这不仅造成观测工作负荷过重,而且是不经济的。若在同类地区有径流观测场、生态站等,可以采用协同观测、资料共享等方法,实现监测要求,无须"大而全"的观测场。

④重复性与对比性原则　任何科学实验(测验)都能重复再现,不能重复再现的实验不科学。坡面水土流失与水土保持小区测验要实现观测重复的一个重要方法,就是设置重复小区。重复小区是指侵蚀环境条件、管理及措施完全相同的2个或3个小区,这2个或3个完全相同的小区,称为一组小区,完成同一监测任务。依靠设置重复小区实现观测的重现。从数理统计学角度看,对随机自然现象进行观测研究,要提高观测精度,就需增加观测样本数,以减少误差,设置重复小区正是为了这一目的要求。

通常为了比较说明水土保持措施的效益,而采用横向对比观测。即在同一空间(径流场)和同一时间设置除对比因子外(称两处理)其他条件完全相同的2组小区,进行同步观测,最后将结果进行对比,突显处理不同的差异。这种对比试验观测,需要特别注意它们的可比性,否则就失去了对比意义。可比性是指除了措施(处理)不同外,其他所有侵蚀条件完全相同,没有差异,形成了一个可以对比的基础平台。在北方,为实现这一对比基础,往往两组小区设置不可相距过远,以免误差过大。

此外,在设置径流场和小区时,还需注意安全可靠、交通便利等条件,以保证观测工作的正常进行。

2.1.4.4　径流泥沙测验设备与观测

(1)径流小区监测设施

径流小区监测设施是指利用径流小区观测降水所产生的径流、泥沙和水质的设施、设备与仪器的总称(表 2-1)。

①坡面径流小区监测设施应包括径流、泥沙和降水观测设施。

②为了进行径流、泥沙样品分析,还应选择分析测验产流产沙过程、污染物流失量、土壤理化性质及地表覆盖等观测设施。

③为了数据管理,还应选择数据处理、资料整(汇)编、传输等设施。

(2)小区径流泥沙观测的测验设备

测验设备包括体(容)积测验、泥沙测验及其他测验设备 3 部分。

①体积测验设备　也称容积测验。测验的基本设备为测尺和一定体积(容积)的量筒。用测尺直接量测各收集器中的浑水深、长、宽,计算出体积;量筒是用于采集不同收集器中浑水样,作处理用。若收集器有蓄水池、分流箱或几个蓄水池、分流箱时,量积时一一量取,采样也需一一采样,并注意采样均匀性。

②泥沙测验设备　是一套对浑水采样定容、过滤、烘干、称重的设备。包括量筒、漏斗、滤纸、烘箱、天平等,以求得不同收集器中的泥沙数量。

③其他测验设备　主要包括土样理化性质分析设备和侵蚀过程测流设备。土壤理化性质分析根据分析内容和要求确定配备的仪器,这里不再赘述。小区侵蚀过程测验的目的一般是要掌握在不同降水情况下,坡面产生径流和泥沙的变化过程。目前用两种仪器来实现:一是用流量仪,自动记录径流过程并定时采样;二是将前述收集系统改用三角堰,观测(仪器或人工观测)水位变化,转换成流量并取样。

(3)径流小区监测设施配置要求

①围埝和保护设施　包括径流小区的围埝、保护带和排洪系统 3 部分。

a. 围埝。为设置在径流小区边界上除下边缘外的隔离设施。围埝的建筑材料要求不渗水、不吸水。围埝应互相连(搭)接紧密,埋深牢靠,地表露出 20 cm。

b. 保护带。设置在每组径流小区的两侧和顶部,宽度为 1.0~2.0 m。保护带内坡面条件应与径流小区完全一致。

c. 排洪系统。设置在受洪水威胁的径流小区上部和左右两侧,规格大小按 50 年一遇暴雨设计。

②集流、导流、分流设施　包括集流槽、导流槽(管)、分流箱和集流桶(池)等。

a. 集流槽。设置在径流小区坡面下缘,垂直于径流流向,一般由混凝土或砌砖砂浆抹面制成,长度与径流小区宽度一致,宽度(槽缘宽和槽身宽)20~30 cm,槽缘应与小区坡底同高且水平,槽身由两端向下中心倾斜,倾斜度以不产生泥沙沉积为准,顶部加设盖板。槽身表面光滑,应不拦挂泥污。

b. 导流管(槽)。镶嵌在集流槽下游边缘(通常做成小区挡土墙)中部的最低处,以疏导收集的径流和泥沙。导流管由镀锌铁皮、金属管或 PVC 管制成,长度一般为 50~100 cm,上部开口与集流槽紧密连接,下部通向集流桶(池)或分流箱。

2.1.5　坡面水土保持与效益监测

在坡面上实施各种工程措施、林草措施和耕作措施可防治水土流失,获得减水、减沙(水土保持)效益,生态效益,经济效益和社会效益。

表 2-1 径流小区监测设备配置表

序号	类型	仪器设备名称	单位	数量
1	必备设备	测尺	件	2~3
2		测绳	件	1~2
3		竖式采样器*	件	2
4		横式采样器*	件	2
5		水样桶*	个	30
6		取土钻	件	1~2
7		取土环刀*	个	1~2
8		土样盒*	件	30
9		烘箱	台	1
10		烧杯*	件	20~50
11		量杯*	件	2~5
12		过滤装置(或分沙器)	套	1~2
13		温度计	件	3~5
14		比重瓶	件	2~5
15		天平	台	1~2
16		干燥器	台	3~5
17		雨量筒	件	2~3
18		自记雨量计	台	1~2
19	选择性设备	自记水位计	台	1~2
20		水样桶*	台	1~2
21		径流导电仪	台	2~3
22		土壤水分测定仪	台	1
23		土壤理化性质测定设备	套	1
24		计算机	台	2
25		打印机	台	1
26		数码摄像机	件	1
27		电话(传真)	部	1~2

注：标有 * 设备的数量按一组径流小区配置。

2.1.5.1 水土保持工程措施与效益监测

（1）工程措施效益监测分类

坡面水土保持工程措施种类多样，水土保持的原理各异，其效益大小和观测方法也不

尽相同,从防蚀减沙功能和便于观测出发,将工程措施分类如下:

①改变地表形态,增加入渗,减少径流类 这类工程措施是以改变原来坡面地表形态,或平整地面消除径流,或增大地面粗糙度增加降水入渗,减少径流,有的还有拦蓄作用,防止或削减径流,实现减水减沙和保持水土目的。

该类工程措施有:梯田(水平梯田、坡式梯田、隔坡梯田)、水平沟、水平阶、坡面截留沟和鱼鳞坑等。

②分段拦蓄流、泥沙,减少径流汇集类 这类工程措施以分段拦蓄地表径流和泥沙,提供人畜饮用(干旱和半干旱地区)水,或作灌溉补充用水(南方灌溉、北方微灌),或增加入渗,拦蓄泥沙还可作有机肥料,使地表已产生的径流得到控制,不致汇集产生更严重的水土流失,实现坡面减水减沙和水土保持的目的。

该类工程措施主要有:水窖、涝池、水凼等小型蓄水工程,以及坡面浅沟中修建的水簸箕、小土挡等。

此外,还有一类通过固定和抬高侵蚀基准,削减水土流失的工程措施,如小型土坝、谷坊等。

(2)工程措施蓄水减沙效益监测

①改变地表形态,增加入渗,减少径流类监测 这类措施分界明显,水土保持范围集中,它只局限于实施了措施的区段,对未实施措施的坡面没有或极少有水土保持作用,因而可以利用设置径流小区的方法进行效益监测。黄土高原用此法监测,径流减少70%以上,泥沙减少95%以上。

设置径流小区时,一般要采用与原坡面对比的方案。如设置水平梯田小区,同时设原坡面小区进行同步对比监测。由于各种措施的规格大小(如水平梯田的平整度、田面宽、地边埂等)、排列组合与立地条件(如水平阶的坡度、坡面、间距、有无横土挡、坎高等)的不同,导致一一对应的对比监测十分麻烦,甚至不可能。这就需要对其进行选择,选取有代表意义(广泛实施)的典型措施(常见规格)加以监测,其他措施效益采用调查比较法解决。

水土保持效益监测,受自然降水影响很大。一般少雨年效益高,多雨年效益低,因而真实反映工程措施的水土保持效益,需要较长期的监测,一般不少于5年。其监测的项目,包括降水、地貌、土壤、植物、水土保持措施及规格,以及径流泥沙等,若要进行深入对比分析,还要做一些选择项目监测。

②分段拦蓄径流、泥沙类监测 这类工程措施的特点是工程本身拦蓄了部分径流和泥沙,而拦蓄的径流、泥沙数量就是减少径流和泥沙的数量效益,因而可以直接量测每一工程的拦蓄量,然后累加作为该坡面(或某区段)的水土保持总效益。黄土高原蓄水工程,一般年拦蓄径流 20~30 m^3。

(3)工程措施增产增收效益监测

①梯田增产监测

a. 增产增收原理。梯田修建已有300多年历史,是我国劳动人民水土保持智慧的结晶。梯田对控制山丘区水土流失和农业生产发展具有重要意义。梯田,尤其水平梯田,增产增收效益显著,在黄土区调查,梯田较坡耕地增产10%~30%。梯田增产增收的原因主要如下：

一是拦蓄降水，增加土壤水分含量，提高作物的供水能力。在干旱和半干旱区土壤水分是决定作物出苗、生长的关键因素，常因干旱缺水导致作物减产或绝收。梯田修建改变地面形态，从有坡变为平地无坡，或从陡坡变为缓坡，使降水径流减少或消失，从而入渗量增加，提高土壤含水量。黄土区测定，一般梯田比坡地土壤水分要高30%~45%。

二是保护与保持土壤和肥力，提高作物的养分供给能力。水土流失使坡地土层减薄，养分流失，土壤质地变劣，恶化土壤环境；修建梯田后，土壤环境转入良性循环的发展方向，不仅保护了原有资源，且使土壤与肥力持续稳定向前发展，为增产增收提供物质基础。

三是改善农业生产条件，实现集约生产。经监测研究，水平梯田中的空气湿度、风速小气候要素较坡地优越；坡地变成平地或缓坡地，有利于机械作业和精耕细作，加上地膜覆盖、聚肥点种等技术应用，为作物增产增收开拓出更大空间。

b. 增产增收监测。梯田的增产增收通常用对比监测法，可以在小区中对比监测，也可以在较大范围内对比监测。对比监测的基本要求是：气候降水一致，土壤及肥力一致，作物种植与管理水平一致等，所不同的是一个区为坡耕地，一个区为水平梯田或其他梯田。

监测时一般不要选新修梯田。这是由于梯田（特别是水平梯田）在施工过程中大量翻动土体（机修尤甚），造成表土深埋、生土裸露、土层坚硬、物理性状不良和养分亏缺，致使作物生长不良，导致当年减产，甚至连续几年减产。因此，新修梯田土壤要采用多种措施给予改良，未改良就失去对比监测的意义。

通常增产增收的对比监测选择已修成多年、土壤性状稳定的梯田，与坡地作对比，且面积不小于0.067 hm²，以克服肥力差异的影响。观测期应包括干旱年、平水年和丰水年3个典型年，因而多在5年以上。

对比监测的内容除了基本的降水、土壤水分、施肥、管理和产量收入外，还要监测作物的分蘖、生长、株高、密度、穗粒数、千粒重等因子，以揭示增产机制，提出改进管理措施。

最后，比较梯田与坡地的单产，即得增产数量和增产百分比；再用折现方法算出增收的数量。

②小型蓄水工程的增产增收监测　水窖、涝池、水凼等小型蓄水工程，在干旱区多用于解决人畜用水，在极端干旱情况下常用于"点浇"，也用于经济作物（含经济林木）微灌，南方水凼常用于补充灌溉。

该观测是对实施灌溉（含点浇、微灌）土地和未灌溉土地产量收入的对比监测。因此，监测已灌溉作物的生长状况、产量、收入，并与一般坡地作物（同一作物）的相同项目作对比，得出增产增收效益。对于未利用或不能利用的蓄水工程不计。

2.1.5.2　水土保持林草措施与效益监测

（1）林草措施效益监测分类

水土保持林草措施分类多种多样，有按种类划分的，有按防护部位划分的，有按龄级划分的。这里从防蚀功能和便于监测出发，划分为2类。

①无冠层林草类　主要包括各种草地，以及较低矮的灌木林地。它主要依靠其地上部分的枝叶覆盖地面，避免或减轻雨滴的打击；并有密集的枝叶和根系，阻滞地表径流，增加入渗，改良和固结土壤，保持水土。

②有冠层林草类　有明显的冠层，以各种乔木林为主，还有一些较高的灌木林地。除了上述无冠层林草的保土功能外，其冠层还有截持降水、削减雨滴动能，具有减少水土流失的作用。

（2）林草措施减水减沙效益监测

①林草措施水土保持原理　林草植被具有永久的水土保持作用。据全国各地监测，有林草植被覆盖的土地比无林草地可减少地表径流50%以上，减少土壤冲刷量90%以上。林草植被保持水土的原理可分3个层次：冠层、地被物层和根系—土壤层。

a. 冠层。冠层的作用主要表现在截蓄降水和削弱雨滴能量2个方面。受植被类型及郁闭度、降水量和降雨强度等影响，植被冠层截蓄降水量会有不同，一般要占总降水量的12%~35%。这样，冠层一方面减少林内降水量，防止雨滴对地面的直接打击；另一方面改变了降水的再分配，一部分截留降水用于消耗蒸发，另一部分降水沿茎干流入土壤。降雨雨滴经过冠层，受枝叶撞击、分散或聚积，改变原来雨谱，一般使雨滴直径增大。在冠层低矮时，雨滴动能削减明显；若冠层过高，则雨滴能量增大，但被地被物层削减。

b. 地被物层。地被物层包括林下草被（称为活地被）和枯枝落叶（称为死地被），其作用有截蓄降水、滞缓地表径流、抑制土壤蒸发、消除土壤溅蚀、增强土壤抗冲性等。

枯落物层的饱和持水量相当高，一般为自身重的1.8~3.5倍，因而，枯落物层越厚蓄水能力越强。一般情况下，蓄水量占降水量的7%~12%。林地内地表径流受地被物的阻滞，流速仅为空旷地的1/15~1/10，从而大量入渗土壤，减少地表径流。该层覆盖地表，减少蒸发，增加林地的水分利用，促进林木生长，并保护地面免受雨滴打击和径流冲刷。枯枝落叶层自身抵抗水流冲刷和改良土壤结构的功能，极大增强了土壤的抗冲力，减少了土壤侵蚀。

c. 根系—土壤层。根系—土壤层的主要作用为提高土壤的渗透性和储水量，增强根系对土壤的固持。土壤的渗透性直接与地表径流量有关，渗透性大的土壤地表径流少；反之地表径流多，冲刷强烈。测定表明：乔木林地渗透性最好，裸地最差，灌木林地高于草地，二者均优于裸地。由于植物根系穿插，土壤非毛管孔隙增大，从而增加土壤储水量。植物根系在土体中穿插、缠绕、网络、固结，增强了土体的抵抗流水冲刷和重力侵蚀能力，尤其植物的毛根（根径小于1 mm）密度。植被改良土壤的作用显著，其土壤有机质、水稳性团粒含量等均高于无林地，从而抗蚀性提高，减少了土壤流失。

②无冠层林草类减水减沙效益监测　无冠层林草以枝叶覆盖保护土壤，通常采用径流小区对比方法监测其水土保持效益。有林草覆盖的小区选择是根据监测的目的和要求，选不同林草种、不同覆盖度、不同龄级和不同立地条件。一般无特殊要求的，选取本区内分布多、生长正常、覆盖度具代表性的坡地（人工种植）或荒坡（天然生长）林草措施小区，观测径流、泥沙流失数量。

对比（无林草措施）小区设置应与有林草小区的环境条件相同或相近，尤其地形条件（坡度、坡向）应一致，监测径流泥沙。

当需要监测林草生长周期土壤侵蚀状况时，可从栽植苗木或播种草籽开始，经历抚育间伐，到成林、盛草期，最后到更新，历时较长，一般林木(含部分灌木)约需数十年，而草本需 3~5 年，最长不过 8 年。因此，监测需长期坚持。

观测内容有降水、温度、地形坡度、覆盖度及变化，以及林草生长状况(密度、株高等)、管理状况等。

③有冠层林草类减水减沙效益监测 有冠层林草监测分 2 种情况：一是仅监测水土保持效益；二是除监测水土保持效益外，还要说明各层次的分效益。

a. 监测水土保持总体效益。方法同上述无冠层类观测。对于一般乔木林而言，选择生长一般、常见树种的混交林和纯林，郁闭度代表性强的林地即可；对于不同龄级(影响郁闭度)的林木，或不同郁闭度的林木，一般按龄级或郁闭度设置小区，这是为了在短期内尽快取得观测结果所必需的；若要监测从幼龄林、中龄林到成熟林的整个生长过程效益，可以选择几个典型龄级设置若干小区同步监测，也可以设一个小区从幼龄林始直到成熟林全过程观测，后者观测期较长。

林地监测内容基本同无冠层类同，应注意郁闭度的变化。

b. 监测水土保持和各层次效益。水土保持总体效益监测方法同前，这里不再赘述。分层效益包括林冠截留监测、地被物持水监测、土壤入渗监测 3 部分，均是林地的降水分量，因此又称水文效应监测。

林冠截留监测包括两项内容：林冠截蓄和茎流。林冠截蓄监测用雨量筒直接测定林下二次降水量，要多点设置求得平均值；茎流监测是用橡胶带或塑膜环绕典型株，用收集器收集顺茎秆流下的降水量，将此量平均到典型株的树冠面积内，即得平均茎秆流量。林下二次降水量与平均茎秆流量的和，即为透过降水量，它与旷地降水量之差，就是林冠截蓄降水量。

地被物持水监测尚无成熟可靠的方法，需予以研究。现介绍一种试行方法，称为原状取样称重法。基本要求和做法是：选取林下保存完好、厚度有代表性的枯落物层地一块或若干块，面积约 1 m²，用明显标志围起以便找寻和避免干扰。将其中 10 cm×10 cm 或 20 cm×20 cm 面积的地被物用刀片切开至枯落物底面，共设若干块样方。每次降水前、后细心取出样方内枯落物称重，前后两次的称重差，即为样方枯落物持水量，并将其转化成水深，求得多个样方的平均值。

土壤入渗量监测方法同土壤水分监测方法，只是取点应注意代表性，并取多个点，降水前、后分层观测各点剖面水分，或取样称重，可以判别每次降水的入渗深度，并由两次水分含量之差计算入渗量或入渗深。

将林地内 3 层的含水(持蓄)相比较，即可知其作用大小，也可与水土保持总量相比较(因忽略地面蒸发或操作不当，常有误差)，求得各层的保水减流效益。

(3)林草措施增产增收效益监测

林草措施增产增收效益监测采用设样地或标准木的对比监测方法，对比有 2 种情况：一是有林(草)地与无林(草)地的对比；二是在林草地内设置水土保持措施与无水土保持措施的林草地对比。

①有林(草)地与无林(草)地的对比 新造林地和新种草地即属此种，此前土地利用

为荒地或其他用地，造林种草后改变了土地利用，从而提高了生产力。一般情况下，原来荒地不能利用，或其他应用下产出极低，可以忽略不计。因而只需要观测正常生长状况下的林(草)生物量或产量，此即增产增收效益。

林木生物量有根、茎、叶、果，除果树要收集果品外，一般乔木林只计算茎—木材，有的还计算枝叶—燃料等的生物量。测算的方法较多，常用的是典型样株调查法。该法的基本要求和操作是：选一代表性好的林地，并在其中设若干样地(不少于 3 个)，样地面积多为 10 m×10 m 或 30 m×30 m，对样地内每一株做测量，称为每木检尺。测定株高、胸径等要素并求平均值，按平均值对照检尺记录表，找出标准株，即株高、胸径与平均值一致的林木。标准林木多为几株，对其进行木材或薪材量计算得到单株生物量，再按平均密度算出每公顷或每亩的生物量，即为林地的总增产数量，用龄级(年)相除得年平均增产量，折现取得年增收入量。

草地产量观测方法也采用设样地的方法。对选好的样地 1 m×1 m 或 2 m×2 m 的草地按正常管理，收割称重其鲜草或干草，至年终可收割 2~3 次，加总收割草重并换算到单位面积上，即为草地增产量，折现成为增收量。

②有水土保持措施林草地与无水土保持措施林草地对比 对林地和草地可采用拦蓄径流水土保持措施，如加修水平沟、水平阶、鱼鳞坑等，也有采用覆盖等措施，以增加或保持水、肥，促进林木(草)的生长。该措施常用于残败林地、草地改造，恢复其水土保持功能。

这类对比是选已设置并发挥了正常效益的林草地和原来残败的林草地作样地进行对比。因此，样地设置要代表性强，能反映施加措施的明显作用。

对两种对照样地监测方法与内容，同前述新栽(种)林地和草地，结果计算时需将有水土保持措施的样地生物量(产草量)与无水土保持措施样地生物量(产草量)相减，而得到增产增收数量。

2.1.5.3 水土保持耕作措施与效益监测

(1)耕作措施效益监测分类

我国农业历史悠久，各地已有多种水土保持耕作措施，保持水土和肥力，提高作物生产量。按其作用性质和形式，可分为以下 3 类。

①改变微地形，增加地面糙度，蓄水保土类 该类措施通过各种耕作方式，改变坡面的微地形，提高地表糙粗度，形成有隔断径流、蓄水保土作用的起伏沟垄或坑槽，增大降水入渗，减少侵蚀，增加生产。因此，也称耕作措施或整地措施。主要有等高耕作(水平种植)、等高沟垄耕作(水平沟种植)、区田(掏体种植)、圳田、坑田等措施。

②增加地面覆盖，防蚀保土类 该类措施通过在雨季种植作物或不同作物时空合理配置，以覆盖地面，防止雨滴溅蚀，减少径流冲刷。因此，又称种植措施。主要有草田轮作、间作套种、等高带状间作、覆盖种植(残茬覆盖、秸秆覆盖、地膜覆盖及沙田种植)、混种等措施。

③改良土壤物理性状，增渗保土类 该类措施通过各种改土措施，提高土壤入渗性能和养分、水分调节与供应，保持土壤良好结构，增加入渗和蓄水能力，提高抗蚀能力，减少侵蚀。也称改土措施。主要有少耕深松、少耕覆盖、免耕、深耕和增施有机肥等措施。

（2）耕作措施水土保持效益监测

①耕作（整地）措施类　该类措施的基本特点是改原来顺坡耕作为横坡（水平）耕作，形成有拦蓄降水作用的沟垄或坑洼。在实施措施地段有明显水土保持作用，尤其水平沟垄种植，减少径流30%~50%，减少侵蚀70%~80%（黄土区）。

监测采用小区对比法，即设置有措施的小区和条件一致的无措施小区，同步监测径流、泥沙量，对比计算减水减沙效益。由于很少进行单一耕作措施设置，多采用水平耕作，又种植某作物，所以在种植、管理等方面两区应有可比性，尽量取得一致，才有较好的对比效果。

监测内容同一般径流、泥沙测验，有的增加土壤水分监测，以阐明增加的渗透能力。

②种植措施类　该类措施以在坡面水蚀期间保持地面的绿色作物覆盖为特征，设计成纯种、混种、间种（间作）或带状间种等形式，保护土壤不受雨滴打击，减少冲刷。因而其效益监测采用小区对比法，要求同前。

监测内容同一般径流泥沙测验，并增加作物覆盖度和生长状况，以及生长期的变化监测内容。

③改土措施类　该类措施以保持土壤结构和改良土壤为核心，增加入渗提高土壤抗蚀性能。其水土保持效益观测方法同上。观测内容应增加土壤性状及入渗性能等。

农业耕作措施多种多样，我国各地差异较大，同一措施的规格形式及种植管理也不尽相同，因而在水土保持效益监测中，除径流、泥沙量观测外，还应详细说明各措施的特征，以便较大区域对比分析，若仅作本地相对研究，则对比条件要求一致，不能有明显差异。

（3）农业耕作措施的增产增收效益监测

①增产增收效益监测基本要求　增产增收效益监测采用设置对比观测试验地（样地）方法进行。试验地要求如下：

a. 对比监测试验地应有典型性和均一性。典型性是指环境条件、土质、管理等在当地有代表性，符合当地实际的地形、坡度等；均一性是指试验地土壤性质、肥力水平、前作（作物品种、产量）等方面必须均匀一致，以保证结果的准确。

通常为保持肥力一致，可以纵横耙糖若干次，或采用空白种植（即不施肥种植、不观测）等方法，这是因为肥力是影响产量的最主要因子。

b. 对比监测试验地面积应不少于 0.067 hm²，形状为长方形，长宽比以 5:1~10:1 为宜。当面积小时（如小区100 m²），因受边界影响，试验准确性降低，误差增大；当面积过大时，均匀性要求难以达到，反而准确性不高。长方形排列是作物生长通风透光得以满足的条件。

c. 试验地重复应不少于3个，对比空白区设于其间（随机排列），这是提高结果可靠性的要求。

d. 作物增产试验影响因子较多，有气候因素影响（如降水、气温等），还有病虫害的影响，因而试验并不采用多点试验，而用多年试验方法。观测期至少要有偏旱年、平水年和丰水年的资料。

e. 观测地尽量相对集中，并设围栏保护。

②观测项目与方法

a. 气候观测。包括降水、气温、日照及风、霜(冻)等因子及变化，并注意作物种植、苗期、生长期、成熟收获期的相关观测。

b. 作物生长发育过程的性状观测。包括出苗率、缺苗情况、幼苗生长状况、密度、株高、穗长、粒数、千粒重，以及生长期的倒伏、病虫害等情况。多在试验地取样测量并经常巡视观察记录。

c. 各种措施的名称、规格数量、间距(密度)，以及蓄水拦泥情况、土壤水分变化观测等。对于未设径流泥沙收集系统的试验地，采用雨后巡查方式观测或取样测定，若配合径流泥沙观测，则一般同步进行。

d. 产量收获与测定。产量收获有 2 种方法：一是全区收获；二是抽样收获。当采用全区收获时，将区内种植作物全部收回，并用单收单打法测产量，此种区内面积应为实际收获面积，即要扣除漏播、缺株和遭受践踏或虫鸟害、病害的面积，及时收割、脱粒、晾晒和称重。若用抽样法收获，则每样方面积为 $6 \sim 9 \ m^2$，可以按顺序取样，也可随机取样、对角线取样，样数不少于 5 个。现场收割、量算，带回即刻处理并风干称重。

2.1.5.4　水土保持效益分析

水土保持效益是指为防治水土流失而采取各项治理措施后，所取得的生态效益、经济效益和社会效益的评估和分析计算。其中，保水保土效益是获得一切其他效益的前提和基础，因此在水土保持部门称其为基础效益。

水土保持效益的分析计算与评价，是通过监测对各类治理措施单项和综合效益的评价测算，以检验水土保持规划实施的进度、质量及配置，对水土流失防治进行监测预报，为进一步的治理部署和决策提供依据。

下面讨论基础效益和直接经济效益的分析。

(1)基础效益分析

基础效益即保水保土(或减水减沙)效益，分为单项措施效益和综合措施效益。

单项措施的基础效益为实施某项单一水土保持措施的基础效益。综合措施的基础效益为在治理区域内实施多项治理措施，并有机地配合产生的效益。如坡面上部为梯田措施，中下部有林草和小型蓄水工程措施，组成防治体系。防治体系一般来说，综合措施效益要比单项措施效益要高。

(2)经济效益分析

经济效益中的直接经济效益是指水土流失区内，经过水土保持治理，提高(或增加)了粮食、果品、饲草、枝条、木材等的产量，以及这些初级产品在未加工转化前的产值收益。间接经济效益除了加工转换增值外，还有人力、土地等资源节约的效益。

(3)经济效益中产投比与回收年限的计算

在区域(流域)治理规划中为了进行方案对比，或治理结束后进行总结分析，除了上述计算结果外，还需要有产投比与回收年限的计算对比。

治理的产投比是指区内经若干年治理后，累计的净增产值(净收入)与期间的总投资的比值。该比值越大，经济效益越明显；反之，经济效益不明显。

回收年限是指区内经多年治理，当到某一年其累计的净增产值正好与期间的总投资相等时，则从实施开始至这一年的年数为回收年限，也称回收期。回收年限前(小于回收期)，累计净收入小，尚不能补偿投资额；回收年限后(大于回收期)，则累计净收入大于总投资额，有剩余。因此，回收年限越小，则效益显著，方案合理；反之，则效益较差，方案不合理或差。

2.2 小流域水蚀监测

2.2.1 小流域水蚀监测内容

流域是一个封闭的地形单元，也是一个水文单元。人们经常把流域作为一个生态经济系统进行经营和管理。而小流域是最基本的地貌单元和水文单元，其面积一般为 10～30 km²。小流域水土保持监测是指以小流域为单元，以水土流失过程、水土保持活动及其环境因子变化为对象而进行周期性和连续不断的观测过程，目的是获得水土流失的变化规律，并据此进行水土流失预报或估算。小流域监测的内容包括降水、径流、泥沙和流域土壤侵蚀影响因子，也可以根据需要设立其他监测内容，如土壤水分、水质等。具体内容如下：

(1)影响水土流失及其防治的主要因子监测

包括降水、地貌、地面组成物质、植被类型与覆盖度、水土保持设施和质量等。

①自然环境监测　主要包括地质地貌、气象、水文、土壤、植被等自然要素。

②地质地貌监测　主要包括地质构造、地貌类型、海拔、坡度、沟壑密度、主沟道纵比降、沟谷长度等。

③气象要素监测　主要包括气候类型、年均气温、≥10℃积温、降水量、蒸发量、无霜期、大风日数、气候干燥指数、太阳辐射、日照时数、寒害、旱害等。

④水文监测　主要包括地下水水位、河流径流量、输沙量、径流模数、输沙模数、地下水埋深、矿化度等。

⑤土壤监测　主要包括土壤类型、土壤质地与组成、有效土层厚度、土壤有机质含量、土壤养分(N、P、K)含量、pH 值、土壤阳离子交换量、入渗率、土壤含水量、土壤密度、土壤团粒量等。

⑥植被监测　主要包括植被类型与植物种类组成、郁闭度、覆盖度、植被覆盖率等。

(2)水土流失监测

包括水土流失面积、土壤侵蚀强度、侵蚀性降雨强度、侵蚀性降水量、产流量、土壤侵蚀量、泥沙输移比、悬移质含量、土壤渗透系数、土壤抗冲性、土壤抗蚀性、径流量、径流模数、输沙量、泥沙颗粒组成、输沙模数、水体污染(生物、化学、物理性污染)等。

(3)社会经济状况监测

主要包括土地面积、人口、人口密度、人口增长率、农村总人口、农村常住人口、农业劳动力、外出打工劳动力、基本农田面积、人均耕地面积、国民生产总值、农民人均产值、农业产值、粮食总产量、粮食单产量、土地资源利用状况、矿产资源开发状况、水资源利用状况、交通发展状况、农村产业结构等。

（4）水土保持措施监测

水土保持措施监测按照其措施的不同分为梯田监测、淤地坝监测、沟头防护工程监测、谷坊监测、小型引排水工程监测、林草监测、耕作措施监测等。

梯田：监测梯田面积和工程量。

淤地坝：监测淤地坝数量、工程量、坝控面积、库容、淤地面积等。

沟头防护工程：监测沟头防护工程数量以及工程量。

谷坊：监测谷坊数量、工程量、拦蓄泥沙量和淤地面积。

小型引排水工程：监测截水沟数量、截水沟容积、排水沟数量、沉沙池数量、沉沙地容积、蓄水池数量、蓄水池容积、节水灌溉面积等。

林草措施：监测乔木林面积、灌木林面积、林木密度、树高、胸径、树龄、生物量、草地面积等。

耕作措施：监测等高耕作种植面积、水平沟种植面积、间作套作面积、草田轮作面积、种植绿肥面积等。

2.2.2　流域的选择与监测断面要求

2.2.2.1　观测流域的选择

小流域径流泥沙观测是在小流域尺度上研究水土流失规律，探讨人类活动对小流域径流、泥沙的影响，因此，选择观测小流域时应该遵循以下 3 个原则：

（1）代表性的原则

根据观测目的，选择流域几何特征，地形地貌、土壤质地、植被、土地利用、水土保持等自然地理特征和人为活动都有代表性的小流域作为观测对象。

（2）闭合流域的原则

观测的小流域必须是一个闭合流域，以保证观测流域内的所有径流均从流域出口流出，且相邻小流域的地下径流不会进入所选择的小流域，即观测小流域与周围小流域间没有水分交换。

（3）对比性的原则

为了对比人类活动、下垫面特征等对小流域径流泥沙的影响，在选择观测流域时必须选择对比流域同时进行观测。

2.2.2.2　观测断面的选择

观测断面是修建量水建筑物，长期开展径流泥沙观测的地段。选择观测断面时必须考虑以下几个方面：

①观测断面必须选择在小流域出口，以控制全流域的径流和泥沙。如果在小流域出口处没有修建量水建筑物的地形和地质条件，可适当把观测断面向上游移动，但必须选择在能够明显确定流域汇流面积的河道上。

②观测断面必须选择在河道顺直、沟床稳定（不冲不淤）、没有支流汇水影响的河道上，这样的河道水流比较平稳，不会发生严重的冲刷或淤积，以保证观测断面的稳定与安全，这样的地段也容易修建量水建筑物。

③观测断面应选择在地质条件稳定的地方。滑坡、塌陷、断裂等地质运动会造成量水

建筑物的破坏，选择观测断面时必须避开这些地质条件不稳定的河段。

④观测断面上游应该有 30 m 以上的平直河段，且不能有巨石、跌水等影响水流平稳的障碍物，下游有 10 m 以上的平直河段，观测断面处不能受回水影响。如果观测断面条件不佳，可以进行人工修整。

⑤观测断面应选择在交通方便、便于修建量水设施、便于观测和管理的河段。

2.2.3 监测设备

2.2.3.1 降水观测设备

小流域雨量站布设遵循最少的站数获取具有代表性的数据，主要考虑流域面积、地形及站点所在地的降水特征。

雨量站布设密度一般为山区大于平原，当流域面积小于 5 km² 时，密度应达到 1 个/km²，随着流域面积增加，站点密度逐渐减小。雨量站布设位置应均匀且具代表性，一般 1 个雨量站布设在流域中心，2 个雨量站分别布设在流域的上游和下游，3 个以上雨量站根据地形或者雨量站控制面积确定。

小流域内应至少配备若干个雨量筒，以及若干个翻斗式数字雨量计，以便相互校核。

2.2.3.2 小流域径流观测设备

(1)量水建筑物选择与配备

小流域径流观测设施主要包括水堰/槽、水尺或自记水位计等。堰/槽类型可根据流域控制面积、河道比降和径流含沙量大小确定，不同类型堰/槽有相应的堰流计算公式及其参数。通过水尺或自记水位计读取水位，利用堰流公式即可计算流域出口断面流量和径流总量。含沙量大的小流域推荐使用量水槽，不用量水堰。因为量水堰易淤积，清淤工作量增加，且观测精度降低。

①巴塞尔量水槽 是测量明渠流量的辅助设备，通过测量槽内水流液位，再根据相应水位—流量关系，反求出流量。巴塞尔量水槽在我国水土流失监测中应用较多，最适用于含沙量大的河沟使用，测流范围最小为 0.006 m³/s，最大可达 90 m³/s。

标准的量水槽是一个特制的水槽，由进水段、出水段和喉道 3 部分组成。进口呈漏斗形，逐渐缩小后形成平行的喉道，然后再逐渐扩散，如图 2-7 所示。水流经过量水槽的两壁和起伏不一的槽底，就使水流在喉道以上产生了降落和壅水现象。出喉道后水流下降，上下游间有明显的水位差，从上、下游水尺观测水位，根据水位和不同喉道宽就可以代入流量公式求出流量。

巴塞尔量水槽的各部分尺寸，由试验求得，它们大致保持一定的比例，通常由喉道宽度 W 决定。比例关系式为：

$$\left.\begin{array}{l}\text{进水段长度 } L = 0.5W + 1.2 \\ \text{出口宽度 } B_1 = W + 0.3 \\ \text{进口宽度 } B = 1.2W + 0.48 \\ \text{进水段斜边长 } A = 0.51W + 1.22\end{array}\right\} \quad (2\text{-}33)$$

以上尺寸均以 m 计。

量水槽的流量计算公式如下：

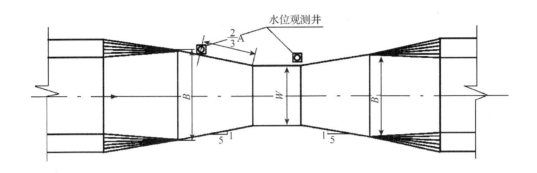

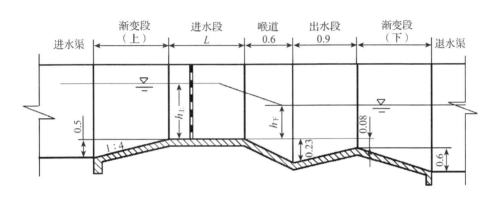

图 2-7　巴塞尔量水槽(单位：m)

a. 当水流为自由出流时，即下游水位较低不影响槽的泄流量，用 $h_下/h_上 \leqslant 0.677$ 来判别，流量计算公式为：

$$Q = 0.372W\left(\frac{h_上}{0.305}\right)^{1.569W^{0.026}} \tag{2-34}$$

b. 当为淹没出流时，即 $0.95 > h_下/h_上 > 0.677$，按自由出流公式算出流量，再减去按式 (2-35) 算出的改正值 ΔW：

$$\Delta W = \left\{0.07\left[\frac{h_上}{\left(\left(\frac{1.8}{K}\right)^{1.8} - 2.45\right) \times 0.305}\right]^{4.57-3.14K} + 0.007\right\}W^{0.815} \tag{2-35}$$

式中　$K = h_下/h_上$，为淹没度，故淹没出流的流量 Q' 为：

$$Q' = Q - \Delta W \tag{2-36}$$

②流量堰　一般适用流域面积较大和流量较大的情况。根据堰顶厚度对过堰水流的影响，分为薄壁堰、实用堰和宽顶堰等。其中，水力学中将堰顶厚度 $\delta < 0.67H$（H 为堰上水头）时的测流堰称为薄壁堰，薄壁堰适用测量小流量。此种情况堰顶厚度变化不影响水舌形态，从而不影响过堰流量，常被水土保持应用。薄壁堰的测流范围在 $0.0001 \sim 1.0\ \text{m}^3/\text{s}$，测流精度高。由于堰前淤积，适应于含沙量小的小河沟上，也可用于径流小区流失的动态监测。量水堰由溢流堰板、堰前引水渠及护底等组成。按出口形态分为三角形、矩形、梯

形等。水土流失测验中多用三角形堰(顶角 90°)和矩形堰,它由 3~5 mm 厚金属板做成,并将切口锉成锐缘(锉下游),安装到有护底的河段中,这 2 种最好在比降大的沟道中使用。

a. 矩形堰[图 2-8(a)]流量计算公式为:

$$Q = m_0 b \sqrt{2g} H^{3/2} \tag{2-37}$$

式中　Q——流量,m^3/s;

　　　b——堰顶宽度,m;

　　　g——重力加速度,$9.81\ m/s^2$;

　　　H——堰上水头,即水深,m;

　　　m_0——流量系数,m_0 计算式即为巴青公式,在应用时常根据堰顶宽 b 及侧收缩系数 b/B,分由公式算出或试验得出。

当无侧向收缩时,即矩形堰顶宽与引水渠宽相同,且安装平整,则 m_0 按式(2-38)计算:

$$m_0 = \left(0.405 + \frac{0.0027}{H}\right)\left[1 + 0.55\left(\frac{H}{H+P}\right)^2\right] \tag{2-38}$$

式中　P——上游堰高,m,即矩形堰底比上游床底高出多少。

当有侧向收缩时[图 2-8(b)],m_0 按式(2-39)计算:

$$m_0 = \left(0.405 + \frac{0.0027}{H} - 0.03\frac{B-b}{B}\right)\left[1 + 0.55\left(\frac{H}{H+P}\right)^2\left(\frac{b}{B}\right)^2\right] \tag{2-39}$$

式中　B——进水渠(两侧墙间)的宽度,m;

　　　b——堰顶宽度,m。

上述 m_0 计算式即为巴青公式。在应用时,常根据堰顶宽 b 及侧收缩系数 b/B,分别按上述两公式制成不同水头与过堰流量关系表,以备查用。淹没出流,即下游水位超过了堰顶并出现淹没水跃,流量计算十分复杂,应尽量避免。

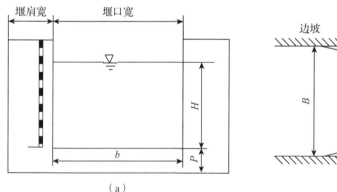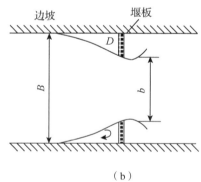

图 2-8　矩形堰示意图

b. 三角形堰(图 2-9)流量计算公式为:

$$Q = \frac{4}{5} m_0 \tan\frac{\theta}{2} \sqrt{2g} H^{5/2} \tag{2-40}$$

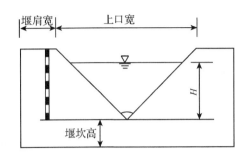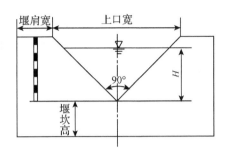

图 2-9 三角堰示意图

式中 Q——流量，m^3/s；

θ——三角堰顶角；

g——重力加速度，9.81 m/s^2；

H——堰上水头，即水深，m；

m_0——流量系数。

如 $\theta = 90°$，流量公式可简化为：

$$Q = 1.4H^{5/2} \tag{2-41}$$

c. 梯形堰流量计算公式为：

$$Q = 1.856bH^{3/2} \tag{2-42}$$

式中 Q——流量，m^3/s；

b——堰顶宽度，m；

H——堰上水头，即水深，m。

式(2-42)适用条件为 0.25 m $\leqslant b \leqslant$ 1.5 m、0.083 m $\leqslant H \leqslant$ 0.5 m 和 0.083 m $\leqslant$ 堰高 $\leqslant$ 0.5 m。

薄壁堰安装使用时应注意以下几点：

a. 堰板必须平整、垂直，堰坎中心线应与进水渠道中心线重合。

b. 堰板用钢板或木板制作，堰口应呈 45° 的锐缘，其倾斜面向下游。

c. 无论活动使用或固定安装，该段水道都要平直，断面都要标准。

d. 三角堰的堰坎高及堰肩宽应大于最大堰水深，矩形堰的最大水深应小于堰坎高，否则会出现淹没流(下游水位高于堰口)。

e. 水尺可设在缺口两侧堰板上，尽量设在内边水位稳定处。

f. 堰身周围应与土渠紧密结合，不能漏水。

g. 堰板制作要规格标准，安装要规范，安装段应做护底。

(2)水位测量设施

由上述建筑物测流方法可知，只要观测到堰上水位便能求出流量。于是水位观测成为测站观测的重要内容之一。目前，常用的水位观测设施有水尺和自记水位计两种。

①水尺 水尺是观测水位的基本设施，它既用于观测水位，也能作校核水位计记录用，所以各测站必须配备，且安装到正确位置上。现有市售搪瓷板直立水尺，买回即可安装；也可用白、红漆料绘制在堰槽侧壁上。

②水位计　自记水位计具有记录连续、完整、节省人力等优点，常被采用。自记水位计有多种，有测定水面的，有测定水压的，还有测定超声波传播时间推算水位的等，水土保持部门多用浮筒式水位计。浮筒式水位计结构完善，能适应各种水位变化和时间比例的要求，除自记水位外，还可适应远传和遥测。目前，应用较广的类型如下：

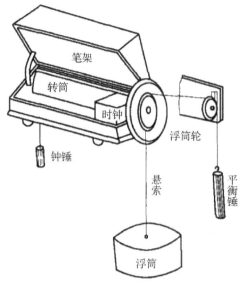

图 2-10　横式自记水位计

a. 横式自记水位计。它由感应、传动、记录3部分组成，如图 2-10 所示。感应部分由浮筒及平衡锤组成，二者用悬索相连，挂在浮筒轮上。浮筒浮于水面可直接感受水位的变化。传动部分主要由两个连在一起的比例轮(浮筒轮)组成，小轮圆周与记录转筒圆周相等，水位比例尺为1∶1，大轮圆周比记录转筒圆周长1倍，水位比例尺为1∶2。其作用是将浮筒感应的水位升降变化传给记录部分。记录部分由记录转筒、时钟、记录笔、笔架组成，记录笔的横向位置受时钟控制，依靠它们的联合作用可给出水位随时间的变化过程。

该水位计的特点是感应水位的部分直接与记录部分联动，结构简单，使用寿命长，精度较高，维护费用少。在新仪器安装好后，需要校验自记水位计与校验水尺的水位相差不得超过 2 cm，走时误差不超过每日 10 min，否则需校正或更换设备。还应强调，水位计安装的测井及连通廊道断面应尽可能一致，且离测验断面要近，以消除水位差，提高测量精度。

b. 电传水位计。分无线与有线两种形式，它们都是将水位用变换器变换成脉冲电流或电的参量变化(如电压、电容等)，通过输送线或无线电波将野外测量装置与室内指示部分连接起来，达到远距离传输的目的。

c. 水位遥测计。遥测是对远方设备进行控制、测量和监视，水位遥测是对远距离的水位升降变化进行测量。该遥测装置由测量、传输、接收显示3部分构成，如图 2-11 所示。首先由传感器测量出被测对象的某些参数(即水位)，并转换成电信号，再应用数据传输技术，将电信号传递到远处遥测终端，进行显示、记录、处理等。这样可以不在现场就能实现水位观测。

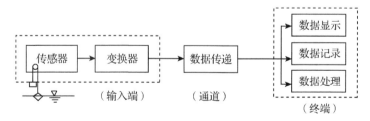

图 2-11　水位遥测计示意图

在小流域观测站上多用横式自记水位计，这不仅由于该仪器简单、耐用、测量精度较高，还在于观测站在观测水位的同时还要取水样观测泥沙，而目前泥沙取样自动化程度尚未成熟，因而遥测水位意义不大。

鉴于有观测人员常驻，因而径流站还需要有建筑住房，并配以必要的生活设施。

2.2.3.3 泥沙观测设备

小流域土壤侵蚀会形成大量泥沙随水流一起下泄，因而在测定水位的同时，要测定水流的含沙量。小流域泥沙观测包括悬移质观测和推移质观测。前者水流中的泥沙细颗粒呈悬浮状态称悬移质观测，后者粗颗粒以沿床面滚动的方式前进称推移质观测。

（1）悬移质观测设备

测定悬移质含沙量通常用悬移质采样器汲取河水水样，经过水样处理后，求得含沙量。悬移质采样器类型多，可归纳为：瞬时式采样器，如横式采样器；积时式采样器，如瓶式采样器、抽气式采样器等。此外，还有适用遥测的同位素测沙仪、光电测沙仪等。

①横式采样器　横式采样器的器身为圆筒形，容积一般为 $500\sim5\,000\ cm^3$，如图 2-12 所示。取样前，通常把仪器安装在悬杆上或有铅鱼的悬索上，并打开水样筒两端的筒盖。取样时，将它放在水中测点位置，器身和水流方向一致，水从筒中流过。操纵开关，关闭筒盖，取出水样。

该采样筒口大、器壁薄，筒内水流与自然水流相近，且结构简单，操作方便，适用于各种水深和流速情况，目前水文站大多采用此法采样。

②瓶式采样器　瓶式采样器为容积为 $500\sim2\,000\ cm^3$ 的玻璃瓶，瓶口加橡皮塞，塞上装有进水管和排气管，如图 2-13 所示。取样时，将其倾斜地装在悬杆上，进水管迎向水流方向，放入测点，即可采取水样。改变排气管口与进水管口的高差 ΔH，或使用不同管径的进水管，能调节进水管口流速和取样时间。若 ΔH 增加，进水管径增大，则进水管口流速大，取样时间短；反之，取样时间长。

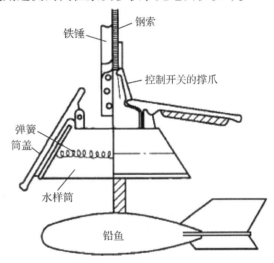

图 2-12　横式采样器示意图

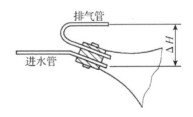

图 2-13　瓶式采样器示意图

该采样器结构简单、操作方便，但不适于水深过大(>10 m)的深水取样，此时误差增大。当在水下采样时，先将两口用塞子塞上，并用细绳连接出水面，待仪器放到预定位置时拔掉塞子。每一点上的取样历时，以水样接近装满为原则，可通过测试得知。若取样水已装满整瓶，表示在取样期间已有瓶内水样和器外水体交换，使精度降低，应废弃不用。

③采样筒　在水深不大的小流量情况下，也可用采样筒采样。采样筒是一个容积为

1 500~2 000 cm³ 的圆筒，上有提把，并有备用塑料盖板。采样时，将采样筒口用盖板封闭，入水至预定位置后，迎水流方向迅速取样，并再次封盖取出。

（2）推移质观测设备

在水流输送的泥沙中，一般推移质数量有限，但在山区河流中，特别是流域重力侵蚀严重的河沟，推移质量可能远大于悬移质量，这时就应测定推移质。

推移质随水力条件的不同，颗粒粗细变化范围大，从 0.001 mm 的细沙，到数十千克的卵石均有涉及，因此采样器常分为沙质采样器和卵石采样器两类。

①沙质推移质采样器　这类采样器有网式、匣式等类型，我国多采用匣式。黄河水利委员会所属测站用黄河 59 型推移质采样器，如图 2-14 所示。该采样器的器身是一个向后方扩散的方匣，水流进入采样器内后流速减小，利于粗颗粒沉积。但由于前端门不易贴合河床，会导致局部冲刷，也使一些推移质溜走而测不到。另外，我国长江水利委员会使用改进的沙质采样器，效果较佳。

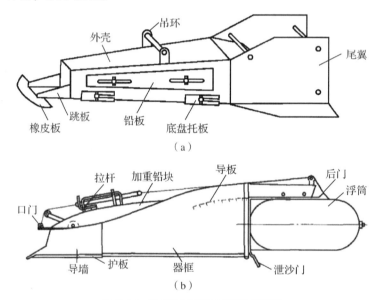

图 2-14　沙质推移质采样器示意图

（a）黄河 59 型推移质采样器　（b）长江大型沙质推移质采样器

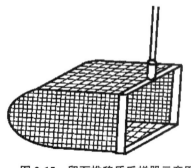

图 2-15　卵石推移质采样器示意图

②卵石推移质采样器　该采样器一般能采集 1.0~30 cm 的粗颗粒，为网状结构，有硬底网式和软底网式两种。硬底网式采样器为金属网袋，如图 2-15 所示。因其口门和网底由硬性材料制成，放至河底，不易与河床贴合，影响推移质进入器内，效率不高，只适于床面平整、粒径较小的情况使用。软底网式采样器是由金属链编成的柔度较大的软底，它能与河床贴合，使用时固定在悬杆上，器口迎向水流方向，目前多采用。

③坑测法　该法是在断面上埋设测坑，或用砖、混凝

土做成槽形，上沿与河床齐平，坑长与测流断面宽一致，坑宽为最大粒径的 100～200 倍，容积要能容纳一次观测期的全部推移质。上面加盖，留有一定器口，使推移质能进入坑内，又不影响河底水流。一次洪水过后，用挖掘法取出沙样。这是目前直接施测推移质最准确的方法，也可用来率定上述两种采样器的效率系数。

2.2.4　水位监测与计算

水位观测是径流站观测的基本内容之一，它又是推求流量的基础。径流站观测水位是以测站位置某一固定基准面为准，这样计算方便。

常用的水位观测设备有水尺和自记水位计。

水位观测的基本要求：平水期每日 8:00 及 20:00 各测 1 次；洪水期，要能测得完整的水位变化过程，在洪水起涨、峰腰、落平和水位转折变化点均测水位。一般峰顶前后不少于 3 次，涨水和落平期适当减少，但一次洪水过程不得少于 7 个测次，落水通常平缓可 30min 测 1 次，落平后再测 1 次。观测精度至厘米。

（1）观测设备与方法

①水尺观测　水土保持使用水尺多为直立式和倾斜式两种。直立式水尺构造简单，市面有销售的瓷板水尺，垂直安装在基面上；也可用红漆刻画在观测位置。倾斜式水尺，需要依据斜面倾角换算成垂直距标画。

②自记水位计观测　自记水位计类型多样，水土保持中多用浮筒式水位计。它由浮筒及平衡锤（感应部分）、两个大小相连的浮筒轮（转动部分）及记录转筒、记录笔、笔架、时钟等（记录部分）组成。其中传动轮中的小轮直径与记录筒直径一致，水位比例尺 1:1，适用于水位变化小的测站。大轮周长比记录筒周长大 1 倍，比例尺为 1:2，适于水位变化大的测站。该水位计不需人工观测，但需每日 8:00（或 20:00）更换记录纸并给记录笔加墨水。

自记水位计多安装在观测房中，由竖井和廊道与测流断面水流相连，主要是为消除断面上水面波浪影响而设置的，但却造成水头损失，使竖井水位较断面水位略低。克服的方法是将廊道（连接测井与断面水流）断面做的稍大并尽量靠近河水，表面用砂浆抹面平整，减少损失；也利于测井中淤积的清理，当然观测精度稍低。对重点测站，则要计算损失水头值。计算公式为：

$$S_h = \frac{W}{2g}\left(\frac{A\omega}{Ap}\right)^2\left(\frac{\mathrm{d}h}{\mathrm{d}t}\right)^2 \tag{2-43}$$

式中　S_h——水头损失值，m；

W——连接管道及配件水头损失系数，若无配件则 $W = 1.5 + \dfrac{4fL}{D}$；

A_ω——竖井横断面面积，m^2；

A_P——廊道（进水管）横断面面积，m^2；

$\dfrac{\mathrm{d}h}{\mathrm{d}t}$——河流水位的涨落率，m/s；

f——Darcy-Weisbach 摩阻系数；

L，D——分别为廊道的长度和直径，m。

由计算值，分别给观测值加以校正，得出各时段水位值。

（2）水位计算

计算流量前要计算日平均水位或次洪水平均水位，计算平均水位就需要有观测水位。水位观测是定时段观测记录一次水尺水位高，或在自记水位记录纸上摘出水位数据。洪水来临时，水位变化剧烈，最好也采用等时距观测水位。由于水流的波动变化，观测时需要认真辨认，看清水尺读数。规程要求，每5min观测一次，短历时暴雨洪水应2~3 min观测一次等。等时距观测，计算方便，若无法达到，也可不等时距观测，但一次洪水过程不少于10个测次，分别记录到水位观测记录表中。有了水位观测值，就可计算日平均水位。方法介绍如下：

①算术平均法　当水位在一日内变化缓慢，或变化虽大，但系等时距观测，即每小时观测一次，或每2h观测一次，均用此法计算。水土保持小流域监测常用于常流量或洪水不大，变化小的径流量计算。计算公式为：

$$G = \frac{1}{24}\sum_{i=1}^{n} G_i \tag{2-44}$$

或

$$G = \frac{1}{12}\sum_{i=1}^{n} G_i \tag{2-45}$$

②面积包围法　当一日内（或一次洪水过程）水位变化较大，且为不等时距观测时，采用此法。由当日0:00~24:00内（或洪水时段）水位变化过程线所包围的面积，除以一日的时间（或洪水历时）求得。如某日0:00~24:00，测得（或摘录）水位分别为 G_0，G_1，$\cdots$，G_n，其同不同时距为 Δt_1，Δt_2，$\cdots$，Δt_n，日平均水位 G 的计算公式为：

$$G = \frac{1}{48}\left[G_0\Delta t_1 + G_1(\Delta t_1 + \Delta t_2) + G_2(\Delta t_2 + \Delta t_3) + \cdots + G_{n-1}(\Delta t_{n-1} + \Delta t_n) + G_n\Delta t_n \right]$$

$$\tag{2-46}$$

（3）流量计算

用量水建筑物测流，通常是先按所选测流建筑物的流量计算公式分别代入不同设定水位，算出流量，再将这些水位和算得的流量点绘到方格纸上呈一光滑曲线，这就是水位—流量曲线。应用时，由上述求得的日平均水位值在该曲线图上查找出相应流量值，然后乘以一日的秒数（86 400），得该日的过堰水流总量。

对于暴雨洪水，流量计算有两种方法：一是按式（2-46）计算出暴洪过程的平均水位，在水位—流量曲线上找出平均流量，乘以洪水历时的秒数得出洪水总量；二是将暴洪过程按测次划分成若干梯形水体（图2-16），求每一梯形水体体积，然后累加得洪水总量，即分别在水位—流量曲线上查出相应于 G_0，G_1，$\cdots$，G_n 的 Q_0，Q_1，$\cdots$，Q_n，然后按式（2-47）计算总洪水量：

$$W = \frac{1}{2}\left[(Q_0 + Q_1)\Delta t_1 + (Q_1 + Q_2)\Delta t_2 + \cdots + (Q_{n-1} + Q_n)\Delta t_n \right] \tag{2-47}$$

对于有常流水的河沟，通常用基流分割法将洪流期间的常流水除去。如图2-16中，若 G_0 为起涨前常流水位，洪水落平后会因地下水增加而水位较 G_0 要高，设定为 G_n，G_0

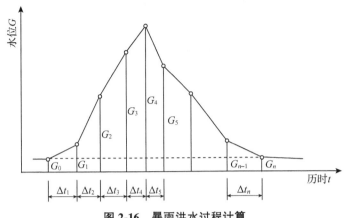

图 2-16　暴雨洪水过程计算

与 G_n 连线的下部分为常流量。不难从图中求出洪水期间常流量，然后从以上的总量中扣除，即为本次洪水总量。

（4）水位资料插补

因各种原因缺测、漏测水位，或错测水位，均应进行插补或改正。

①直线插补法　对缺测期水位变化平缓，或变化虽大但有一致的上涨或下落趋势，可用式（2-48）作插补计算：

$$\Delta G = \frac{G_2 - G_1}{n + 1} \tag{2-48}$$

式中　ΔG——每日插补的差值，m；

　　　G_1、G_2——缺测前一日和后一日的水位，m；

　　　n——缺测的天数。

②水位关系曲线法　若缺测时间较长，可用本站与邻站的同时水位或相应水位的相关曲线插补。绘制曲线时以当年实测资料最好，以免河道冲淤变化引起较大误差。

2.2.5　径流站径流观测与计算

径流观测方法很多，水土保持中多用流速面积法、容积（或重量）法和水力学方法。

（1）流速面积法

该法测流要测定流速和过水断面面积。水土保持中多用于支流或常流量测流，或调查中运用。一般先选测流断面，以顺直、比降均一、无宽窄变化为好，并设置上、下游两个测流断面，间距一般在 30 m 左右。

断面确定后，量测断面形状、尺寸，计算出断面积。该河段过水断面面积为上、下断面的平均值。

流速测定可用流速仪（水深时），也可用浮标测流速。流速仪测流受断面流速分布不均的影响，若水深不很大，可在水深 2/3 处测量，并在断面上每隔一定距离（视水面宽和测流精度确定，一般 2 m），测量一次；若水深大，应布设测深垂线，并在每垂线上 0.2 h、0.6 h 和 0.8 h 处（三点法）或 0.2 h、0.8 h（二点法）水深处测速；测速时间应在 100 s 以上。流速仪测得多点流速后，常用流速等值线法计算流量和平均流速。方法是先绘制断面流速分布曲线，再从最大流速开始，每条线与水面线所包之面积可用求积仪测出。再以纵坐标为流速，横坐标为面积，绘成流速—面积曲线，该曲线所包围的面积，即为断面流量，如图 2-17 所示，计算式为：

$$Q = \sum_{0}^{F} v \Delta F \tag{2-49}$$

则平均流速为：

$$\bar{v} = Q/F \tag{2-50}$$

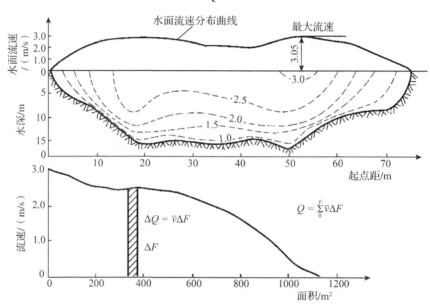

图 2-17 流速等值线法推求断面流量示意图

浮标测流法也是流速面积法之一，简便有效，多用于小水情况下。将就地选取的浮标投放到水流最快的地方，这就是中泓浮标法。确定上、下游断面后，量测过水断面面积 F 和断面间距 L，则浮标的平均流速为

$$\bar{v} = L/t \tag{2-51}$$

由于浮标轻细，受风力、风向、水位、波浪等影响，以上平均流速尚须校正，即乘以浮标系数 K。为简化列出常用 K 值表 2-2，供查用。无风时，$K = 0.85$。

表 2-2 浮标系数 K

风力	顺风	逆风	风力	顺风	逆风
1	0.84	0.86	6	0.79	0.91
2	0.83	0.87	7	0.78	0.92
3	0.82	0.88	8	0.77	0.93
4	0.81	0.89	9	0.76	0.94
5	0.80	0.90	10	0.75	0.95

（2）容积法（重量法）

该法用以较小流量，如小溪、泉水等。可以用一定容积器收集水流，也可用定时收集水流再称重，记录下时间，便可求得流速。

（3）水力学方法

该法是用水力学理论公式来计算流量的，前述的测流建筑物即是。应用建筑物测流，一般均已用公式计算出流量，绘制成水位—流量曲线图或表供查用。

2.2.6　径流站泥沙观测与计算

泥沙观测是要求出水流中挟带多少泥沙，以反映流域土壤侵蚀强度。由于河沟中泥沙颗粒大小不一，运动方式有悬浮运动和沿沟床滑动、滚动的泥沙，前者称悬移质，后者称推移质。黄土区泥沙细小，一般测定悬移质即可，南方或山区河流则多为推移质，不能忽视。

（1）悬移质泥沙测验与计算

悬移质泥沙测验的目的在于测得通过测流断面的悬移质输沙率及变化过程。一般是先测定断面上代表性的某测线或测点的含沙量，即单位含沙量（简称单沙），然后通过相关关系由单沙推求出断面平均含沙量（或断面输沙率），这样就能计算出输沙总量。

① 单沙测验

a. 测沙垂线布设。由于悬移质含沙量在断面上分布不均匀，所以测流断面宽时应有几条测沙垂线，一般是用等水面宽中心线法，即均匀布线，这些测线布好后一直固定不变。若测流断面窄（一般不超过 5 m），可以只在中心位置设一条测沙垂线。

b. 垂线上测沙点的确定。在测沙垂线上某一水深位置采集水样，称为测沙点。当用瞬时采样器取样时，可在水深 $0.2H$ 和 $0.8H$ 处采样，即二点法，或 $0.2H$、$0.6H$、$0.8H$ 处三点法采样；若水深不大可用一点法采样，即在 $0.5H$ 或 $0.6H$ 测沙点取一个水样。然后按容积混合法，即三点法容积比为 2∶1∶1，二点法容积比为 1∶1，混合后得垂线含沙量水样。当用瓶式采样器取样，由下到上采集时，提速控制在平均流速的 1/3 以下，测得的即为垂线含沙量水样。

c. 单沙测验的测次要求。单沙的测次，以能控制含沙量随时间的变化过程为原则。在含沙量变化很小，或含沙量很小时，可 5~10 d 取样一次；洪水期含沙量变化大，则要求测得含沙量变化过程，应测 7 次以上。注意取样时，应与水位观测同步进行。

d. 悬移质水样处理。悬移质采样取水后，应及时量取水样容积，并编号静置。一般静置 20 h 以上使泥沙沉淀，再吸去上部清水以浓缩水样（或过滤浓缩），将浓缩样倒入烧杯放入烘箱内烘干，称重得干沙重。计算公式为：

$$\rho = \frac{W_s}{V} \tag{2-52}$$

式中　ρ——含沙量，g/m^3 或 kg/m^3；

　　　W_s——水样中干泥沙重量，g 或 kg；

　　　V——水样体积，m^3。

②计算垂线平均含沙量及断面平均含沙量

a. 计算垂线平均含沙量。用混合法或积深法取样时，其混合水样含沙量即代表垂线平均含沙量。用瞬时积点法取水样时，以垂线各测点的流速加权平均法计算垂线平均含沙量。计算公式如下：

三点法：

$$\rho_m = \frac{\rho_{0.2}v_{0.2} + \rho_{0.6}v_{0.6} + \rho_{0.8}v_{0.8}}{v_{0.2} + v_{0.6} + v_{0.8}} \tag{2-53}$$

二点法：

$$\rho_m = \frac{\rho_{0.2}v_{0.2} + \rho_{0.8}v_{0.8}}{v_{0.2} + v_{0.8}} \tag{2-54}$$

一点法：

$$\rho_m = C_1\rho_{0.5} \tag{2-55}$$

或

$$\rho_m = C_2\rho_{0.6} \tag{2-56}$$

式中　ρ_m——垂线平均含沙量，g/m^3 或 kg/m^3；

$\rho_{0.2}$，$\rho_{0.6}$，$\rho_{0.8}$——$0.2H$、$0.6H$ 和 $0.8H$ 水深处测点含沙量，g/m^3 或 kg/m^3；

$v_{0.2}$，$v_{0.6}$，$v_{0.8}$——$0.2H$、$0.6H$ 和 $0.8H$ 水深处测点流速，m/s；

C_1，C_2——一点法系数，由多点法的资料分析确定，当无资料时暂用 1.0。

b. 计算断面输沙率或断面平均含沙量。若断面仅设一条测沙垂线，则上述计算结果皆为断面平均含沙量。若为 2 条或更多条测沙垂线，则由下式计算断面输沙率：

$$Q_s = \left(\rho_{m1}q_0 + \frac{\rho_{m1} + \rho_{m2}}{2}q_1 + \frac{\rho_{m2} + \rho_{m3}}{2}q_2 + \cdots + \rho_{mn}q_n\right)/1\,000 \tag{2-57}$$

式中　Q_s——断面输沙率，t/s 或 kg/s；

ρ_{m1}，ρ_{m2}，$\cdots$，ρ_{mn}——各取样垂线计算的垂线平均含沙量，kg/m^3 或 g/m^3；

q_0，q_1，$\cdots$，q_n——以取样垂线为分界的部分流量，m^3/s。

用全断面混合法测验时，所取混合样含沙量，用下式计算：

输沙率：

$$Q_s = Q\bar{\rho} \tag{2-58}$$

或断面平均含沙量：

$$\bar{\rho} = \frac{Q_s}{Q} \tag{2-59}$$

式中　Q_s——断面悬移质输沙率，kg/s；

Q——断面流量，m^3/s；

$\bar{\rho}$——断面平均含沙量，即断沙，kg/m^3。

（2）推移质泥沙测验与计算

①推移质泥沙测验基本要求

a. 确定有效河宽。用采样器从岸边向河心移动，每处放置 10 min 以上，若未取到沙砾，即表示该处无推移质，直到向河心移动的某一位置取到了沙砾样，则此点到对岸相应点之间的距离，为推移质运动的河宽，称为推移质有效河宽。

b. 垂线位置确定。在有效河宽内，布设测沙垂线，应与悬移质测沙垂线重合，这是为探求二者关系以减少推移质测验所要求的。

c. 测验要求。将采样器放到河床上，即开始计时。取样历时，以采样器中集沙不少于 50~100 g，又不致装满为宜，一般取样历时不超过 10 min，每垂线上重复两次测验，当 2 次重复采样泥沙体积相差 2~3 倍时，要分析酌定。

汛期测验时，重要的是确定推移质起沙时间和终止时间，这可由多次测验或其他方法确定，然后测该次洪水推移质输沙过程，不少于 7 个测次。

②推移质输沙率计算　先计算各垂线的单宽推移质输沙率，公式为：

$$q_b = \frac{W_b}{t b_k} \qquad (2\text{-}60)$$

式中　q_b——垂线上单位宽度输沙率，g/(s·m)；

　　　　W_b——采样器取得的干沙重，g；

　　　　t——取样历时，s；

　　　　b_k——采样器进口宽度，m。

有了垂线上单宽输沙率，再来用图解法计算断面推移质输沙率。先在水道断面图上绘出上述计算的垂线输沙率分布曲线，如图 2-18 所示。其边界 2 点是输沙率为 0 之处，$\sum B_i$ 即推移质有效河宽。有时为分析方便，还将底速分布曲线同时绘出。用求积仪法或数方格法量出该分布曲线与水面线所包之面积，经比例尺换算，即得未修正的断面输沙率。

实际输沙率为：

$$Q_b = K Q_b' \qquad (2\text{-}61)$$

式中　Q_b——推移质输沙率，kg/s 或 t/s；

　　　　Q_b'——修正的推移质输沙率，kg/s 或 t/s；

　　　　K——修正系数，为采样器采样效率的倒数，当 K 未知时，可暂不修正，但需说明。

由上述泥沙计算式 (2-63) 和式 (2-64) 可知，为精确算出输沙率还要在相应测沙点测定流速，流速测定是用流速仪进行的。需要注意的是，采样与测速应尽可能同步进行，或采样完成后，应立即测流速。

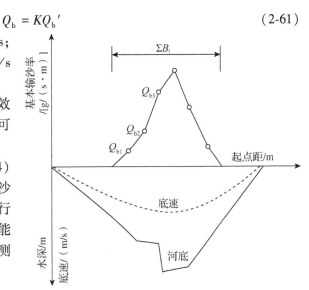

图 2-18　推移质水道断面示意图

2.3 水力侵蚀定量计算与分析

2.3.1 土壤侵蚀因子及模数计算

2.3.1.1 水力侵蚀模型

在水力侵蚀地区，采用中国土壤流失方程 CSLE 计算土壤侵蚀模数。方程基本形式为：

$$A = RKLSBET \tag{2-62}$$

式中 A——土壤侵蚀模数，$t/(hm^2 \cdot a)$；

        R——降雨侵蚀力因子，$MJ \cdot mm/(hm^2 \cdot h \cdot a)$；

        K——土壤可蚀性因子，$t \cdot hm^2 \cdot h/(hm^2 \cdot MJ \cdot mm)$；

        L——坡长因子，无量纲；

        S——坡度因子，无量纲；

        B——植被覆盖与生物措施因子，无量纲；

        E——工程措施因子，无量纲；

        T——耕作措施因子，无量纲。

2.3.1.2 侵蚀因子计算

（1）降雨侵蚀力因子 R

降雨侵蚀力公式如下：

$$\bar{R} = \sum_{k=1}^{24} \bar{R}_{半月k} \tag{2-63}$$

$$\bar{R}_{半月k} = \frac{1}{N} \sum_{i=1}^{N} \sum_{j=0}^{m} (\alpha \cdot P_{i,j,k}^{1.7265}) \tag{2-64}$$

$$\overline{WR}_{半月k} = \frac{\bar{R}_{半月k}}{\bar{R}} \tag{2-65}$$

式中 $\bar{R}$——多年平均年降雨侵蚀力，$MJ \cdot mm/(hm^2 \cdot h \cdot a)$；

        k——取 1，2，…，24，指将一年划分为 24 个半月；

        $\bar{R}_{半月k}$——第 k 个半月的降雨侵蚀力，$MJ \cdot mm/(hm^2 \cdot h)$；

        i——取 1，2，…，N；

        N——指 1986—2015 年的时间序列，后续按 5 年序列顺延更新；

        j——取 0，1，…，m；

        m——第 i 年第 k 个半月内侵蚀性降雨日的数量（侵蚀性降雨日指日雨量大于等于 10 mm）；

        $P_{i,j,k}$——第 i 年第 k 个半月第 j 个侵蚀性降水量，mm；如果某年某个半月内没有侵蚀性降水量，即 $j=0$，则令 $P_{i,0,k}=0$；

        α——参数，暖季（5~9 月）α 取 0.393 7，冷季（10~12 月，1~4 月）α 取 0.310 1；

        $\overline{WR}_{半月k}$——第 k 个半月平均降雨侵蚀力（$\bar{R}_{半月k}$）占多年平均年降雨侵蚀力（$\bar{R}$）的比例。

将站点降雨侵蚀力数据插值为等值线图和栅格图层，具体如下：

a. 将站点多年平均 1~24 个半月降雨侵蚀力转为矢量文件，采用普通克里金空间插值方法，生成 10 m 空间分辨率的 24 个半月降雨侵蚀力栅格数据。

b. 将 24 个半月降雨侵蚀力栅格数据累加为年降雨侵蚀力栅格数据。

c. 将 24 个半月降雨侵蚀力栅格数据除以年降雨侵蚀力栅格数据，得到 24 个半月降雨侵蚀力占年降雨侵蚀力比例的栅格数据。

（2）土壤可蚀性因子 K

基于收集到的径流小区观测资料和第一次全国水利普查水土保持情况普查土壤可蚀性因子计算方法，更新计算土壤可蚀性因子；也可直接采用第一次全国水利普查水土保持情况普查土壤可蚀性因子成果或基于标准径流小区的观测数据更新，标准径流小区计算土壤可蚀性因子 K 的公式为：

$$K = A/R \tag{2-66}$$

式中　A——坡长 22.13 m，坡度 9%（5°），清耕休闲径流小区观测的多年平均（一般需要 12 年以上连续观测，南方观测年限可适当减少）土壤侵蚀模数，$t/(hm^2 \cdot a)$；

　　　R——与小区土壤侵蚀观测对应的多年平均年降雨侵蚀力，$MJ \cdot mm/(hm^2 \cdot h \cdot a)$。

经重采样，生成 10 m 空间分辨率的 K 因子栅格数据。

（3）坡长因子 L 和坡度因子 S

坡长因子计算公式为：

$$L_i = \frac{\lambda_i^{m+1} - \lambda_{i-1}^{m+1}}{(\lambda_i - \lambda_{i-1}) \cdot 22.13^m} \tag{2-67}$$

式中　λ_i，λ_{i-1}——第 i 个和第 $i-1$ 个坡段的坡长，m；

　　　m——坡长指数，随坡度而变，无量纲。

$$m = \begin{cases} 0.2 & (\theta \leqslant 1°) \\ 0.3 & (1° < \theta \leqslant 3°) \\ 0.4 & (3° < \theta \leqslant 5°) \\ 0.5 & (\theta > 5°) \end{cases} \tag{2-68}$$

坡度因子计算公式为：

$$S = \begin{cases} 10.8\sin\theta + 0.03 & (\theta < 1°) \\ 16.8\sin\theta - 0.5 & (1° \leqslant \theta < 3°) \\ 21.9\sin\theta - 0.96 & (\theta \geqslant 5°) \end{cases} \tag{2-69}$$

式中　S——坡度因子，无量纲；

　　　θ——坡度，°。

当土地利用（含林地、草地）地块的坡度大于 30°时，一律取 30°代入公式计算坡度因子。除执行上述规定外，林地、草地采用公式 $S = 10.8\sin\theta + 0.03$ 计算。生成的 L、S 栅格数据分辨率均重采样为 10 m。

（4）植被覆盖与生物措施因子 B

利用 MODIS 归一化植被指数（NDVI）产品和 Landsat 或类似的多光谱影像（包括蓝、绿、红和近红外 4 个波段），采用参数修订方法或融合计算方法，得到 24 个半月 30 m 空间分辨率的植被覆盖度，结合24个半月降雨侵蚀力因子比例和土地利用类型计算B因子。经重采样，生成10 m空间分辨率的B因子栅格数据。

（5）水土保持工程措施因子E

根据解译获取的土壤侵蚀地块属性表的"工程措施类型或代码"字段值，查水土保持工程措施因子赋值表（表2-3），获取水土保持工程措施因子值。经重采样，生成10 m空间分辨率的E因子栅格数据。

表2-3 水土保持工程措施因子赋值表

二级级类	工程措施名称	工程措施代码	E因子值
梯田	土坎水平梯田	20101	0.084
	石坎水平梯田	20102	0.121
	坡式梯田	20103	0.414
	隔坡梯田	20104	0.347
地埂		202	0.347
水平阶（反坡梯田）		203	0.151
水平沟		204	0.335
鱼鳞坑		206	0.249
大型果树坑		207	0.160

注：①除上述水土保持工程措施需进行因子赋值外，其他措施只统计面积、长度或处数，不进行因子赋值，也不纳入土壤侵蚀模型计算。

②对于≤2°的耕地，如未采取梯田等水土保持工程措施，应考虑等高耕作措施，因子赋值为0.431。

（6）耕作措施因子T

根据解译获取的土壤侵蚀地块属性表的"耕作措施轮作区代码"字段值，查耕作措施轮作措施赋值表（全国轮作区分区详见《中国耕作制度70年》），获取耕作措施因子值。经重采样，生成10 m空间分辨率的T因子栅格数据。

2.3.1.3 土壤侵蚀模数计算

基于GIS或其他空间分析应用平台，利用土壤侵蚀因子计算值，运用中国土壤流失方程（CSLE），对降雨侵蚀力因子R、土壤可蚀性因子K、坡长因子L、坡度因子S、植被覆盖与生物措施因子B、工程措施因子E、耕作措施因子T进行图层栅格乘积运算，得到每个栅格的土壤侵蚀模数。

当土地利用类型为耕地时，在植被覆盖与生物措施因子、耕作措施因子二者中，选取耕作措施因子与其他5个因子图层相乘；当土地利用类型为非耕地时，则选取植被覆盖、生物措施因子与其他5个因子图层相乘。获取10 m空间分辨率的土壤侵蚀模数计算值栅格图层。

2.3.2 人为水土流失地块侵蚀强度评价

2.3.2.1 基于影像提取的人为水土流失地块

根据人为水土流失地块平均坡度判定其土壤侵蚀强度。其中，地块平均坡度5°以下为轻度，5°~15°为中度，15°~30°为强烈，30°以上为极强烈。

2.3.2.2　基于实地调查的人为水土流失地块

根据水土保持监督检查与核查、生产建设项目水土保持信息化监管、生产建设项目水土保持监测、生产建设项目水土保持设施验收报备等情况，评价人为水土流失地块侵蚀强度，判定指标见表 2-4。

表 2-4　人为水土流失地块土壤侵蚀强度判定指标

地块所处地貌类型区	地块所在区域	地块对应的项目部位	地块水土保持措施状态			
			措施未实施（措施实施<30%）	措施已实施/%		
				30~50	50~70	≥70
平原区	—	—	中度	轻度	微度	微度
山丘区	城镇区域及周边	非采矿类项目取土（石、料）场、弃土（石、渣）场之外的地块	中度	轻度	微度	微度
		非采矿类项目取土（石、料）场、弃土（石、渣）场之外的地块	强烈	中度	轻度	微度
	城镇以外区域	非采矿类项目取土（石、料）场、弃土（石、渣）场之外的地块	极强烈	强烈	轻度	微度
		采矿类项目的所有部位，非采矿类项目的取土（石、料）场、弃土（石、渣）场	剧烈	强烈	中度	微度

注：①"措施已实施（%）"的取值为下含上不含，如"30~50"表示含30%、不含50%。
②若水土保持措施毁坏或不符合设计要求，按照"措施未实施"处理。

2.3.2.3　结果类比或校核

可根据人为水土流失地块实地调查及其土壤侵蚀强度评价结果，类比分析或校核基于影像提取的人为水土流失地块侵蚀强度结果。

2.3.3　土壤侵蚀强度评价和水土流失面积统计

依据《土壤侵蚀分类分级标准》等，评价每个栅格的土壤侵蚀强度。人为水土流失地块直接采用其土壤侵蚀强度评价结果，并转为栅格图层（重采样为 10 m），与其他土地利用类型的土壤侵蚀计算栅格图层融合形成土壤侵蚀专题图层，用于评价侵蚀强度和统计水土流失面积。

2.3.4　水土流失面积综合分析计算

对于发生水力侵蚀、风力侵蚀和冻融侵蚀的栅格，应基于各种类型侵蚀强度的评价结果，综合分析确定县级行政区的水土流失面积。

2.3.4.1　综合分析原则

①对于发生冻融侵蚀的栅格，若水力侵蚀或风力侵蚀的强度不小于轻度，则把该栅格的水土流失面积纳入水力侵蚀或风力侵蚀类型。

②对于发生水力侵蚀和风力侵蚀的评价结果，按照仅保留高强度等级侵蚀类型的原则，确定每个栅格的侵蚀类型及面积。若侵蚀强度相同，则确定为水力侵蚀强度等级。

2.3.4.2 综合分析计算步骤

①分析每个栅格的侵蚀类型，对于水力侵蚀或风力侵蚀强度不小于轻度的栅格，作为水力侵蚀或风力侵蚀类型，而不再计入冻融侵蚀类型。

②比较每个栅格的水力侵蚀和风力侵蚀强度，仅保留强度高的侵蚀类型，而不再保留另一种侵蚀类型。

③对于只有某一类侵蚀类型的栅格，统计这类侵蚀的微度、轻度、中度、强烈、极强烈和剧烈等各级强度的面积。

④轻度及以上各级土壤侵蚀强度面积之和为水土流失面积。

2.3.5 土壤侵蚀地块水土流失评价

①地块内轻度及以上侵蚀强度的栅格数量超过总数的50%，则判断该土壤侵蚀地块发生水土流失；否则，不发生水土流失。

②在风力侵蚀和冻融侵蚀地区，可参照上述方法进行土壤侵蚀地块的水土流失评价。

2.3.6 质量控制技术要求

2.3.6.1 土壤侵蚀因子计算

①因子计算基础数据、阈值设定与计算方法正确。

②因子图层数据时空分辨率、精度、格式与成果制备等符合指南要求。

③因子计算结果的取值范围、空间分布特征等符合区域实际。

④植被覆盖与生物措施因子、林下植被盖度等因子调查与计算，要满足区域计算的精度要求，结果合理。

⑤林草地区域坡度因子 S 取值范围≤5.43，林草地区域以外的坡度因子 S 的取值范围≤9.99。

2.3.6.2 土壤侵蚀模数计算与强度判定

①土壤侵蚀模数计算方法和模型选择正确。

②土壤侵蚀模数计算结果合理。

③土壤侵蚀分类、分级符合《土壤侵蚀分类分级标准》。

④水土流失综合分析计算方法与结果正确无误。

⑤侵蚀模数极值分析与处理合理。

复习思考题

1. 坡面水蚀监测的内容有哪些？

2. 坡面水蚀监测的方法有哪些？

3. 影响坡面水蚀因素的监测有哪些？

4. 什么是标准小区？

5. 径流小区布设的原则有哪些？

6. 小流域水蚀监测的内容有哪些？

7. 监测小流域调查的内容有哪些？

第 3 章

风蚀监测

我国是世界上沙漠面积较大、分布较广、沙漠化危害严重的国家之一。全国有沙漠和沙漠化土地 153.3×10⁴ km²，占国土面积的 15.9%。其中，沙漠戈壁 116.2×10⁴ km²，沙漠化土地 33.4×10⁴ km²，风沙化土地 3.7×10⁴ km²。主要分布在新疆、青海、甘肃、宁夏、陕西、内蒙古、山西、河北、辽宁、吉林、黑龙江 11 个省(自治区)。20 世纪 50~70 年代，沙漠化平均每年扩大 1 560 km²，进入 80 年代，上升到 2 100 km²，有超 1 333×10⁴ hm² 农田遭害，1×10⁸ hm² 草场退化，800 km 以上铁路和数千千米公路受到威胁，水库淤积、渠道破坏，沙尘暴频繁，严重地威胁着 5 000 万人的生存，每年造成约 45 亿元的经济损失。防沙治沙已成为国土整治的又一重大任务，急需对风蚀侵蚀进行观测研究，以便掌握我国风蚀土地的现状及动态变化信息，夯实数据基础，为推动退化土地防治能力现代化，加快推进生态文明建设，落实最严格生态环境保护制度，实施重大生态保护和修复工程，科学决策、合理保护、有效治理沙化土地提供依据。

3.1 风蚀监测的内容与方法

3.1.1 风蚀场观测指标组

3.1.1.1 起沙风

起沙风又称起沙临界风速。一般是指在干松裸露、起伏平缓的地表条件下，离地面 2 m 高处沙粒开始运动的最小风速，单位为 m/s。

沙粒运动有滚动蠕移、弹跳跃移和进入气流悬移 3 种方式，就同一粒径的沙粒而言，3 种运动方式有不同的起沙风速，拜格诺从理论上把它归结为冲击启动风速和流体启动风速。由于大气的黏滞系数很小，又受温度影响变差较大，所以风速在垂向上分布不同，现已证明在正常情况下呈对数分布。地表(又称下垫面)特征不一，如水分含量多少、颗粒大小及组成、植被覆盖差异等都会影响起沙风。因此，本指标规定了干燥、松散、裸露和起伏平缓的地面条件，以及离地面 2 m 高的测定条件。

按上述条件观测的地表沙粒开始运动的风速称为标准起沙风速。我国现有的研究表明，在地面组成以 0.5~0.1 mm 粒径沙粒为主时，起沙风速为 4.5~5.0 m/s。按下垫面实际特征(土壤水分含量、土壤紧实度、土壤颗粒大小及组成、地表植被覆盖、地表起伏或糙度等)，在 2 m 高处观测的沙粒开始运动的风速称为实际起沙风速。

观测标准起沙风速、实际起沙风速及其平均值、多年平均值，对风蚀的预测预报是十分重要的。

通常风速的观测均在附近气象园中进行，对临时观测点也可以用手持风速仪观测。

3.1.1.2　风沙强度与频度

风沙强度是指观测区某时段(月、季、年)内，各次起沙风(≥5 m/s)向的历次风速记录值之和，表达出该区风沙活动的强烈程度，单位为米/[秒·月(季、年)]。

风沙频度是指区内某时段内各方位起沙风的次数或日数的总和，表示出该区风沙活动的频繁程度，单位为次或 d。

这 2 项指标是观测记录的计算值，前者为 $\sum u$，后者为 $\sum f$ 或 $\sum d$(u 为风速，m/s；f 为次数；d 为天数)次数。本指标的多年平均值，需从气象部门多年观测记录中查找，统计得出。需要注意的是，气象部门风速记录的高度多在 10 m 左右，而 5 m/s 的起沙风速是 2 m 高的风速，这就需转换后才能统计。

3.1.1.3　优势风沙

在观测区某时段内，某一方向风沙出现的频率大，即一月中超过 50% 或一年中超过 10%，称为常见风沙。某一风向风沙与其反向风沙的总风速($\sum u$)相比较，其中风速较大者，称为优势风沙，单位为米/[秒·月·年]。优势风沙决定了流沙移动的方向和速度。优势风沙是经观测进行比较后统计算出的。

优势风沙与风沙强度之比的百分数，称为风沙运动的稳定度。稳定度值越大，表示流沙定向蔓延速度大；该值越小，表示流沙很少运动，仅就地扩张。

3.1.1.4　风沙流强度

风沙流强度是指风蚀过程中，风沙气流在单位时间单位宽度中挟带的沙量。单位为 g/(cm·min)。测定风沙流强度是用集沙仪和秒表计时完成的。

集沙仪有多种类型，有固定的，有旋转的，还有单路(一个收集孔)和多路(多个收集孔)等，可根据观测目的要求而选用。若无其他要求，本指标可测优势风沙 0~30 cm 高近地面风沙流强度，以阐明沙化扩展的严重程度。观测时注意仪器与地面贴合，且正对气流方向。

3.1.1.5　风蚀深

风蚀深是风蚀深度的简称，是指在某一次起沙风后，或经某一时段(月、季、年)，观测区的某一土地利用(或地表特征)被风蚀的平均深(厚)度，单位为 mm。

测定风蚀深度多用测钎法和风蚀桥法。由于气流和地面的不均一性，应排网状多点设置测钎或风蚀桥，最后计算其平均风蚀深。

有了风蚀深度，再测出地表物质的密度值，即可算出测区的风蚀模数。计算公式为：

$$M = 1\,000HR \tag{3-1}$$

式中　M——风蚀模数，t/km²；

　　　H——风蚀平均深，mm；

　　　R——地表物干密度，g/cm³；

　　　1 000——单位转化常数。

当用调查法取得风蚀深，称为年平均风蚀深。年平均风蚀深是多年平均风蚀深的简称，又称历史平均风蚀深度，它是利用多种历史考证资料，如风沙区古庙宇修建记录、古村镇文物遗迹、古老树木年轮记载等，结合现存基础(根部)被蚀出露的对比调查和测量，计算出该历史期间的年平均风蚀深，单位为 mm/a。

应用历史调查法，需要对文物古迹做历史考证，通过史记、地方志证实；其次要注意测量部位和与其他资料对比，以减少误差。

3.1.1.6　土壤坚实度

土壤坚实度是土壤抵抗外力破坏的坚硬密实程度，是土壤力学性质的一个指标。单位为 kg/m³，即单位土体的抗力。

土壤坚实度受土壤颗粒组成、胶结(含植物根系网络)、土壤水分含量、土壤密度、土壤结构等影响。土壤坚实度大，抗风蚀能力强，风蚀强度就小；相反，抗风蚀能力弱，风蚀强度随之增大。

3.1.2　风蚀调查指标组

3.1.2.1　抗风蚀颗粒

抗风蚀颗粒是指当风力作用于地表颗粒上，不能被风力吹移和搬运的颗粒称为抗风蚀颗粒。单位为颗粒粒径(mm)和该粒径及以上在表层土中的百分含量(%)。

抗风蚀颗粒粒径一般以区域优势风沙做实验求出，实验中不能被风吹动的最小粒径，即为抗风蚀颗粒粒径(我国多为大于 0.25 mm)。有了该粒径，再对地面约 10 cm 或 30 cm 厚物质做机械分析，可得抗风蚀颗粒含量。

3.1.2.2　沙丘移动

在风力作用下，沙丘迎风坡面的沙粒向背风坡面运动，形成了沙丘移动。可移动的沙丘，称为活动沙丘。本指标沙丘移动是指活动沙丘在起沙风作用下，某方位移动的距离及速度，单位分别为 m 和 m/d。

沙丘移动调查多用极坐标法和测量法进行。极坐标法是以沙丘脊中点为中心，按东西南北等 16 个方位插设测杆，并绘制平面布设图。当沙丘移动后，依照测杆方位与沙丘的关系，即可判断移动方向；在量测相应测杆与沙丘移动后对应点的距离，即可知移动距离，并算出移动速度(也可绘移动图量算)。测量法是对沙丘做精细地形测量，由两个不同时段的测量结果对比计算得出。

沙丘移动调查对于活动沙丘治理、防止沙化十分重要，若再配以风速测量，意义更大。

3.1.3　沙尘暴观测指标组

3.1.3.1　沙尘暴次数

沙尘暴又称黑风暴、风尘暴等。沙尘暴为强风或大风将地表大量沙尘物质卷入空气中，使空气相当混浊，水平的能见度降至 1 km 以下的恶劣天气现象。沙尘暴次数即一年中出现沙尘暴的次数或天数，单位为次或 d。

沙尘暴次数观测有 2 项内容：一是能见度观测，用设立不同距离的观测物，在正常视力观测条件下，若能将目标物的轮廓从天空背景中分辨出来，即为"能见"；若目标物与天空背景融合，不能分辨出，则为"不能见"。二是规模范围，我国规定沙尘暴天气有3个或以上的国家地面基本站同一时刻观测出现，才记一次；局部小范围的沙尘现象不记；由沙尘暴进观测记录的年总数(或天数)，取得本指标。

沙尘暴是一种强烈的气象灾害，它可迁移沙丘，毁坏房屋和田地，造成人畜伤亡，是侵蚀危害和水土保持评价的重要指标。

3.1.3.2　降尘量

大气中的沙尘细粒物质，在静风和雨雪淋洗下，降落到地面的现象称为降尘。降尘量是指某时段单位面积降落的沙尘物质量，单位为 g/m^2。

降尘量测量常采用集成缸法。我国环保部门使用的集成缸为内径150 mm的圆柱体，置于离地面5~12 m平台上，设置3个重复，收集某期间落入缸内沙尘物质，取回后进行精称，可得到降尘量。

观测频次一般按月进行，最后做年累积；也可按沙尘暴次数观测。

为提高降尘量观测的代表性，水土保持部门多采用在2~6 m的高程上设置集成缸，并采用多点设置的方法，点数不少于3个，最后求多点的平均值。

为了防止落入缸内尘粒被风带出，放置集成缸前，还应加入适当蒸馏水(一般为150~200 mL)，冬季还应加入乙二醇防冻剂。

降尘量计算公式为：

$$降尘量 = \frac{10\ 000}{176.715}M = 56.588\ 4\ M\ [\ 吨/(平方千米·月)\ ] \tag{3-2}$$

式中　M——集尘缸收集物称重，g；

176.715——集尘缸收集口面积，cm^2；

10 000——单位换算常数。

3.2　风蚀影响因子监测

风蚀是发生在干旱、半干旱及部分半湿润地区的地貌过程之一，是以风为外营力的土壤侵蚀类型，是在风力的作用下地表物质发生位移，从而导致岩石圈(或土壤圈)的损失和破坏过程。风蚀受气候因子(风、温度、湿度、降水)、土壤因子(表层物质的粒径组成、含水量、容重、团聚体、有机质含量)、植被因子(植被类型、盖度、生物量、空间分布)、地形因子(坡度、坡向、坡位、坡长、地表糙度、高程)的共同作用。在风蚀地区，当风力达到起沙风速后，地表的沙粒开始移动，形成风沙流；在风沙流的作用下，沙源地的表层物质(沙子、土壤等)逐渐被搬运到其他地方形成风蚀。

3.2.1　风的测定

空气运动产生的气流称为风。风是造成风力侵蚀的外营力，对风的观测是风蚀观测中的主要内容。地面观测中测量的风是二维矢量(水平运动)，用风向和风速表示。

风向是指风的来向，最多风向是指在规定时段内出现了频数最多的风向，人工观测中风向用十六方位法表示(表3-1)，自动观测中风向以度(°)为单位表示。

表 3-1   风向符号与度数对照表

方位	符号	中心角度/°	角度范围/°
北	N	0	348.76~11.25
北东北	NNE	22.5	11.26~33.75
东北	NE	45	33.76~56.25
东东北	ENE	67.5	56.26~78.75
东	E	90	78.76~101.25
东东南	ESE	112.5	101.26~123.75
东南	SE	135	123.76~146.25
南东南	SSE	157.5	146.26~168.75
南	S	180	168.76~191.25
南西南	SSW	202.5.	191.26~213.75
西南	SW	225	213.76~236.25
西西南	WSW	247.5	236.26~258.75
西	W	270	258.76~281.25
西西北	WNW	295.5.	281.26~303.75
西北	NW	315	303.76~326.25
北西北	NNW	337.5.	326.26~348.75
静风	C	风速小于或等于 0.2 m/s	

风速是指单位时间内空气移动的水平距离，以 m/s 为单位，取一位小数。最大风速是指在某个时段内出现的最大 10 min 平均风速值。极大风速(阵风)是指某个时段内出现的最大瞬时风速值。瞬时风速是指 3 s 的平均风速。风的平均量是指在规定时段的平均值，有 3 s、2 min 和 10 min 的平均值。

人工观测时，测量平均风速和最多风向。自动观测时，采用自记仪器观测风向、风速的连续变化过程，通过专用软件对这些观测数据进行整理，得出平均风速、平均风向、最大风速、极大风速等描述风的特征指标。测量风的仪器主要有轻便风速风向表、风向传感器和风速传感器等，如图 3-1、图 3-2 所示。

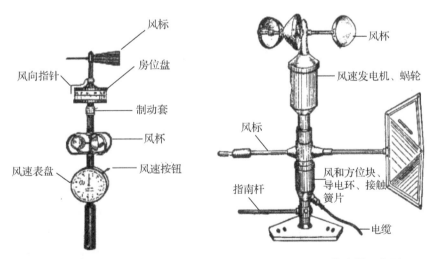

图 3-1 轻便风速风向表   图 3-2 风速风向传感器示意图

3.2.1.1　人工观测

在野外观测风力侵蚀时，需要掌握风速和风向的变化情况。野外常用轻便风速风向表进行人工观测。轻便风速风向表为测量风向和 1 min 内平均风速的仪器，主要用于野外考察或气象站仪器损坏的备份观测。轻便风速风向表由风向部分(包括风标、方位盘、风向指针、制动套)、风速部分(包括护架、风杯、风速表)和手柄 3 部分组成(图 3-1)。

在选择好的观测场地内，由观测员手持轻便风速风向表，使仪器高出头部并保持垂直，风速表刻度盘应当与当时风向平行以减少对风的影响，然后，转动方位盘的制动套，使方位盘按地磁子午线的方向稳定下来，注视风标约 2 min，记录其摆动范围中间位置的方位角作为风向。在观测风向的同时，待风杯转动约 0.5 min 后，按下风速按钮，启动仪器，待指针自动停转后，读出风速示值(m/s)，用此值从该仪器订正曲线上查出实际风速，保留一位小数进行记录。观测完毕，将盘制动拧紧，固定好方位盘，野外风速风向人工观测记录格式见表 3-2。

表 3-2　野外风速风向人工观测记录表

观测场地		地理坐标		地面高程/m	
坡度/°		坡向		坡位	
植被类型		盖度		高度/m	
观测仪器		观测时段		观测间隔	
年　月　日　时		风向	风速度数		实际风速/(m/s)
最多风向					
平均风速/(m/s)					
最大风速/(m/s)		最大风速的风向			

观测人员：　　　　　　数据汇总人员：　　　　　　汇总日期：

3.2.1.2　自动观测

在风力侵蚀观测中，需要对风速风向进行连续观测，以把握刮风日风力的动态变化，而人工观测无法实现长时间的连续观测，此时需要利用风向传感器、风速传感器和数据采集存储器组合成自动观测系统。

利用风向传感器和风速传感器进行自动观测时，需要先选择一块儿观测场地，在观测场地内安装观测高杆或观测塔，根据需要在观测高杆或观测塔的不同高度上安装风速和风向传感器，选择的观测场地，在地形、地貌、地表状况等方面必须有代表性，而且四周空旷，无影响风速风向的障碍物。

安装时需按照仪器技术手册规定的方法，把风速和风向传感器分别用法兰盘固定在长度为 0.8 m 的风传感器安装横臂两端，再将横臂安装在观测塔(杆)上，横臂必须保持水平，风向传感器中轴应垂直地面，风向标的方位要对准正北，这样才能保证当仪器观测到北风时，风向读数为 0°。传感器的信号电缆要捆扎在风杆上(防止电缆悬空)，并顺风杆接入接线盒后与数据采集器连接。接线盒应该用防辐射、防雨材料制作,在观测塔(杆)上必须安装避雷装置并接地。

在气象观测规范中规定风速传感器(风杯中心)和风向传感器距离高度为 $10 \sim 12$ m,在观测风蚀时可根据工作需要在不同高度上安装风速风向传感器,以观测不同高度处的风速和风向。

风速风向自动观测原始记录格式见表 3-3,风向自动观测数据逐日汇总格式见表 3-4,风速自动观测数据逐日汇总格式见表 3-5。

表 3-3　风速风向自动观测原始记录表

观测场地		地理坐标		地面高程/m	
坡度/°		坡向		坡位	
植被类型		盖度		植物高度/m	
风速仪器		风向仪器		观测时段		观测间隔	
年 月 日 时		离地高度		风向		风速/(m/s)	
最多风向					
平均风速/(m/s)					
最大风速/(m/s)			最大风速的风向		

观测人员:　　　　　观测日期:

表 3-4　风向自动观测数据逐日汇总表

观测场地		地理坐标		地面高程/m	
坡度/°		坡向		坡位	
植被类型		盖度		植物高度/m	
风速仪器		风向仪器		观测时段		观测间隔	

年月日	各风向发生的频率/%																
	N	NNE	NE	ENE	E	ESE	SE	SSE	S	SSW	SW	WSW	W	WNW	NW	NNW	C
平均																	

观测人员:　　　　　数据汇总人员:　　　　　汇总日期:

表 3-5　风速自动观测数据逐日汇总表

观测场地		地理坐标		地面高程/m	
坡度/°		坡向		坡位	
植被类型		盖度		植物高度/m	
风速仪器		风向仪器		观测时段		观测间隔	

（续）

年　月　日	平均风速/(m/s)	最大风速/(m/s)					
		瞬时	风向	2 min	风向	10 min	风向
平均风速/(m/s)							
最大风速/(m/s)							
最小风速/(m/s)							

观测人员：　　　　　　数据汇总人员：　　　　　　汇总日期：

3.2.2　土壤含水量测定

土壤含水量是指土壤孔隙中含有水分的多少，是表示土壤干湿状况的指标。土壤含水量的多少不但影响植物生长的好坏，还通过影响水分的入渗，进而影响坡面径流的形成以及土壤侵蚀量的多寡。因此，土壤含水量是风力侵蚀监测中必须准确把握的指标。

土壤含水量的测定方法有烘干法、中子仪法、时域反射仪法（TDR 法）和频域反射仪法（FDR 法）等。

3.2.3　土壤水稳性团聚体含量测定

土壤颗粒中除沙粒和粗粉粒外，黏粒和部分细粉粒相互聚合在一起会构成粒径更大的复合颗粒，这种复合颗粒称为团聚体。团聚体是在胶体的凝聚、胶结和黏结作用下，相互联结的土壤原生颗粒组成的近似球形、较疏松多孔的小土团，直径为 0.25~10 mm；直径小于 0.25 mm 的称为微团粒。团聚体简称团粒，可分为水稳性团聚体和非水稳性团聚体。水稳性团聚体是由钙、镁、腐殖质胶结起来的团聚体，在水中振荡、浸泡、冲洗时也不易分解和破坏，仍能维持其原来的结构。非水稳性团聚体放入水中，迅速崩解为更细小的颗粒成分，无法保持其原结构状态。当土壤中水稳性团聚体含量越高，土壤抵抗径流分散破坏的能力越强，抗蚀性也就越好。因此，水稳性团聚体含量是评价土壤抗蚀性的指标，是风力侵蚀监测中必须测定的要素之一。

团聚体的稳定性一般根据团聚体在静水或流水中的崩解情况来识别。水稳性团聚体含量是在水浸泡下，没有被水崩解的团聚体数量与所有团聚体数量之比。测定过程如下：

（1）取样

在野外调查样地内选择有代表性地段挖剖面，分层取原状土带回实验室。

（2）干筛

将野外带回的原状土样沿自然面剥成直径 2~10 mm 大小的样块，风干后称重，再用孔径为 10 mm、7 mm、5 mm、3 mm、1 mm、0.5 mm、0.25 mm 的土壤筛组进行干筛。筛完后将各级筛子上的样品分别称重（精确到 0.01 g），计算各粒径级团聚体的质量占所有团聚体质量之和的百分比。

（3）净水法测定水稳性团聚体

① 将干筛后留在各级筛子上的团聚体数出 50 粒，分别置于培养皿中的干滤纸上（每

个团聚体间隔开一定距离)。

②用滴管缓慢加水到滤纸上出现水膜。

③保持水膜湿润 20 min。

④统计未破散团聚体数(或破散团粒数),计算水稳性团聚体含量(未破散团聚体数与放入培养皿中所有团聚体数之比)。土壤团聚体测定记录格式见表 3-6。

表 3-6 土壤团聚体测定记录表

测定日期: 测定人:

样地名称		地点		海拔		地理坐标	
样地面积		坡向		坡位		坡度	
土壤类型		土层厚度		母质		基岩	
植被类型		群落名称		郁闭度		密度	

土层		粒径/mm									总量
		>10	10~7	7~5	5~3	3~2	2~1	1~0.5	0.5~0.25	<0.25	
	颗粒重										
	百分比										
	团粒数										
	破散数										
	水稳性团聚体含量										
	颗粒重										
	百分比										
	团粒数										
	破散数										
	水稳性团聚体含量										

3.2.4 植被测定

3.2.4.1 植被类型与种类组成

我国植被类型分为森林植被、森林灌丛植被、森林草原植被、灌丛草原植被、草原植被、荒漠植被和草甸植被七大类。其中,森林植被自北到南又分为寒温带针叶林、温带针阔叶混交林、暖温带落叶阔叶林、北亚热带含常绿阔叶的落叶阔叶林、中南亚热带的常绿阔叶林、南亚热带雨林和季雨林,以及高山峡谷区的高山(或山地)针叶林。草原植被又分为草原(包括草甸草原、典型草原、荒漠草原、高寒草原)、稀树草原、草甸(包括典型草甸、高寒草甸、沼泽化草甸、盐生草甸)、草本沼泽、灌草丛(包括温性灌草丛、暖性灌草丛)、荒漠(包括灌木荒漠、半灌木小灌木荒漠、垫状小半灌木荒漠)植被等。本指标植被类型是指区内天然植被大类或二级分类的分布和面积等,单位为种。

在区域内生长的乔木、灌木、草本种类名称及其所占比例为植物种类组成,需要多点设样地调查取得，单位为%。不同气候带主要水土保持树种、灌木和草种参见《水土保持综合治理 技术规范 荒地治理技术》（GB/T 16453.2—2008）。

植物种类组成复杂的地区，一般生境较优；相反，种类组成简单的地区，生境差，恢复也较困难。

3.2.4.2 郁闭度

乔木（含部分灌木）林冠垂直投影面积占样地面积的比例，称为郁闭度，其值以小数计。郁闭度多用外业调查设样地的方法取得，样地面积为 10 m×10 m 或 30 m×30 m，不少于 3 块。调查方法可以是线段法，也可以是目估法。

林木郁闭度与林木密度有关，一般情况下密度小的林分郁闭度也小，密度大的林分郁闭度也大，因而有时用郁闭度来确定其是否归入林地统计面积中。在封山育林中，郁闭度达 0.7，且林间有 70%的地被物覆盖，才能计入生态修复封育林地面积中。

3.2.4.3 覆盖度

低矮植被冠层覆盖地表的程度，称为覆盖度，简称盖度。其值以小数计。覆盖度多用于草本植被，其测定方法是设样地后调查，多用针刺法和方格法。将覆盖面积除以样地面积即得。测定草地盖度的样地为 1 m×1 m 或 2 m×2 m，样地应有 3 块以上，以取盖度平均值。

郁闭度和覆盖度的调查方法：

① 线段法　即用测绳在所选样方内水平拉过，垂直观测株冠在测绳上垂直投影的长度，并用尺测量，计算总投影长度与测绳总长度之比，即得郁闭度或盖度。采用此法应在不同方向上取 3 条线段求其平均值，其计算公式如下：

$$R_1 = l/L \tag{3-3}$$

式中　R_1——郁闭度或盖度；

　　　L——测绳长度，cm；

　　　l——投影长度，cm。

② 针刺法　在测定范围内选取 1 m^2 的小样方。借助钢卷尺和测绳上每隔 10 cm 的标记，用粗约 2 mm 的细针，顺次在样方内上下左右间隔 10 cm 的点上（共 100 点），从草本的上方垂直插下，针与草接触即算"有"，如不接触，则算"无"，在表上登记，最后计算登记的次数，用下式算出盖度。

$$R_2 = (N - n)/N \tag{3-4}$$

式中　R_2——草或灌木的盖度（小数）；

　　　N——插针的总次数；

　　　n——不接触"无"的次数。

③ 方格法　利用预先制成的面积为 1 m^2 的正方形木架，内用绳线分为 100 个 0.01 m^2 的小方格，将方格木架放置在样方内的草地上，数出草的茎叶所占方格数，即得草地盖度。

3.2.4.4 植被覆盖率

植被覆盖率是指植被（林、灌、草）冠层的枝叶覆盖遮蔽地面面积与区域（或流域）总土地面积的百分比率，简称覆盖率，单位为%。覆盖率包含自然（天然）植被覆盖率和人工植被覆盖率，后者又称林草覆盖率。

当区域(或流域)全部土地为林地或草地时，覆盖率与林地郁闭度和草地盖度概念相当。由于区域(或流域)内尚有其他用地，严格按以上定义，需要郁闭度和盖度值分别乘以林地、草地面积，得覆盖遮蔽面积，再除以区域(或流域)总面积，即得指标值。但在实际工作中的采集方法是把郁闭度(或盖度)≥0.7的林、草面积全部计入，把其他在0.7以下的林、草按实际郁闭度(或盖度)折算成完全覆盖面积，再与郁闭度或盖度≥0.7的面积相加，除以全区(流域)面积得指标值。鉴于以上计算需要调查掌握郁闭度、盖度及分布面积，难以达到，于是出现第三种方法，即将前述林地、草地保存面积［覆盖度(或盖度)>0.3］除以区域(流域)总面积得出指标值，这一值是近似值。本指标的计算公式为：

$$覆盖度 = \frac{\sum_{i=1}^{n}(C_i A_i)}{A} \times 100\% \tag{3-5}$$

式中　C_i——林地、草地郁闭度或盖度；

A_i——相应郁闭度、盖度的面积，km^2；

A——流域总面积，km^2。

3.3　风蚀量监测

风蚀量是指一定时间内被风吹走的地表物质量与堆积量之差，也就是地面高程的变化量。因此，只要是能够计量出地面高程变化的方法均可以观测风蚀量。常用的方法有插钎法和风蚀桥法。

3.3.1　风蚀量观测

3.3.1.1　插钎法

插钎法是测量风蚀量的常用方法，一般包括以下几个步骤：

(1)选择观测样地

在风蚀区选择具有代表性的地块作为观测样地，观测用样地面积应该不小于1 hm²。选择样地时地形要有代表性，地面物质的组成要有代表性，植被状况也要有代表性，即观测样地的地形、地面组成物质、植被状况等对风蚀有重要影响的因子必须能够代表整个观测地区的基本情况。当观测地区风蚀地类较多时，需要在各种风蚀地类上选择观测样地，进行风蚀观测。

(2)观测样地调查

选择好观测样地后进行基本情况调查，调查内容包括：地理位置、地理坐标、高程、坡度、坡向、地面糙度等地形地貌要素，土壤类型、土层厚度、土壤质地、粒径组成、容重、土壤含水量、有机质含量、团聚体含量等土壤要素，植被类型、种类、生物量、高度、覆盖度等植被要素。

(3)布设气象观测设施

进行风蚀观测时必须把握风速、风向等主要的气象指标，为此必须在调查样地附近安装小型自动气象观测站，对观测期间的风速、风向、温度、湿度、降水量、太阳辐射、蒸发量、土壤含水量等指标，按照一定的时间间隔进行实时观测。

（4）布设插钎

插钎可以用不易变形、热胀冷缩系数小，不易风化腐蚀的材料制成，一般选用粗5 mm、长50 cm的钢钎。在观测样地内按2 m×2 m的间距将钢钎垂直插入地面，地面以上保留30 cm左右，每根钢钎都必须按顺序编号，并绘制钢钎在观测样地内的分布图。

（5）观测

布设钢钎的同时用钢尺沿钢钎测量顶部到地面的距离，并按编号记录在风蚀观测记录表中。如果需要观测每天大风天气造成的风蚀量，则必须在刮风前后对观测样地内的每根钢钎进行测量，记录钢钎顶部到地面的距离。如果观测一定时段的风蚀量或风蚀量的动态变化，则每隔一定时间对钢钎顶部到地面的距离进行一次测量，观测间隔可根据大风发生的频率确定，大风频率高，观测的间隔可以相对短一些，大风的频率低，观测的间隔可长一些。一般的观测间隔为15~30 d。另外如果风蚀量很小可适当延长观测间隔进行观测。观测时观测人员的脚应该离开钢钎一定距离(>30 cm)，防止因踩踏钢钎周围而造成测量误差。

（6）风蚀量计算

设相邻两次观测期间每根钢钎顶部到地面的距离的变化量为 ΔL，则风蚀量（厚度）H 为：

$$H = \sum_{i=1}^{n} \Delta L_i / n \qquad (3\text{-}6)$$

式中 n——在观测样地内部设布设的钢钎总数，如果观测过程中有钢圈丢失，则 n 为最近一次测量时观测样地内钢钎的保存数；

ΔL_i——第 i 根钢钎顶部到地面距离的变化量，即前一次测量值与本次测量值之差。

如果计算出 H 为负值，说明整个观测样地发生了吹蚀；如果 H 为正值，则说明整个观测样地发生了风积。计算出风蚀厚度后，利用风蚀厚度 H 乘以地表物质的容重 d，再乘以观测样地的面积就可以计算出风蚀量 W。

$$W = H \cdot d \cdot S \qquad (3\text{-}7)$$

在统计和整理风蚀观测数据时，还必须统计出观测样地风蚀量的最大值和最小值，并绘制观测样地风蚀分布图。插钎法测定风蚀记录格式见表3-7。

表3-7 插钎法风蚀观测记录表

测定人：

样地名称		地理坐标		地点		海拔	
样地面积		样地长度		样地宽度		样地形状	
坡度		坡向		坡位		地面糙度	
土壤类型		土层厚度		土壤质地		容重	
植被类型		物种组成		覆盖度		生物量	
植株高度		胸径/地径		密度		枯落物量	
钢钎编号			钢钎顶部到地面距离				

（续）

	布设日期	调查日期 1	调查日期 2	调查日期 3	调查日期 4	调查日期 5	调查日期 6
平均风蚀厚度							
最大风蚀厚度							
最小风蚀厚度							
样地风蚀量							
风蚀模数							

3.3.1.2　风蚀桥法

插钎法是通过测定样地内各点地面高程变化推求风蚀量，随机性较大，必须通过大量布设观测点来提高观测精度，较为耗时费力。为了改进插钎法的上述缺点，有人根据断面测量的原理提出了利用风蚀桥观测风蚀的方法。

（1）风蚀桥的结构

风蚀桥是利用不易变形的金属制成"∏"形框架，由 2 根桥腿和 1 根横梁组成。风蚀桥可以用直径 5 mm 的钢筋制作，桥腿长 50 cm，桥梁长 110 cm，桥梁上每隔 10 cm 刻画出测量用标记，并按从左到右顺序进行编号。风蚀桥及其布设如图 3-3 所示。

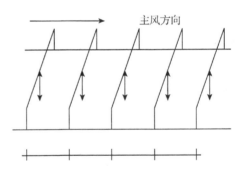

图 3-3　风蚀桥及其布设示意图

（2）风蚀桥的布设

将风蚀桥按 5 m 间距、与主风向垂直的方向插入观测样地内，桥腿插入土中 30 cm，要保证在重力作用下风蚀桥不会自然下沉，桥梁尽可能保持水平。布设时需要对每个风蚀桥按顺序进行编号，并绘制风蚀桥在观测样地内的分布图。布设风蚀桥后，用钢尺在每个风蚀桥梁上按从左到右的顺序，测量桥梁上表面到地面的垂直距离，每个风蚀桥上测量 10 个数据，这 10 个数据可以反映风蚀桥下地面高程起伏变化的原始状态。

（3）观测

如果观测一定时段内的风蚀量，则自风蚀桥布设后定期（15~30 d）对观测样地内的每个风蚀桥按顺序进行观测，记录每个风蚀桥上的每个测量标记到地面的垂直距离，根据前后两次的测量结果，计算出地面高程的变化量，该变化量就是风蚀厚度。如果需要观测每次大风天气造成的风蚀量，则必须根据天气预报在刮风前对观测样地内的每个风蚀桥进行测量，记录风蚀桥上每个测量标记到地面的垂直距离；大风过后再对观测样地内的每个风蚀桥进行测量，记录风蚀桥上每个测量标记到地面的垂直距离；大风前后风蚀桥下地面高程的变化量就是该次大风造成的风蚀量。观测时观测人员应该尽可能离风蚀桥的观测断面有一定距离，不能直接站在风蚀桥前面进行观测，应该从侧面进行测量，以防止因踩踏风蚀桥下面的地面而造成测量误差。

（4）风蚀量的计算

每次大风后（或一定时段后）某个风蚀桥下面地面高程的变化量（风蚀量）ΔH_j 为：

$$\Delta H_j = \sum_{i=1}^{n} (h_i - d_i)/n \tag{3-8}$$

式中　n——每个风蚀桥上观察的次数；

　　　h_i——大风前（布设时）每个测量标记到地面距离，cm；

　　　d_i——大风后（一定时段后），每个测量标记到地面距离，cm；

　　　ΔH_j——风蚀桥下地面高程的变化量（风蚀厚度），正值是风积，负值是风蚀。

设观测场地内共布设并观测了 m 个风蚀桥，每个风蚀桥观测的风蚀量为 ΔH_j，观测场表层物质的平均容重为 d，观测样地的面积为 S，则观测样地内的平均风蚀厚度 H 和平均风蚀量 W 分别为：

$$H = \sum_{i=1}^{m} \Delta H_j/m \tag{3-9}$$

$$W = H \cdot d \cdot S \tag{3-10}$$

利用风蚀桥观测风蚀的记录格式见表3-8。

表3-8　风蚀桥观测风蚀记录表

测定人：

样地名称		地理坐标		地点		海拔	
样地面积		样地长度		样地宽度		样地形状	
坡度		坡向		坡位		地面糙度	
土壤类型		土层厚度		土壤质地		容重	
植被类型		物种组成		覆盖度		生物量	
植株高度		胸径/地径		密度		枯落物量	

风蚀桥编号	风蚀桥各观测标记到地面距离（10个观测标记）																				平均变化量
	1		2		3		4		5		6		7		8		9		10		
	前次	本次	前次	本次	前次	本次	前次	本次	前次	本次	前次	本次	前次	本次	前次	本次	前次	本次	前次	本次	
平均风蚀厚度																					
最大风蚀厚度																					

（续）

最小风蚀厚度	
样地风蚀量	
风蚀模数	

3.3.2 风沙输移量观测

风沙输移量是指在风的作用下单位时段内从某一观测断面通过的沙量。风沙输移量是用来描述地面以上随风一起漂移沙量的指标，风沙输移量越大，说明随风一起移动的沙子越多，风蚀活动越强烈，因此，风沙输移量是风蚀观测的重要指标之一，常用集沙仪进行观测。

集沙仪是用于收集地面以上随风一起移动沙量的仪器，有固定式和自动旋转式。

3.3.2.1 固定式集沙仪

固定式集沙仪为一个扁平金属盒，按一定间距等分成若干格作为进风口，每个进风口后面连接着一个向下倾斜的管道，用于将从进风口吹入的沙粒导入集沙袋，与倾斜的管道连接的集沙袋收集沙粒。每次大风后分别测定集沙袋中的沙粒量和粒径组成，计算空气中不同高度上的输沙移量，如图3-4所示。

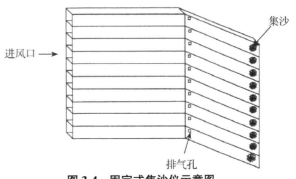

图3-4 固定式集沙仪示意图

（1）固定式集沙仪的安装

安装固定式集沙仪时，必须保证最下面的进风口与地面齐平，为此必须在其后部挖一个小坑，将倾斜管和集沙袋放在坑中，这样才能保证整个进风口处于水平状态，安装时必须将水平尺放在进风口上部检验是否水平，另外，进风口必须与主风向保持垂直，同时排气孔必须保持畅通，以保证集沙仪中的风速与外面风速基本一致。

（2）观测

安装后每隔一定时间（10 d）将各个高度上的集沙袋从集沙仪上取下，换上备用集沙袋。将装有沙子的集沙袋带回室内用电子天平测定各个集沙袋中的沙粒重量，用激光粒度分析仪测定沙粒的粒径组成。如果需要观测大风天气条件下的风沙输移量，则需要根据天气预报，在大风前给集沙仪更换集沙袋，大风后将装有沙子的集沙袋带回室内用电子天平测定各个集沙袋中的沙粒重量，用激光粒度分析仪测定沙粒的粒径组成。

（3）风沙输移量的计算

假设某次大风从 t_1 时刻开始，到 t_2 时刻结束，大风持续的时段长为 $\Delta t = t_2 - t_1$，每个进风口的面积为 S_i，每个集沙袋中的沙粒重为 W_i，进风口的数量为 n 个，观测高度内的平均风速为 v，不同高度上的风速为 v_i，则

单位断面的风沙输移量：

$$W = \sum_{i=1}^{n} \frac{W_i}{S_i} \qquad (3\text{-}11)$$

单位断面的风沙输移强度：

$$Q = \frac{W}{\Delta t} \qquad (3\text{-}12)$$

单位体积气流中的含沙量：

$$q = \frac{W}{v \cdot \Delta t \cdot \sum_{i=1}^{n} S_i} \qquad (3\text{-}13)$$

不同高度上单位体积气流中的含沙量：

$$q_i = \frac{W_i}{v_i \cdot \Delta t \cdot S_i} \qquad (3\text{-}14)$$

大风持续的时段可以通过小型气象站观测的风速风向数据，分析出达到起沙风速以上的风开始时间、结束时间，以及大风持续的时间。

固定式集沙仪因固定在一个方向上，当风向发生变化时，从进风口进入的气流量就会减少，测量出的集沙量也少，到风向与进风口的方向垂直时，集沙仪就无法收集空气中的沙粒。由于自然界中风向是随时变化的，用这种固定式的一个方向的集沙仪测定风沙输移量，往往会有很大的误差，因此，在野外建议使用自动旋转式集沙仪进行测定。

3.3.2.2　自动旋转式集沙仪

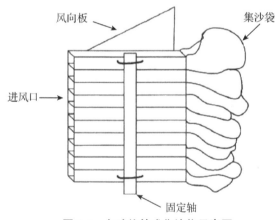

图 3-5　自动旋转式集沙仪示意图

自动旋转集沙仪也是一个扁平金属盒，按一定间距等分成若干格作为进风口（规格为 1 cm×1 cm）。每个进风口后面连接着一个集沙袋，集沙袋能透气，但随风一起运动的沙粒不能通过，沙粒全部保存在沙袋中，如图 3-5 所示。集沙仪用轴承安装在固定轴上可以自由旋转，当风向发生变化时，集沙仪在风向板的作用下能够自由转动，以保证进风口与风向垂直。每次大风（或每隔一定时间）后分别测定集沙袋中的沙粒量和粒径组成。

自动旋转式集沙仪虽然能够适应风向变化较为剧烈地段的风蚀观测，但它观测的是一定时段内各个方向上的集沙总量，无法观测出不同风向的风所携带的沙量。

利用集沙仪除了测定不同高度上的风沙输移量外，还可以测定观测场的风蚀量。集沙仪测定记录格式见表 3-9。具体测定方法如下：

首先，选择一个正方形的观测样地，面积为 100 m×100 m，在观测样地的四边每隔 10 m 布设一台自动旋转式集沙仪，共 40 台，形成风蚀观测体系。同时在观测样地中间布设小型气象观测设备，同步观测不同高度处的风速风向，以及表层土壤水分等影响风蚀的要素。

表 3-9 集沙仪观测记录表

观测员：

观测开始时间		观测结束时间		场地名称	
场地大小		地理坐标		地面高程	
坡度		坡向		坡位	
植被类型		盖度		高度	
10 min 最大风速和风向			主风向及频率		
平均风速		集沙仪进风口面积		集沙仪类型	

进入边					
集沙仪 1		集沙仪 2		集沙仪 3	
进风口离地高度	集沙量	进风口离地高度	集沙量	进风口离地高度	集沙量
风沙输移量		风沙输移量		风沙输移量	
风沙输移强度		风沙输移强度		风沙输移强度	
空气中的含沙量		空气中的含沙量		空气中的含沙量	
进入边平均风沙输移量					
进入边平均风沙输移强度					
进入边平均空气中的含沙量					

离开边					
集沙仪 4		集沙仪 5		集沙仪 6	
出风口离地高度	集沙量	出风口离地高度	集沙量	出风口离地高度	集沙量
风沙输移量		风沙输移量		风沙输移量	
风沙输移强度		风沙输移强度		风沙输移强度	
空气中的含沙量		空气中的含沙量		空气中的含沙量	
离开边平均风沙输移量					
离开边平均风沙输移强度					
离开边平均空气中的含沙量					
观测场的风蚀量					

其次，每次大风后(或间隔一定时间后)收集每个集沙仪不同高度上集沙袋中的沙量。计算出每个集沙仪的单位断面风沙输移量 W。

最后，根据小气候自动观测设备观测出的主风向，确定风沙输移方向，根据风沙输移方向，确定风沙进入观测样地的边(进入边)和离开观测样地的边(离开边)，以进入边上每个集沙仪的单位断面风沙输移量 W_j，计算进入观测样地内的风沙输移量，以离开边上每个集沙仪单位断面风沙输移量 W_k，计算离开观测样地内的风沙输移量。进入观测场地的风沙输移量和离开观测场地风沙输移量之差就是风蚀量。计算公式如下：

$$\Delta H = \left(\sum_{k=1}^{m} W_k/m - \sum_{j=1}^{n} W_j/n \right) \cdot H \cdot B/(S \cdot d) \tag{3-15}$$

式中　ΔH——风蚀量厚度，正值时表示观测场为风蚀，负值时，表示观测场为风积，为 0 时，表示从观测场吹走的沙子与沉积的沙子数量相等，cm；

　　　W_k——离开边上每个集沙仪的单位断面风沙输移量，$(g \cdot cm^2)/min$；

　　　W_j——进入边上每个集沙仪的单位断面风沙输移量，$(g \cdot cm^2)/min$；

　　　n——进入边集沙仪的数量；

　　　m——离开边集沙仪的数量；

　　　B——观测场地的边长，m；

　　　S——观测场地的面积，m^2；

　　　H——集沙仪的高度，cm；

　　　d——集沙袋中沙子的容重，$g \cdot cm^{-3}$。

3.3.3　大气降尘量观测

在风的作用下裸露地表的细粒物质进入空中，以悬浮状态可以在空中搬运很远的距离，尤其在大风天气条件下，大量的细粒物质进入大气，形成沙尘暴。这些随风飘送的细粒物质在气流发生变化时就会降落地面成为降尘。在风的作用下细粒物质从沙源地被输送到降尘区，不仅造成沙源地土地资源的损失，而且会使降尘区的空气质量下降，对当地的环境造成严重影响，因此降尘观测也是水土保持监测的重要内容。

降尘量一般采用降尘缸进行观测，降尘缸是一个用于收集大气中悬浮尘土等固相细粒物质的容器，它是内径 15 cm、高 30 cm 的圆筒形玻璃缸（或塑料缸、搪瓷缸）。

使用时将其加盖携带至采样点，取下盖子，开始收集降尘。为防止落入缸中的降尘再次被风吹走，可在缸内加入少量水。在夏季，为防止微生物和藻类生长，可加入少量硫酸铜溶液；在冰冻季节，可加入适量乙醇溶液作为防冻剂。采样时间根据观测需要而定，如果观测每天的降尘量，可以在每日的固定时间（如 8：00）收集降尘缸中的降尘；如果观测大风天气时的降尘量，可以根据天气预报在大风来临前布设降尘缸，大风结束后收集缸中的降尘；如果观测一定期间内的降尘量，可以每隔一定时间后收集缸中的降尘量。采样完毕后，将降尘缸带回实验室，经过滤、烘干、称重后计算降尘量。

由于大气中的细粒物质的分布随高度而变化，高度越低，细粒物质含量越高，变化越大。因此，为了观测不同高度处的降尘量，即不同高度上细粒物质的量，可以从地面开始在不同高度处布设降尘缸，每个高度上至少布设 3 个降尘缸进行重复观测。

如果不同高度上每个降尘缸观测到的降尘量分别为 W_i，降尘缸的数量为 n，每个降尘缸的面积为 S，降尘的时段长为 T，则每个高度上的平均降尘强度（单位时间单位面积上的降尘量）Q_h 为：

$$Q_h = \sum_{j=1}^{n} W_i/(S \cdot T) \tag{3-16}$$

降尘观测记录格式见表 3-10。

表 3-10　降尘观测记录表

观测员：

观测开始时间			观测结束时间		
观测场地		地理坐标		地面高程	
坡度		坡向		坡位	
10 min 最大风速和风向			主风向及频率		
平均风速		降尘缸的面积		降尘缸的类型	
降尘缸安装高度 1 的降尘量		降尘缸安装高度 2 的降尘量		降尘缸安装高度 3 的降尘量	
降尘缸 11		降尘缸 21		降尘缸 31	
降尘缸 12		降尘缸 22		降尘缸 32	
降尘缸 13		降尘缸 23		降尘缸 33	
……		……		……	
单位面积降尘量					
平均降尘强度					

3.3.4　移动沙丘观测

在沙漠中有许多流动的沙丘，尤其在沙漠的边缘地区，随着沙丘的不断移动，沙漠化面积逐步扩大，从而造成农田、村舍、道路、厂矿企业等的掩埋和破坏。为了掌握沙漠化扩张的速度，防止沙漠扩张对周边地区产生影响，必须及时准确掌握沙丘的移动规律，因此，沙丘移动速度的观测也是水土保持监测中的重要内容之一。

影响沙丘移动的因素很多，主要为受风速、风向共同决定的风沙流的运移状况。沙区的移动完全取决于风沙流的状况，迎风坡和沙丘顶部的沙子不断被吹蚀，降落在背风坡形成了滑落面，从而使沙丘不断向前移动。实际中常以沙丘顶部脊线的移动速度作为沙丘的移动速度，沙丘移动速度可以用插钎法、经纬仪法进行观测。

3.3.4.1　插钎法

在有代表性的沙漠区内选择典型移动沙丘，在移动沙丘的迎风面的坡脚、丘顶脊线、背风坡脚分别布设插钎，对每根插钎进行编号，并记录每根插钎顶部到沙丘表面的高度。经过一定时间后（或一次大风后），测定迎风坡脚、丘顶脊线和背风坡脚位置的变化和插钎埋深的变化。根据坡脚位置的变化计算沙丘移动的方向和移动量，还可以根据插钎埋深的变化计算出沙丘迎风坡的风蚀量，以及背风坡的沙积量。但插钎法无法计算出沙丘的高度变化和沙丘的形状变化。

插钎法沙丘移动记录格式见表 3-11。

表 3-11　插钎法沙丘移动记录表

观测员：

观测时间		观测场地		地理坐标	
观测场地面积		地面高程		植被类型	
覆盖度		植被高度		指标均匀度	

（续）

土壤含水量			平均风速			沙丘高度		
迎风坡最大坡度的变化	前	后	背风坡最大坡度的变化	前	后	沙丘最大宽度变化	前	后
10 min 最大风速和风向			主风向及频率					

迎风坡脚的位移量					丘顶部脊线位移量					背风坡脚位移量				
编号	插钎高度		距坡脚距离		编号	插钎高度		距脊线距离		编号	插钎高度		距坡脚距离	
	前	后	前	后		前	后	前	后		前	后	前	后
变化量					变化量					变化量				

3.3.4.2　经纬仪法

在沙丘顶部选择一个基准点，埋设插钎，安装经纬仪，用经纬仪测定沙丘坡脚的轮廓线、丘顶脊线及与基准点的高差，同时还可以在沙丘中部布设一些测点沙丘的形状，最终绘制沙丘的地形。每隔一定时期重新在基准点上布设经纬仪，测定沙丘的地形。根据两次测定的地形变化，即可以确定出沙丘的移动方向、移动量、沙丘形状的变化以及沙丘体积的变化。

3.4　风蚀预报模型

3.4.1　风蚀预报模型适用范围

在风力侵蚀地区，根据土地利用类型，可分别选用与之对应的耕地、草（灌）地、沙地（漠）风力侵蚀模型，计算土壤侵蚀模数。风力侵蚀模型的适用范围见表 3-12。其他不涉及的各类土地利用类型均不计算风力侵蚀量。

表 3-12　风力侵蚀模型适用范围

模型类型	土地利用类型
耕地风力侵蚀模型	耕地中的水浇地、旱地
草（灌）地风力侵蚀模型	园地中的果园、茶园、其他园地；林地中的有林地、灌木林地、其他林地；草地中的天然牧草地、人工牧草地、其他草地
沙地（漠）风力侵蚀模型	其他土地中的盐碱地、沙地、裸土地、裸岩石砾地

3.4.2　风力侵蚀模型

耕地风力侵蚀模型基本形式为:

$$Q_{fa} = 0.018(1 - W) \sum_{j=1}^{35} T_j \exp\left\{ -9.208 + \frac{0.018}{Z_0} + 1.955(0.893U_j)^{0.5} \right\} \quad (3-17)$$

式中　Q_{fa}——每半个月内耕地风力侵蚀模数, t/(hm² · a);

W——每半个月内表土湿度因子, 介于 0~1;

T_j——每半个月内各风速等级的累计时间, min;

Z_0——地表粗糙度, cm;

j——风速等级序号, 在 5~40 m/s 内按 1 m/s 为间隔划分为 35 个等级, 取值 1,
2, …, 35;

U_j——第 j 个等级的平均风速, m/s, 如风速等级为 5~6 m/s, U_1 = 5.5 m/s。

草(灌)地风力侵蚀模型基本形式为:

$$Q_{fg} = 0.018(1 - W) \sum_{j=1}^{35} T_j \exp\left\{ -2.486 9 - 0.001 4V^2 - \frac{61.393 5}{U_j} \right\} \quad (3-18)$$

式中　Q_{fg}——每半个月内草(灌)地风力侵蚀模数, t/(hm² · a);

V——植被覆盖度,%;

其他参数含义同式(3-17)。

沙地(漠)风力侵蚀模型基本形式为:

$$Q_{fs} = 0.018(1 - W) \sum_{j=1}^{35} T_j \exp\left\{ -6.168 9 - 0.074 3V - \frac{27.961 3\ln(0.893U_j)}{0.893U_j} \right\}$$

$$(3-19)$$

式中　Q_{fs}——每半个月内沙地(漠)风力侵蚀模数, t/(hm² · a);

其他参数含义同式(3-17)和式(3-18)。

3.4.3　侵蚀因子计算

3.4.3.1　风力因子

每半个月内各风速等级对应的累计时间(T_j)的计算公式如下:

$$T_j = \frac{1}{N} \sum_{i=1}^{N} \sum_{k=1}^{24} (t_{jmik}) \quad (3-20)$$

式中　T_j——每个气象站点每半月内第 j 个风速等级对应的累计时间, min, 如整点风速属
于某个风速等级, 则累加该风速等级对应的时间 t_{jmik}, 否则不予累加;

t_{jmik}——每个气象站点第 m 年某半月内第 i 天中的第 k 时刻的风速是否属于第 j 个风
速等级, 如果是, t_{jmik} = 1, 否则 t_{jmik} = 0;

j——风速等级序号, 在 5~40 m/s 内按 1 m/s 为间隔划分为 35 个等级, 取值 1, 2,
…, 35;

N——风速资料收集的年份数量, 如收集 25 年(1996—2020 年)的数据, N 取 25;

m——1, 2, …, N;

L——每半月对应的天数, 每月的上半月均取为 15 d, 其余为下半月取值天数(为 13 d、14 d、15 d 或 16 d);

i——1, 2, …, L;

k——指一天的 24 h 中的一个值, 取值 1, 2, …, 24。

风力因子计算时间范围为全年 1~12 月。计算各风速等级累积时间, 如收集的是逐日 24 h 的整点风速, 直接按照每小时 60 min 累积计算。如收集的是逐日 4 次风速, 需要先对逐日 4 次风速按照线性插值成逐日 24 次的风速, 具体方法如下:

在逐日 4 次风速数据中, 假设相邻两时刻 $t_{02:00}$ 和 $t_{08:00}$, 对应的风速值为 $U_{02:00}$ 和 $U_{08:00}$。在时刻 $t_{02:00}$ 和 $t_{08:00}$ 之间依次插入 $t_{03:00}$、$t_{04:00}$、$t_{05:00}$、$t_{06:00}$、$t_{07:00}$ 时刻所对应的风速值 $U_{03:00}$、$U_{04:00}$、$U_{05:00}$、$U_{06:00}$、$U_{07:00}$。线性插值时, 规定($t_{02:00}$, $t_{08:00}$)和($U_{02:00}$, $U_{08:00}$)两个数据对在直线 $y = ax + b$ 上, 斜率 $a = (U_{08:00} - U_{02:00})/6$, 则 $U_{03:00} = (5U_{02:00} + U_{08:00})/6$, $U_{04:00} = (4U_{02:00} + 2U_{08:00})/6$, $U_{05:00} = (3U_{02:00} + 3U_{08:00})/6$, $U_{06:00} = (2U_{02:00} + 4U_{08:00})/6$, $U_{07:00} = (U_{02:00} + 5U_{08:00})/6$。

T_j 取值规定: 对于沙地(漠), 当植被覆盖度>80%时, T_j 取值为 0; 当植被覆盖度≤80%时, 只对超过表 3-13 中植被覆盖度对应的临界侵蚀风速 U_{jt} 的各等级风速进行时间累计。土地利用为草地和灌木林地, 植被覆盖度>70%时, T_j 取值为 0; 植被覆盖度≤70%时, 只对超过表 3-13 中植被覆盖度对应的临界侵蚀风速 U_{jt} 的各等级风速进行时间累计。

对于个别特殊区域, 如戈壁、察尔汗盐盖覆盖地区、黄泛风沙区等, 可根据风力侵蚀监测数据或实验结果, 合理确定临界侵蚀风速, 代入模型计算风力因子。

利用普通克里金空间插值方法, 对风力因子进行空间插值。其中经度插值步长为 0.061 645 8°, 纬度插值步长为 0.044 966 5°。将插值后的数据, 导入 GIS 软件, 经重采样, 生成 30 m 空间分辨率的风力因子栅格数据。

表 3-13 沙地(漠)和草(灌)地不同植被覆盖度下的临界侵蚀风速 U_{jt}

植被覆盖度范围/%	沙地(漠) U_{jt}/(m/s)	草地和灌木林地 U_{jt}/(m/s)
0~5	5.0	8.2
5~10	6.1	8.5
10~20	7.1	9.0
20~30	8.5	9.8
30~40	10.0	10.8
40~50	11.7	12.1
50~60	13.5	13.9
60~70	14.9	15.8
70~80	16.9	

3.4.3.2 表土湿度因子

本方法基于 AMSR-E Level 2A 亮温数据计算每天的表土湿度因子 W。

卫星观测到的植被覆盖地表的微波辐射 Tb 包括 3 个部分: 一是植被自身向上发射部分(与植被自身的衰减特性有关的微波辐射 Tb^{veg}); 二是植被自身向下发射经土壤反射再经

植被衰减后的部分；三是土壤发射经植被衰减的部分。基本形式如下：

$$Tb = Tb^{veg} + Tb^{veg}\left(1 - \frac{Tb^{soil}}{LST}\right)L_p + Tb^{soil}L_p \tag{3-21}$$

式中　Tb^{soil}——土壤的亮温；

　　　LST——地表温度；

　　　L_p——植被的衰减因子。

依据式(3-21)，表土湿度因子的计算流程为：①使用冻融判别算法进行地表冻融状态的分类，只在融土区域进行土壤水分的反演；②利用多通道算法计算地表温度 LST；③利用微波植被指数和植被衰减因子之间的数学物理关系，结合地表温度实现植被影响校正，得到裸露土壤的辐射亮温；④基于已计算得到的裸露土壤在垂直及水平极化的辐射亮温，消除土壤表面粗糙度的影响并获取地表的土壤水分；⑤利用半月平均的土壤水分计算表土湿度因子。

(1)冻土区域的判别

冻融指标(F)的计算公式如下：

$$F = 1.47Tb_{36.5V} + 91.69\frac{Tb_{18.7H}}{Tb_{36.5V}} - 226.77 \tag{3-22}$$

式中　$Tb_{36.5V}$——36.5 GHz 的 V 极化亮温；

　　　$Tb_{18.7H}$——18.7 GHz 的 H 极化亮温。

$Tb_{36.5V}$ 和 $Tb_{18.7H}$ 可直接下载 AMSR-E Level 2A 轨道亮温数据并计算。

冻融指标(T)的计算公式如下：

$$T = 1.55Tb_{36.5V} + 86.33\frac{Tb_{18.7H}}{Tb_{36.5V}} - 242.41 \tag{3-23}$$

如果 $F > T$，则该地表判断为冻土；反之为融土。只有当地表为融土状态时，才计算土壤湿度因子。

(2)计算地表温度 LST

当温度小于 279 K 时，地表温度 LST：

$$\begin{aligned}LST = &\ 0.632\,91Tb_{89V} - 1.938\,91(Tb_{36.5V} - Tb_{23V}) + 0.029\,22(Tb_{36.5V} - Tb_{23V})^2 + \\ &\ 0.526\,54(Tb_{36.5V} - Tb_{18.7V}) - 0.008\,35(Tb_{36.5V} - Tb_{18.7V})^2 + 106.395\end{aligned} \tag{3-24}$$

当温度大于 279 K 时，地表温度 LST：

$$\begin{aligned}LST = &\ 0.632\,91Tb_{89V} - 0.313\,02(Tb_{36.5V} - Tb_{23V}) + 0.020\,95(Tb_{36.5V} - Tb_{23V})^2 + \\ &\ 0.871\,17(Tb_{36.5V} - Tb_{18.7V}) - 0.005\,76(Tb_{36.5V} - Tb_{18.7V})^2 + 142.645\,2\end{aligned} \tag{3-25}$$

式(3-24)和式(3-25)中　Tb_{FP}——分别对应频率 F($F = 18.7$ 或 23 或 36.5 或 89)和极化 P
　　　　　　　　　　　　　　　($P = V$ 或 H 极化)通道的卫星观测亮温。

(3)植被影响去除

在融土区域计算表土湿度因子，应先去除植被影响，即求解式(3-26)中的 Tb^{veg}。

$$Tb^{veg} = LST \cdot (1 - \omega) \cdot (1 - L_p) \tag{3-26}$$

假设植被温度与地表温度一致，依据式(3-26)可知，求解 Tb^{veg} 还需确定植被的单次散射反照率 ω 和植被的衰减因子 L_p。微波植被指数与植被覆盖度、生物量、植被含水量、散射体大小特性及植被层的几何结构等有关。假定植被的单次散射反照率 ω 为 0，则植被的衰减因子 L_p 可以利用微波植被指数中的参数 B 进行估算。

$$L_p^2(f_1) = \left[\frac{B(f_1, f_2)}{b(f_1, f_2)}\right] f_1 / (f_2 - f_1) \tag{3-27}$$

$$L_p^2(f_2) = \left[\frac{B(f_1, f_2)}{b(f_1, f_2)}\right] f_2 / (f_2 - f_1) \tag{3-28}$$

式中　$B(f_1, f_2) = [Tb_{f2V} - Tb_{f2H}] / [Tb_{f1V} - Tb_{f1H}]$；

Tb_{f2V}——微波频率为 f_2 的卫星 V 极化亮温；

Tb_{f2H}——微波频率为 f_2 的卫星 H 极化亮温；

Tb_{f1V}——微波频率为 f_1 的卫星 V 极化亮温；

Tb_{f1H}——微波频率为 f_1 卫星 H 极化亮温；

$b(f_1, f_2)$——经验参数。

（4）土壤湿度计算

将以上计算的地表温度 LST，植被辐射亮温 Tb^{veg}，植被的衰减因子 L_p，以及 10.65 GHz 垂直极化 V 卫星观测亮温代入式(3-23)，可提取 10.65 GHz 土壤的 V 极化亮温（$Tb_{10.65V}^{soil}$）和 H 极化亮温（$Tb_{10.65H}^{soil}$）。将其带入式(3-29)，计算土壤湿度（SM）：

$$SM = 1.186\,6\left(2.325\,1\frac{Tb_{10.65V}^{soil}}{LST} + \frac{Tb_{10.65H}^{soil}}{LST}\right) - 5.115\,7\sqrt{2.325\,1\frac{Tb_{10.65V}^{soil}}{LST} + \frac{Tb_{10.65H}^{soil}}{LST}} + 5.344\,8$$

$$\tag{3-29}$$

（5）表土湿度因子计算

表土湿度因子按式(3-30)计算：

$$W = 0.093\,2\ln(0.67SM) - 0.086\,4 \tag{3-30}$$

式中　W——表土湿度因子，无量纲。

表土湿度因子的计算结果，经重采样，生成 30 m 空间分辨率表土湿度因子图层的栅格数据。

3.4.3.3　植被覆盖度

利用 MODIS 归一化植被指数（NDVI）产品和 Landsat 或类似的多光谱影像（包括蓝、绿、红和近红外 4 个波段），采用参数修订方法或融合计算方法，得到 24 个半月 30 m 空间分辨率的植被覆盖度，结合 24 个半月降雨侵蚀力因子比例和土地利用类型计算生物措施因子 B。经重采样，生成 10 m 空间分辨率的生物措施因子 B 栅格数据。

3.4.3.4　地表粗糙度因子

① 在风力侵蚀地区，对于土地利用类型为耕地中的翻耕地，野外实地调查翻耕状态，翻耕耙平耕地按表 3-14、翻耕未耙平耕地按表 3-15 进行地表粗糙度 Z_0 的赋值。对于土地利用类型为耕地中未翻耕和休耕地，根据留茬高度和植被覆盖度野外调查结果，按表 3-16 进行地表粗糙度 Z_0 的赋值。野外调查方法如下：对于单一土地利用类型的调查区域，选取 5 个调查点。以其中 1 个调查点为中心，另外 4 个调查点分别位于中心调查点的正北、正东、正南、正西方向的 250 m 处。对于分布有多种土地利用类型的调查区域，按土地利用类型分别调查。在每种土地利用类型地块上选取 5 个调查点。以其中 1 个调查点为中

心。另外 4 个调查点分别位于中心调查点的正北、正东、正南、正西方向的 20 m 处。

② 对于存在物理或化学结皮、石砾或石块、土块等地表覆盖的区域，应调查覆盖物质类型及其状况，优化调整地表粗糙度因子。

③ 生成地表粗糙度因子的矢量图层，经重采样，生成 30 m 空间分辨率的栅格数据。

表 3-14 翻耕耙平耕地的地表粗糙度（Z_0） cm

翻耕状态	无垄，平整	有垄，不平整
耙齿痕迹明显且多≥5 cm 土块	0.10	0.12
耙齿痕迹明显且多 3~5 cm 土块	0.08	0.09
耙齿痕迹明显且多≤3 cm 土块	0.06	0.07
耙齿痕迹不明显且多≤3 cm 土块	0.04	0.05
无耙齿痕迹且多≤3 cm 土块	0.02	0.03

表 3-15 翻耕未耙平耕地的地表粗糙度（Z_0） cm

翻耕状态	未耙平
耙齿痕迹明显且多≥10 cm 土块	0.15
耙齿痕迹明显且多 5~10 cm 土块	0.13
耙齿痕迹明显且有 5~10 cm 土块	0.11
耙齿痕迹不明显且多≤5 cm 土块	0.09
无耙齿痕迹且多≤5 cm 土块	0.07

表 3-16 留茬耕地的地表粗糙度（Z_0） cm

植被覆盖度/%	留茬高度/cm				
	≥40	30~40	20~30	10~20	≤10
≥15	0.25	0.20	0.15	0.12.	0.10
10~15	0.22	0.18	0.12.	0.10	0.08
5~10	0.20	0.15	0.10	0.08	0.06
≤5	0.15	0.12.	0.08	0.06	0.04

3.4.4 土壤侵蚀模数计算

基于 GIS 平台，根据土地利用类型，分别选用对应的耕地、草（灌）地或沙地（漠）土壤风力侵蚀模型，利用计算获取的土壤风力侵蚀因子，依次计算每半个月不同风速等级的土壤侵蚀模数，累加不同风速等级的土壤侵蚀模数得到每半个月土壤侵蚀模数。之后再累加风力侵蚀期间所有半个月的土壤侵蚀模数，得到风力侵蚀期间的土壤侵蚀模数。

复习思考题

1. 名词解释

风力侵蚀　优势风沙　风沙流强度　风蚀深　抗风蚀颗粒　风蚀量　风沙输移量　大气降尘量

2. 简述风蚀量的监测方法。

3. 简述集沙仪测定风沙输移量的方法与步骤。

4. 简述大气降尘量的监测步骤。

5. 简述风力侵蚀监测的主要目的及监测内容。

第 4 章

重力侵蚀及其他侵蚀监测

重力侵蚀是一种以重力作用为主引起的土壤侵蚀形式。它是坡面表层土石物质及中浅层基岩，由于本身所受的重力作用(很多情况还受下渗水分、地下潜水或地下径流的影响)，失去平衡，发生位移和堆积的现象。重力侵蚀多在大于 25°的山地和丘陵坡面发生，在沟坡和河谷较陡的岸边也常发生重力侵蚀，由人工开挖坡脚形成的临空面、修建渠道和道路形成的陡坡也是重力侵蚀多发地段。重力侵蚀的过程一般经松弛张裂、蠕动和破坏 3 个阶段，它既受外部环境因素，如降水、地形、植被、地下水、人为活动影响，也与内部的物质结构关系密切，因而重力侵蚀研究较为复杂、困难。

重力侵蚀的规模相差悬殊。大型或巨型的重力侵蚀土石方量高达数百万乃至数千万立方米。小型者仅有数十立方米，其至更小。重力侵蚀发生的明显特点是发生突然，侵蚀物质量大，推移势猛。因此，重力侵蚀的发生对生产建设和人民生命财产构成很大威胁。

严格地讲，纯粹由重力作用引起的侵蚀现象是不多的，重力侵蚀的发生是与其他外营力参与密切相关的，特别是在水力侵蚀及下渗水的共同作用下，以重力为其直接原因所导致的地表物质移动。重力侵蚀既同地质因素有关，又是渐发性侵蚀发展的一种结果。重力侵蚀表现为非地表径流冲刷直接引起侵蚀的发生，直接的径流冲刷，常常成为重力侵蚀发生的条件。根据我国的具体情况，重力侵蚀主要包括崩塌、滑坡、泻溜，以及以重力为主兼有水力侵蚀作用的崩岗、泥石流等。以下分别介绍其观测内容和方法。

4.1 重力侵蚀监测

4.1.1 崩塌监测

4.1.1.1 崩塌特征及成因

(1)崩塌特征

斜坡上的分离土体或岩体，在自身重力作用下，快速向坡下移动的侵蚀破坏。崩塌的运动速度快，一般为 200 m/s 左右，有时可达自由落体速度，其规模可从数立方米到上亿立方米，有山崩、岸崩和巨石崩落(坠石)，侵蚀强烈，危害较大。

崩塌一般发生在 45°以上的陡坡，且坡高越大崩塌规模越大；坡面岩体破碎，倾斜稍缓，越易发生；在日温差、年温差大的地区，若遇暴雨增加岩土体负荷，容易发生崩塌。地震出现，会触发大范围崩塌。

软硬相间或裂隙发育的岩层，碎石土和垂直节理发育的黄土及黏土岩均是易发生崩塌的岩土物质。泥页岩和砂岩互层的岩体，由于岩层的不整合和结构面风化与剪切力的差异，泥页岩碎屑剥落和砂岩岩体崩落交互促进发生频繁。人为不合理开挖山坡，破坏山坡、山脚的稳定性，也常激发崩塌。强烈的地震常可诱发崩塌。

一个典型的崩塌，必须具备母体、破裂壁、锥形堆积体等基本要素，如图4-1所示。

①崩塌体的平面特征 包括堆积体的平面形态、后壁及堆积体的微地貌特征等。

单个崩塌体的平面形态单一，多是半圆锥体形（或扇形）；在同一岸坡，有多个崩塌体前缘两侧彼此相接（或叠置），称为崩积裙。

崩塌体的表部大多呈沿中轴线"拱""凸"的半圆锥形态，由大小不等，杂乱无章的岩土散铺堆积，且没有明显的平台、洼地、槽、沟之分。

②崩塌体结构及剖面特征 崩塌体的内部结构与表部结构几乎完全一致，呈杂乱无章的散铺状结构，特征是积块体的大小从锥底到锥尖逐渐减小；先崩塌的岩土块堆积在下面，后崩塌的盖在上面；从剖面上可明显地区分出崩塌的次数和时间的先后。

③崩塌的运动特征 崩塌块体的运动与滑坡有很大的差别，几乎不存在滑移现象。崩塌体从地面开裂到向临空面倾倒再到瞬间撕裂脱离母体高速运动，整个运动过程表现出自由落体、滚动、跳跃、碰撞和推动等多种方式并存的复合过程。运动中由于跳跃、碰撞使大的岩土块碎裂、解体成小块。

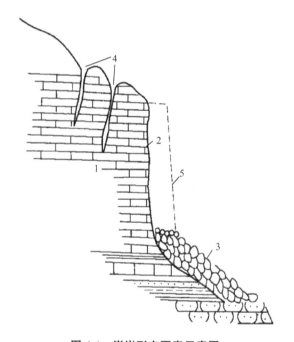

图4-1 崩岗形态要素示意图

1. 母体；2. 破裂壁；3. 锥形堆积体；4. 拉裂缝；5. 原地形

（2）崩塌成因

①地形条件 崩塌发生的最佳地形坡度为45°~60°。

②地层岩性条件

a. 坚硬且呈脆性的岩体容易发生崩塌，巨厚层的沉积岩（如巨厚层砂岩）与下伏软弱层(泥岩、页岩等)所构成的高陡斜坡容易发生大规模的崩塌。

b. 由软硬相间地层构成的坡体，其中软弱地层易遭风化，致使硬质岩层的岩块凸出而成"探头"岩块，容易发生崩塌。

c. 岩浆岩构成的坡体，常被多组节理裂隙、片理所切割，或被后期的岩墙、岩脉所穿插，容易发生崩塌。

d. 变质岩构成的坡体往往节理极为发育，容易发生小规模崩塌。

③地质构造与地震的作用

a. 大地构造单元与区域性断裂地区，地层岩性破碎，只要斜坡形态、坡度和沟床纵比降较大，更利于崩塌的发育。

b. 地震瞬间的剧烈震动能使坡体内不连续结构面上的强度急剧降低，致使抗滑力的减少，直到崩塌发生。

④人类活动的影响　人类不合理的工程活动，如房屋建筑开挖平整塌地、道路建设开挖边坡、城镇排水设施建设、工矿建设中的弃土弃渣、乱砍滥伐、毁林开荒、农业灌水、农田水利建设对加快崩塌的发生起了重要的作用。

4.1.1.2　崩塌监测方法

目前，崩塌预报研究还未成熟，人们通过大量野外调查发现，当斜坡分离岩(土)体的张裂隙深度超过沟深的 1/2(即坡面高的 1/2)后，崩塌有随时发生的可能。有关崩塌侵蚀的观测，常用相关沉积法进行。相关沉积法是测量崩塌发生后的塌积物体积估算出的。由于塌积物中存有大块岩(土)体构架的空洞，量算的体积往往偏大。因此，还要在坡面上依据两侧未崩塌坡面出露的宽度(厚度)、崩塌坡面长度和高度计算出体积予以校核。

崩塌侵蚀还不能计算到单位面积上，目前多通过典型调查，以单位长度(每千米)发生的崩塌数量表示该地区崩塌强度。

4.1.2　滑坡监测

4.1.2.1　滑坡特征及成因

斜坡上的破裂土体或岩体，受地下水和地表降水影响，在自身重力作用下，沿滑动面整体向下滑动的侵蚀现象。滑坡可能发生在各种结构面上，滑速可大可小，滑速小时，一昼夜只有几厘米，甚至几个月移动一厘米；若遇暴雨或地震触发，几秒或十几秒即可迅速滑下。

(1)滑坡的形态结构

为了说明滑坡的监测方法，有必要先了解滑坡的形态特征。自然界中的滑坡多种多样，但一个典型的滑坡具备以下特征(图 4-2)。

①滑坡体(滑体)　指脱离母体、产生移动的那部分岩土体。

②滑动面(滑面)　指滑坡体沿其滑动的面。其中平整、光滑的滑动面，称为滑动镜面。有时滑面上留下擦痕或擦沟。按照擦痕或擦的方向可以判断滑坡体的滑动方向，有的滑坡无明显的滑动面，而呈现滑动带的特征，所谓滑动带(滑带)是指滑坡体下部与滑床之间，因剪切作用而发生变形破坏的部分，其厚度为数毫米到数厘米，少部分达数米。

③剪出口　指滑动面前端与斜坡面的交线。

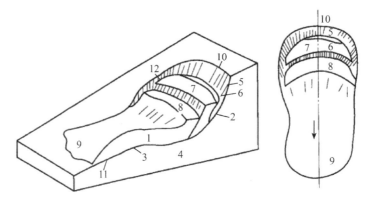

图4-2 滑坡形态要素示意图

1. 滑坡体；2. 滑动面；3. 剪出口；4. 滑坡床；5. 滑坡后壁；6. 滑坡洼地(滑坡湖)；

7. 滑坡台地；8. 滑坡台坎；9. 滑坡前部(滑坡鼓丘、滑坡舌)；10. 滑坡顶点；11. 滑垫面；12. 滑坡侧壁

④滑坡床(滑床) 指滑动面以下的稳定岩土体。

⑤滑坡后壁 指由于滑坡体下滑后，其后界一带露出外围的不动的岩土体，呈壁状，坡度多在60°以上。

⑥滑坡洼地 指在滑坡后部，由于滑体的高程下降和水平位移，在滑坡体与滑坡后壁之间被拉开或有次一级的块体沉陷而成为的封闭洼地。在滑坡洼地，由于地下水常沿滑坡裂缝上升而不断积水，形成褶泽地，甚至积水成湖，称为滑坡湖。

⑦滑坡台地 指滑坡体滑动后，滑坡体表面坡度变缓并呈阶状的台地。

⑧滑坡台坎 是由于滑动速度的差异，滑坡体在滑动方向上常解体为几段，每段滑坡块体的前缘所形成的一级台坎。

⑨滑坡前部

a. 滑坡舌。当滑坡剪出口高于坡脚时，在滑坡体前端出现的舌状形态。

b. 滑坡趾。当滑坡体从坡脚处或坡体前面的平坦地面上剪出且滑动距离不大时，在滑坡体前端所呈现的隆起地形。

c. 滑坡鼓丘。位于滑坡体前段由滑体推挤作用而形成的丘状地形。

⑩滑坡顶点 指滑坡主轴通过滑坡后壁的交点。

⑪滑垫面 指滑坡体滑过剪出口后继续滑动和停积的原始地面。

⑫滑坡周界 指滑床与地面的交界线。位于滑坡体两侧的滑床呈壁状，称为滑坡侧壁。

(2)滑坡的特点

①滑坡体的物质成分就是那些构成原始斜坡坡体的岩土体。

②滑坡是发生在地壳表部的块体运动，产生块体滑动的力源是重力。当各种条件的有利组合，使块体的重力沿滑动面(带)的下滑分力大于抗滑阻力时，一部分斜坡体即可脱离原坡(母体)发生顺坡滑动。

③滑坡体下部的软弱面(带)，即滑动面(带)是发生滑坡时应力集中的部位，坡体在这一位置上发生剪切破坏。

④坡体内的软弱面(带)往往有多个,因此发生滑动剪切的软弱面(带)也不止一个。虽然有的滑坡开始时只有一个软弱面(带)发生着剪切作用,但随着边界条件的变化,可能向上或向下转移到一个新的软弱面(带)上继续发生剪切错动作用。

⑤整体性是滑坡体的重要特征,至少在启动时呈整体性运动。许多滑坡体在运动过程中能大体上保持自身的完整状态。

⑥通常滑坡过程包含着滑动和堆积双重概念。

⑦滑坡可能发生在各种结构面上,滑速可大可小,滑速小时,一昼夜只有几厘米,甚至几个月移动 1 cm;若遇暴雨或地震触发,在几秒至十几秒迅速滑下。

(3)滑坡运动特征研究

滑坡运动十分复杂,由于起动时间的差异和运动速度的不均一性,使滑体各分体在运动中互相撞击、挤压,运动方向随时间变化,用仪器极难观测和记录。人们为了研究方便,假设滑体为一均质体,并将复杂的运动概化成一个单一向前的运动,这样依据滑速大小可分为蠕动型慢速滑坡和快速滑坡两种。蠕动型慢速滑坡运动速度慢,由建立滑移标志并量测移动距离和时间,算出平均运动速度。快速滑坡除用现代高速摄像机记录外,其他仪器均无法测定。对此,为满足预报和圈划可能危害区域,从能量分析出发,得出几个常用的滑速滑程计算式。现介绍如下:

①滑速、滑程一般计算式(王思敬,王敏宁,1989)

$$V = \sqrt{\frac{2}{M}U + 2g(H - fl)} \tag{4-1}$$

$$U = \frac{1}{2}E \cdot \frac{h}{l}b^2 \tag{4-2}$$

式中　V——滑坡滑速;

　　　M——滑体质量;

　　　g——重力加速度,9.81 m/s^2;

　　　H——滑体重心落差;

　　　l——滑体滑移面水平长度,即滑体长;

　　　f——滑动面上动摩擦系数;

　　　U——助滑变形值;

　　　b——滑体后缘相对前缘的变形量;

　　　h——滑体平均厚度;

　　　E——滑体弹性模量。

若令 $V=0$,则可求出滑体最大水平滑距 L_{max}:

$$L_{max} = \frac{U}{fgM} + \frac{H}{f} \tag{4-3}$$

②库岸滑坡入水滑速计算式(美)

$$V = \sqrt{(1 - \arctan\alpha \cdot \tan\varphi) - \frac{CL}{mg\sin\alpha}} \cdot \sqrt{2gH} \tag{4-4}$$

式中　H——滑体重心距水面高差;

α——滑动面倾角；

L——滑动面水上部分斜长；

C——滑动面上粘聚力；

φ——滑动面岩土的内摩擦角。

③速滑时间经验式(谭万沛，1994)

$$\lg t = 2.33 - 0.916 \lg \varepsilon \pm 0.59 \tag{4-5}$$

式中　t——到达速滑起动时需经历的时间，min；

　　　ε——滑体等速蠕变速率，$\times 10^{-4}/min$，$\varepsilon = \Delta L \cdot L$；

　　　L——滑体后缘沿主滑方向设置的两测点间距；

　　　ΔL——两测点经某一时段的相对位移量；

　　　Δt——观测移动 ΔL 的时段时间。

(4)滑坡成因

滑坡的形成条件主要有以下几个方面：

①地形　滑坡的发生需具有一定有效临空面的斜坡，这既为滑坡提供了滑动空间，也决定了滑坡的规模。地形条件包括斜坡的坡度、坡高、坡向和坡形。一般松散土层的滑坡坡度为20°以上，而基岩的滑动坡度则在30°～40°，如受地震的影响，坡度为20°～60°。这是因为在临空面侧，有弹性应变能释放而产生卸落回弹，引起斜坡带的应力重新分布，出现拉应力带，且随坡高的加有所扩大。因而发生滑坡的坡高与滑程呈正相关。据青海东部半成岩滑坡运动，当坡高大于200 m时，滑程400～800 m；高400 m时，滑程2 000～3 000 m。研究表明滑坡发生的概率阳坡大于阴坡，凸形坡大于直形坡和凹形坡，这是外界环境和滑体自重导致下滑力差异的结果。

②岩性　由软岩类构成的高陡斜坡极利于滑坡的发育；由薄—中厚层砂岩、泥岩、页岩互层组成的高陡斜坡，当层倾向与坡向一致时，利于顺层滑坡的发育，滑移面多在砂岩与泥、页岩之间的层面上；若岩层倾向与坡向相反，在强风化带内易发育切层滑坡和崩塌；由坚硬岩类构成的高陡斜坡，由于岩体强度高，抗风化能力强，一般不会发生滑坡，但由于软弱的页岩夹层和泥化夹层因沟谷下切而暴露地表，其倾向与坡向一致，在这种情况下利于滑坡的发育，并有可能发生沿泥化夹层滑动的大型滑坡。如1988年1月10日发生的巫溪县西宁中阳村特大型滑坡(体积$1 000 \times 10^4$ m)，地形坡度35°左右，上部为二叠纪巨厚层灰岩，下部为炭质页岩夹煤层，西溪河早在1 000多年前将此切穿露出岸边。

③地质构造与地震　滑坡与地质构造关系密切，主要有两个方面：一是与软结构面的关系，凡坡体内部存在软弱结构面有可能成为滑坡面。发育滑坡的软弱结构面有不同岩性的堆积层界面、覆盖层与岩层的界面、不同断层面、节理、沉积界面等。二是与上部透水层和下部不透水层的构成有关。由于地下水相对集中，导致层面岩石强度降低，被水软化，易塑性变形，发展为滑动面。

地震诱发滑坡的作用包括地震引起的地形变化(坡度变化及裂隙产生)，有利于构成滑动面和老滑坡的活动；震动不仅增大滑体下滑力，还破坏坡体内不连续面结构，强度急剧降低，抗滑力减小，地震还引起地下水位变化，促成土质软化和变形。如1920年宁夏海源地震和1973年云南昭通地震震区范围内都发生了大量的滑坡。

④气象水文　滑坡发育与水的关系十分密切。大气降水、地表水和地下水的补给，浸润滑动面，能使滑体的自重增加，滑移面上的强度降低和结构变松，岩土强度降低，动静水压力增大，斜坡稳定性降低，加速滑坡的发生。集中型降雨即暴雨、大暴雨为主与大雨相组合，尤其是连续降水后的暴雨，1~3 d 为一个降雨过程，一般不会超过 5 d，能诱发大量的滑坡。如 1982 年 7 月四川东部大暴雨诱发了 3 万余个滑坡。

各种流动的地表水对斜坡的冲刷、淘蚀和浪击在滑坡的发育和形成上起着重要作用，使其斜坡体下部岩、土被搬走而失去支撑，从而加快崩塌、滑坡的发生。

⑤人类活动　人类不合理的工程活动，如房屋建筑开挖平整塌地、道路建设开挖边坡、城镇排水设施建设、工矿建设的弃土弃渣、乱砍滥伐、毁林开荒、不合理沟道工程、坡地工程、渠道渗水，采石、采煤开挖工程和地下采空对加快滑坡的发生起了重要的作用。

（5）形成和发展过程

滑坡的形成和发展过程一般有蠕动变形、滑动（含剧烈滑动）、稳定（含暂时稳定和渐趋稳定）3 个阶段。

①蠕动变形阶段　在滑坡形成初期总是有一部分岩土体先遭到破坏，出现松弛、位移、弯曲等动变形。由于重力和应力的作用，蠕动区岩土体向前挤压，其后部出现拉张裂隙，蠕动区随之扩大。以后变形进一步发展，后部裂隙贯通，向前挤压，而出现羽毛状裂隙，形成滑动面雏形。该阶段的发育时间，有的长达数年，有的仅几天。

②滑动阶段　当岩土体完全破裂，滑动面形成后，只要有很小剪切应力就能使分离体滑动。这时后缘拉张裂隙张开，两侧羽毛状裂隙撕开，前缘受挤压出现鼓张裂、鼓丘等形态。此时滑动速度缓慢，须经数月或数年。一旦发生剧烈滑动，一般速度为每分钟数米或数十米，有的高达每秒几十米，剧烈滑动时间持续很短，多为几分钟。

③稳定阶段　经剧烈滑动之后，滑坡体重心降低，能量消失，位移速度转慢，并趋于稳定。滑动的岩土体在自重作用下，由松散逐渐压密，地表裂隙闭合，一般可延续数年之久。当已停息多年的老滑坡遇到地震或暴雨等诱发因素，也可重新活动。因而，滑坡的稳定可以是暂时稳定，也可以是长久稳定，这取决于引起滑动的主要因素是否消失。

（6）滑坡裂缝产生的机理

滑坡裂缝（隙）的产生受滑坡运动状态的控制，其发生发展的序次和全过程，是在滑坡裂缝模型试验中观察所获得的。

一个滑坡，当其失去稳定平衡条件时，一般地，首先发生动变形，坡体上并不显示变形和裂缝，只有用精密仪器量测才能发现坡体处于动状态。

例如，如图 4-3 所示，随着动变形的发展，逐渐在坡体斜坡部位，坡体后缘产生不连续弧形张裂缝 1，坡体斜坡上部开始了慢移动变形。不连续弧形张开裂缝发展到一定程度，形成滑坡后界连续主弧形张开裂缝 2，在斜坡两侧并伴生羽状张扭性裂缝 3，斜坡部分所处的运动状态是后部缓慢移动，其前部受挤压，无大的变形。

斜坡两侧羽状张扭性裂缝随坡体移动而发展，逐渐形成了滑坡侧界连续张扭性裂缝 4，当其延伸到坡肩线时，坡体移动加速，前部边坡上出现挤压横向隐闭合裂缝 5（即鼓胀现象）。同时坡面上也伴生有鼓胀纵向张开裂缝 6，边坡两侧出现羽状压扭性闭合裂缝 7，此时坡体所处运动状态是急剧移动变形。

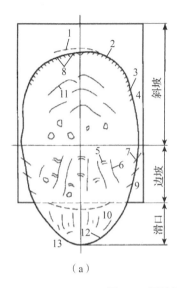
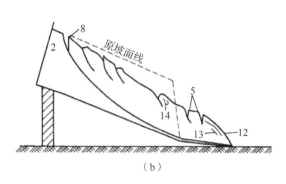

（a） （b）

图 4-3 滑坡裂缝分布及其发生发展过程示意图

（a）平面 （b）剖面

1. 不连续弧形张裂缝；2. 连续主弧形张裂缝；3. 羽状张扭性裂缝；4. 连续张扭性裂缝；5. 挤压横向隐闭合裂缝；
6. 鼓胀纵向张开裂缝；7. 羽状压扭性闭合裂缝；8. 滑坡陡壁；9. 压扭性闭合裂缝；10. 滑坡出口；
11. 弧形张开裂缝；12. 滑坡舌；13. 次生不规则裂缝；14. 土块翻倒

随着坡体急剧的移动，滑坡后界连续主弧形裂缝处，开始形成滑坡陡壁 8，边坡两侧羽状压扭性闭合裂缝发展形成侧界压扭性闭合裂缝 9，这时坡脚错开，产生错开后扭性裂缝 10，即出现了滑坡出口。坡体此时开始滑动，整个坡体成一滑坡体，滑坡所处运动状态是整体滑动。

滑坡出口出现后，坡体滑动加速，鼓胀纵向张开裂缝张开变大，滑体中上部出现次生弧形张开裂缝 11，同时滑体前缘向前急剧爬行，形成滑坡舌 12，在滑舌上伴生有次生不规则裂缝 13，滑体其他部位表层上也产生这种次生不规则的张性或张扭性裂缝。同时在滑体表层，有土块翻倒 14，整个滑体所处运动状态是大滑动状态。

大滑动之后，滑体运动缓慢下来，滑体上各种裂缝逐渐停止发育，滑体所处运动状态是从缓慢爬行到稳定。

随时间的推移，滑体稳定下来，裂缝逐渐被闭合、充填，仅见残存裂缝遗迹，此时滑坡处于稳定固结状态。

各个滑动阶段，都有相应的滑坡裂缝发生发展或消失。因为滑坡裂缝是滑体运动在滑体表层的一种变形形迹特征，滑体运动状态是"因"，滑坡裂缝是"果"，因此两者必然有内在的联系。当掌握了它们之间的内在相互关系，就可根据对滑坡裂缝的认识，反推出滑坡所处的滑动阶段、稳定性程度，并可预测其发展趋势等。

4.1.2.2 滑坡观测

滑坡观测分为滑坡运动观测和滑坡侵蚀观测。

（1）滑坡运动观测

滑坡运动观测是为监测滑坡的破坏变形，及发展速度而设置的。由于滑坡发生初期的蠕动变形缓慢，拉张裂隙不易观察，通常在布设观测设施前需要对可能发生的滑坡的边坡做较大范围的调查，调查内容主要有边坡坡度、高差，边坡破坏情况及可能有的破裂面，以及已经出现的拉张裂隙和分布等。依据调查资料，可估计出主要滑动方向，然后在主滑方向及两侧设置三排观测桩，桩距依裂隙发育而定，也可等距设置，滑体后缘最远的观测桩，应距沟沿距离与沟深略同，并在附近设一基准桩。设置后由固定基准桩测量各桩位置和高程，记录并绘图。以后每年或大暴雨后施测一次，点绘于同一图上，即可得滑体运动变形状况。

（2）滑坡侵蚀观测

滑坡是沟岸扩张的重要形式，从水土保持学来看，一般将已产生速滑、进入沟谷的滑坡土（岩）体作为侵蚀破坏土（岩）体，可通过调查和量测其体积得出侵蚀量。

大型滑坡和崩塌体的产生需经历若干年的发展，有一个较长期的发育过程，一旦滑塌出现松散岩土体，往往又不能在一次洪水或一年就被冲刷殆尽，从而形成侵蚀的突发性和输移的连续性特点，这些问题还缺乏研究，需要今后逐步解决。

4.1.2.3 滑坡监测内容

滑坡监测的内容分为变形监测、形成和变形相关因素监测、变形破坏宏观前兆监测。

（1）变形监测

滑坡变形监测一般包括位移监测和倾斜监测，以及与变形有关的物理量监测。

①位移监测 分为地表的和地下（钻孔、平洞内等）的绝对位移监测和相对位移监测。

绝对位移监测。监测滑坡的三维（X，Y，Z）位移量、位移方向与位移速率。

相对位移监测。监测滑坡重点变形部位裂缝、崩滑面（带）等两侧点与点之间的相对位移量，包括张开、闭合、错位、抬升、下沉等。

②倾斜监测 分为地面倾斜监测和地下（平洞、竖井、钻孔等）倾斜监测，监测滑坡的角变位与倾倒、倾摆变形、切层蠕滑及滑移—弯曲型滑坡。

③与滑坡变形有关的物理量监测 与滑坡变形有关的物理量监测一般包括地应力、推力监测和地声、地温监测等。

（2）形成和变形相关因素监测

滑坡形成和变形相关因素监测一般包括下列内容。

①地表水动态监测 包括与滑坡形成和活动有关的地表水的水位、流量、含沙量等动态变化，以及地表水冲蚀作用对滑坡的影响，分析地表水动态变化与滑坡内地下水补给、径流、排泄的关系，进行地表水与滑坡形成与稳定性的相关分析。

②地下水动态监测 包括滑坡范围内钻孔、井、洞、坑、盲沟等地下水的水位、水压、水量、水温、水质等动态变化，泉水的流量、水温、水质等动态变化，土体含水量等的动态变化。分析地下水补给、径流、排泄及其与地表水、大气降水的关系，进行地下水与滑坡形成与稳定性的相关分析。

③气象变化 包括降水量、降雪量、融雪量、气温等，进行降水等与滑坡形成与稳定性的相关分析。

④地震活动 监测或收集附近及外地震活动情况，分析地震对滑坡形成与稳定性的影响。

⑤人类活动 主要是指与滑坡的形成、活动有关的人类工程活动，包括洞掘、削坡、加载、爆破、震动，以及高山湖、水库或渠道渗漏、溃决等，并据以分析其对滑坡形成与稳定性的影响。

监测的具体内容应根据滑坡特点，针对不同类型和特点的滑坡，其相关因素监测的重点内容是：

①降水型土质滑坡 应重点监测地下水、地表水和降水动态变化等内容；降水型岩质滑坡，除监测上述内容外，还应重点监测裂缝的充水情况、充水高度等。

②冲蚀型及明挖型滑坡 应重点监测前缘的冲蚀（或开挖）情况，坡脚被切割的宽度、高度、倾角及其变化情况，坡顶及谷肩处裂缝发育程度与充水情况，以及地表水和地下水的动态变化。

③洞掘型滑坡 应进行洞内、井下地压监测，包括顶板（老顶）下沉量及岩层倾角变化、顶板冒落、侧壁鼓出或剪切、支架变形和位移、底鼓等。有条件时应进行支架上压力值的监测。

（3）变形破坏宏观前兆监测

滑坡变形破坏宏观前兆监测一般包含下列内容：

①宏观形变 包括滑坡变形破坏前常常出现的地表裂缝和前缘岩土体局部坍塌、鼓胀、剪出，以及建筑物或地面的破坏等。测量其产出部位、变形量及其变形速率。

②宏观地声 监听在滑坡变形破坏前常常发出的宏观地声，及其发声地段。

③动物异常观察 观察滑坡变形破坏前动物（鸡、狗、牛、羊等）常常出现异常活动的现象。

④地表水和地下水宏观异常 监测滑坡地段地表水、地下水水位突变（上升或下降）或水量突变（增大或减小），泉水突然消失、增大、混浊，突然出现新泉等。

4.1.2.4 滑坡监测方法

滑坡变形监测方法分为地表变形监测、地下变形监测、与滑坡变形有关的物理量监测及与滑坡形成、活动相关因素监测等，方法很多（表4-1），应根据滑坡特点，本着少而精的原则选用。列为群测群防监测的滑坡，宜用地表变形监测中的简易监测法和宏观变形地质监测法监测。

表4-1 滑坡变形监测主要内容和主要（常用方法表）

监测内容		监测方法	常用监测仪器	监测特点	监测方法适用性
地表变形监测	滑坡变形绝对位移监测	采用常规大地测量法（两方向或三方向前方交汇法、双边距离交汇法、视准线法、小角法、测距法、几何水准和精密三角高程测量法等）	高精度测角、测距光学仪器和光电测量仪器，包括经纬仪、水准仪、测距仪等	监测滑坡二维（X，Y）、三维（X，Y，Z）绝对位移量。量程不受限制，能大范围全面控制滑坡的变形，技术成熟，精度高，成果资料可靠；但受地形、视通条件限制和气象条件（风、雨、雪、雾等）影响，外业工作量大，周期长	适用于所有滑坡不同变形阶段的监测，是一切监测工作的基础

（续）

监测内容		监测方法		常用监测仪器	监测特点	监测方法适用性
地表变形监测	滑坡变形相对位移监测	全球定位系统（GPS）测量法		单频、双频GPS接收机等	可实现与大地测量法相同的监测内容，能同时测出滑坡的三维位移量及其速率，且不受通视条件和气象条件影响，精度在不断提高；缺点是价格稍贵	同大地测量法
		近景摄影测量法		陆摄经纬仪等	将仪器安置在两个不同位置的测点上，同时对滑坡监测摄影，构成立体图像，利用立体坐标仪量测图像上各测点的三维坐标；外业工作简便，获得的图像是滑坡变形的真实记录，可随时进行比较；缺点是精度不及常规测量法，设站受地形限制，内业工作量大	主要适用于变形速率较大的滑坡监测，特别适用于陡崖危岩体的变形监测
		遥感（RS）法		地球卫星、飞机和相应的摄影、测量装置	利用地球卫星、飞机等周期性的拍摄滑坡的变形	适用于大范围、区域性的滑坡变形监测
		地面倾斜法		地面倾斜仪等	监测滑坡地表倾斜变化及其方向，精度高，易操作	主要适用于倾倒和角变位的滑坡（特别是岩质滑坡）的变形监测，不适用于顺层滑坡的变形监测
		测缝法	简易监测法	钢尺、水泥砂浆、玻璃片等	在滑坡裂缝、滑面、软弱面两侧设标记或埋桩（混凝土桩、石桩等）、插筋（钢筋、木筋等），或在裂缝、滑面、软弱带上贴水泥砂浆片、玻璃片等，用钢尺定时量测其变化（张开、闭合、位错、下沉等）；简便易行，投入少，成本低便于普及，直观性强，但精度稍差	适用于各种滑坡的不同变形阶段的监测，特别适用于群测群防监测
			机测法	双向或三向测缝计、收敛计、伸缩计等	监测对象和监测内容同简易监测法；成果资料直观可靠，精度高	同简易监测法，是滑坡变形监的主要和重要方法
			电测法	电感调频式位移计、多功能频率测试仪和位移自动巡回检测系统等	监测对象和监测内容同简易监测法；该法以传感器的电性特征或频率变化来表征裂缝、滑面、软弱面的变形情况，精度高，自动化，数据采集快，可远距离有线传输，并数据微机化；但对监测环境（气象等）有一定的选择性	同简易监测法，特别适用于加速变形、临近破坏的滑坡的变形监测
		深部横向位移监测法		钻孔倾斜仪	监测滑坡任一深度滑面、软弱面的倾斜变形，反求其横向（水平）位移，以及滑面、软弱面的位置、厚度、变形速率等；精度高，资料可靠，测读方便，易保护；因量程有限，故当变形加剧，变形量大时无法监测	适用于所有滑坡的变形监测，特别适用于变形缓慢、匀速变形阶段的监测，是滑坡深部变形监测的主要和重要方法
		测斜法		地下倾斜仪，多点倒锤仪	在平洞内、竖井中监测不同深度滑面、软弱带的变形情况；精度高，效果好，但成本相对较高	基本同地表测缝法

（续）

监测内容			监测方法	常用监测仪器	监测特点	监测方法适用性
地表变形监测	滑坡变形相对位移监测		测缝法（人工测、自动测、遥测）	基本同地表侧缝法，还常用多点位移计、井壁位移计等	基本同地表测缝法；人工测在平洞、竖井中进行；自动测和遥测将仪器埋设于地下；精度高，效果好，缺点是仪器易受地下水、气等的影响和危害	基本同地表测缝法
			重锤法	重锤、极坐标盘、坐标仪、水平位移计等	在平洞、竖井中监测滑面、软弱带上部相对于下部岩体的水平位移；直观、可靠，精度高，但仪器易受地下水、气等的影响和危害	适用于不同滑坡的变形监测，但在临近失稳时慎用
			沉降法	下沉仪、收敛仪、静力水准仪、水管倾斜仪等	在平洞内监测滑面（带）上部相对于下部的垂向变形情况，以及软弱面、软弱带垂向收敛变化情况等；直观，可靠，精度高，但仪器易受地下水、气等的影响和危害	同重锤法
	滑坡形成和变形相关因素监测		声发射监测法	声发射仪、地音仪等	监测岩音频度（单位时间内声发射事件次数）、大事件（单位时间内振幅较大的声发射事件次数）、岩音能率（单位时间内声发射释放能量的相对累计值），用以判断岩质滑坡变形情况和稳定性；灵敏度高，操作简便，能实现有线自动巡回自动检测	适用于岩质滑坡加速变形、临近崩滑阶段的监测；不适用于土质滑坡的监测
			应力、应变监测法	地应力计、压缩应力计、管式应力计、锚索（杆）测力计等	埋设于钻孔、平洞、竖井内，监测滑坡内不同深度应力、应变情况，区分压力区、拉力区等；锚索（杆）测力计用于预应力锚固工程锚固力监测	适用于不同滑坡的变形监测。应力计也可埋设于地表，监测表部岩土体应力变化情况
			深部横向推理监测法	刚弦式传感器、分布式光纤压力传感器、频率仪等	利用钻孔在滑坡的不同深度埋设压力传感器，监测滑坡横向推力及其变化，了解滑坡的稳定性；调整传感器的埋设方向，还可用于垂向压力的监测；均可以自动测和遥测	适用于不同滑坡的变形监测，也可以为防治工程设计提供滑坡推力数据
			地下水动态监测法	测盅、水位自动记录仪、孔隙水压力计、钻孔渗压计、测流仪、水温计、测流堰等	监测滑坡内及周边泉、井、钻孔、平洞、竖井等地下水水位、水量、水温和地下水孔隙水压力等动态，掌握地下水变化规律，分析地下水、地表水、大气降水的关系，进行与滑坡变形的相关分析	地下水监测不具普性，当滑坡形成和变形破坏与地下水具有相关性，且在雨季或地下水位抬升时滑坡内具有地下水活动时，应予以监测
			地表水动态监测法	水位标尺、水位自动记录仪、流速仪和自动记录流速仪、流量堰等	监测与滑坡相关的江、河或水库等地表水体的水位、流速、流量等，分析其与地下水、大气降水的联系，分析地表水冲蚀与滑坡变形的关系等	主要在地表水与地下水有水力联系，且对滑坡的形、变形有相关关系时进行

（续）

监测内容	监测方法	常用监测仪器	监测特点	监测方法适用性
滑坡形成和变形相关因素监测	水质动态监测法	取水样设备和相关设备	监测滑坡及周边地下水、地表水水化学成分变化情况，分析其与滑坡变形的相关关系；分析内容一般为：总固体量，总硬度，暂时硬度，pH 值，侵蚀性 CO_2、Ca^{2+}、Mg^{2+}、Na^+、K^+、HCO_3^-、SO_4^{2-}、Cl^- 等，并根据地质环境条件增减监测内容	根据需要确定
	气象监测法	温度计、雨量计、风速仪器等气象监测常规仪器	监测降水量、气温等，必要时监测风速，分析其与滑坡形成、变形的关系	降雨是滑坡形成和变形的主要环境因素，故在一般情况下均进行以降雨为主的气象监测（或收集资料），进行地下水监测的滑坡则必须进行气象监测（或收集资料）
	地震监测法	地震仪等	监测滑坡内及外围地强度、发震时间、震中位置、震源深度、地震烈度等，评价地震作用对滑坡形成、变形和稳定性的影响	地震对滑坡的形成、变形和稳定性起重要作用，但基于我国设有专门地震台网，故应以收集资料为主
	人类工程活动监测法		监测开挖、削坡、加载、洞掘、水利设施运营等对滑坡形成、变形的影响	一般相应进行
滑坡宏观变形地质监测		常规地质调查设备	定时、定路线、定点调查滑坡出现的宏观变形情况（裂缝的产生和发展，地面隆起、沉降、坍塌、膨胀，建筑物变形、开裂等），以及与变形有关的异常现象（地声，地下水或地表水异常，动物异常等），并详细记录，必要时加密调查，有平洞等地下工程时，还应进行地下宏观变形调查；该法直观性和适应性强，可信度高，具有准确的预报功能	适用于一切滑坡变形的监测，尤其是加速变形、临近破坏阶段的监测是滑坡变形监测的主要、重要监测方法

　　上述滑坡监测方法和仪器在实际应用中已十分成熟，但普遍存在的问题是数据的采集需要人工定期到现场进行，使得滑坡监测缺乏实时性。在很多情况下，不稳定边坡处于边远地区，人员很难到达，尤其是在滑坡的临发阶段，人员到现场监测可能存在危险。相比之下，基于光纤传感的滑坡监测系统可以让观测人员远离，具有突出的优势。

　　与传统传感器相比，光纤传感器有许多优点，如质量轻、体积小、耐腐蚀、抗电磁干扰、灵敏度高、分辨率高、维护费用低、传输频带较宽，可进行大容量信息的实时测量，使大型结构的健康监测成为可能。分布或者准分布式测量，能够用一根光纤测量结构上空间多点或者无限多自由度的参数分布，是传感技术的新发展。

　　国际上将光纤传感器用于大型工程结构的健康监测时间不长，目前正处于从萌芽到发展的过渡期。1989 年，Mendez 等首先提出了把光纤传感器用于混凝土结构的检测。之后，日本、美国、德国等许多国家的研究人员先后对光纤传感系统在土木工程中的应用进行了研究，并在土木工程领域中的广泛应用，已经从混凝土的浇筑过程扩展到桩柱、地基、桥梁、大坝、隧道、大楼、地震和山体滑坡等复杂系统的测量或监测。

国内在光纤传感器的应用方面还刚刚起步，大多数还处在实验室研究阶段。但各科研部门如火如荼的研究显示了光纤传感器的强大之处和美好的应用前景。

4.1.2.5 防治滑坡的主要措施

（1）地表排水工程

①在滑动面以外开挖1~2条环形截水沟，把水引入两侧自然沟。

②中小型滑坡在滑体内设斜交滑动方向的排水沟，大型滑坡则在滑体内设树枝状排水沟将地面水排走。

③充分利用滑坡两侧的自然沟排水，必要时进行铺砌，阻止水源下切和补给滑体。

（2）地下排水工程

"无水不滑"是人们对水于滑坡作用的共同评价。因此，治理滑坡应首先着眼于地下水的处理，特别是作用于滑动带的一层水，而地下水的作用主要是软化滑动带，降低其强度，减小滑坡自身的阻滑力；另外，还可以采取增大孔隙水压力、静水压力和动水压力等措施。要排除地下水，最好是在查清地下水的补给和排泄的条件下，在滑体外截断它，其次考虑采用平孔排水、井—孔联合排水、盲沟截水、育洞截水、洞—孔结合截排水、支撑盲沟疏排水；井点排水、虹吸排水等办法将地下水截断或排出。

（3）减重、反压工程

减重的位置宜在牵引段和主滑段，并应保持后部和两侧坡体稳定及排水畅通；反压工程应填在抗滑段以下并保证自身稳定和滑坡不越顶滑出。

（4）支挡工程

通过设置构造物抵抗滑坡体的土压力和滑坡推力，防止滑体向下滑动，保证滑体的稳定。通常采用抗滑挡土墙、抗滑桩、抗滑片石垛、锚杆加固等方法。

（5）滑带土的改良

用不同方法改变滑带土，提高其强度，增加阻滑力。在一些小型滑坡上试用过灌水泥浆、打砂、旋喷等方法，也取得成功，但时效性还难以定论，故目前应用不多。

4.1.3 崩岗监测

4.1.3.1 崩岗特征及成因

（1）崩岗类型及特征

在我国南方如广东、福建、江西、湖南等地的厚层花岗岩风化物地区常有崩岗发生。花岗岩风化物结构松散，结持力弱，尤其在陡峻斜坡、谷坡、陡崖部位，在暴雨径流作用下，土体吸水膨胀易失去平衡，向临空面倾斜而崩落。

沟谷的溯源侵蚀和沟床的下切，可激发崩岗侵蚀的发生，崩岗侵蚀又加剧了沟岸的扩展和沟头前进。崩岗侵蚀与沟谷侵蚀密切相连，故又称为"崩岗沟"。崩岗侵蚀产沙量大，年侵蚀模数 $3\times10^4 \sim 5\times10^4$ t/（km² · a），可淹没农田，淤塞水库；突发性崩岗可危及人民生产安全，并可引发泥石流灾害。

崩岗侵蚀因其发生的地形部位和岩土性质的差异，可形成不同的崩岗类型，有瓢形崩岗、条形崩岗和弧形崩岗。

①瓢形崩岗　主要发生在花岗岩风化物的凹坡，形成肚大口小的瓢状。在凹形坡径流呈扇形汇集，在坡的中下部形成汇集点发生水蚀穴，随着径流的继续汇集和冲刷作用，水蚀穴发展成切沟，沟壑陡峻，但尚未发生重力崩塌作用，此为发生崩岗侵蚀的前期。随着径流下切作用的加大，两岸沟壑愈加增高，沟头前进加速，向凹形坡的中上部发展。此时，由于该部位风化物是由不少土层和碎屑层组成，疏松深厚，抗冲力弱，陡壁失衡，极易发生崩塌，随之径流冲刷和重力崩塌相互促进，形成了上部开阔的崩塌面；下部则因组成物质由红黏土组成，抗冲力强，崩塌进展缓慢，出口处形成了狭小的巷沟，从而形成瓢状崩岗。当该崩岗继续向两岸扩张和前进而逼近分水岭时，分水侧斜坡出现崩岗群或相邻崩岗的吞并；两侧斜坡崩岗相遇而切割分水岭情况下，崩岗侵蚀即趋于停滞，并形成了较为宽阔的崩岗场，常成为农林果的优良用地。

②条形崩岗　多发育于坡面起伏较小的直线坡上。这种崩岗的侵蚀以水蚀作用为主，较少重力崩塌。水流沿坡面上溯侵蚀形成顺直的平面形态，很少有分支，沟床很窄，剖面呈"V"形或窄"U"形。除沟头外，其他地方很少有重力崩塌发生。与其他类型的崩岗相比，侵蚀量较少，沟口洪积扇也较小，一般数百至数千平方米。上下大致等宽，呈长条形，纵剖面与斜坡坡面一致，形成类似梳齿排列。相邻的条形崩岗可相互吞并而发展成大型条形崩岗。

③弧形崩岗　主要发生在河流或山圳（渠沟）的一侧，由于流水，尤其是曲流的掏冲作用而形成，故又称为曲流崩岗。其特点是没有对称的崩岗壁，只有单向坡，常伴随崩塌作用，具有一定的滑动面，纵断面呈弧形。

条形和弧形崩岗规模较小，且不多见；瓢形崩岗分布最广，也是崩岗侵蚀发展最严重的类型。

（2）崩岗成因

崩岗侵蚀的发生需具 3 个基本条件，即疏松深厚的基岩风化物，地表径流、地下水和重力的综合作用，以及人为活动对地表植被的破坏。前两个条件为发生崩岗侵蚀的潜在因素，只有当保护地面的植被遭破坏后，潜在因素才显示其作用。

①疏松深厚的基岩风化物　崩岗主要发生在我国南方丘陵山区，植被已遭破坏，强烈的土壤侵蚀使土层全部流失，出露地面的组成物质为深厚的花岗岩风化物。在崩岗发展过程中，风化物越厚，形成的陡壁越高，越易发生崩岗，规模也越大。根据调查研究，风化物厚度在 20~50 m 者，崩岗发生频率最高，10~20 m 次之，2~10 m 者仅见少量，2 m 以下一般未见崩岗发生。

②地表径流、地下水和重力的综合作用　我国南方花岗岩地区年降水量大多在 1 000~2 000 mm，且多暴雨；24 h 降水量可达 100~300 mm，甚至高达 400 mm 以上，产流量大，沿沟谷和陡壁流势能也大。当风化体含水量迅速增大、抗剪强度下降情况下，基于水流和重力的双重作用，极易触发崩岗侵蚀。地下水在崩岗侵蚀过程中起到了潜蚀、润滑推移和降低抗剪力的作用，是影响崩岗侵蚀的量变过程，发生崩岗侵蚀的瞬间主要是重力引起的质变过程。广东清远县于 1982 年 5 月 11 日 24 h 降水量 641 mm，即发生崩岗面积达 72 km^2。

③人为活动对地表植被的破坏 崩岗侵蚀的发展主要发生在百余年来森林植被的破坏区。据广东德庆县志记载，1838—1957 年森林遭大规模的破坏，也是崩岗侵蚀的发展时期。据 1957 年调查，该县水土流失面积总计 370 km²，崩岗 2 300 余处，616 处/km²。福建管桥地区森林植被的破坏和崩岗的发展有 60~100 年历史，至今崩岗面积占坡面面积的 50% 以上，严重崩岗侵蚀区崩岗的产沙量占总流失量的 60%~80%。

（3）形成过程

崩岗的发生不同于黄土崩塌，主要在于发育的基础不同，崩岗的发生依赖于花岗岩的风化。典型的红土型风化壳可分为 5 个层次：表土层、红土层、砂土层、碎屑层、球状风化层，各层在矿物成分、风化程度、土体结构、粒度、颜色等方面均有明显差异，抗冲、抗蚀、抗滑塌能力不同。在花岗岩风化壳发育地区，植被破坏后，局部坡面出现较大的有利于集流的微地形，面蚀加剧，多次暴雨径流导致红土层侵蚀流失，于是片流形成的凹地迅速演变成为冲沟。随着冲沟的不断加深和扩大，其深宽比值不断增大，下切作用进行的速度比侧蚀速度快，冲沟下切到一定深度便形成陡壁。陡壁形成之后，剖面出露沙土层，斜坡上的径流在陡壁处转化为瀑流。瀑流强烈地破坏其下的土体，在沙土层中很快形成溅蚀坑，溅蚀坑的不断扩大，逐渐发展成为龛。龛上的土体吸水饱和，内摩擦角随之减小，抗剪强度降低，在重力作用下便发生崩塌，形成雏形崩岗。崩塌产物大部分随流水带走，使沙土层再次暴露出来，在地面径流和暴流的影响下又形成新的龛，再度发生崩塌，如此反复，崩岗就形成了。总之，崩岗是由冲沟发展而成的，其侵蚀阶段大致经历冲沟沟头后退、崩积堆再侵蚀、沟壁后退、冲出成洪积扇几个阶段，其中崩积堆再侵蚀是最主要的。

崩岗在复杂的发生发展过程中，形成了独特的侵蚀地貌。一些学者将崩岗侵蚀地貌划分为集水盆、沟道、洪积扇 3 部分。有些学者则认为这样划分难以将崩岗侵蚀地貌完全包括，并且容易与泥石流相混淆。他们通过野外实地调查分析，将崩岗地貌划分为崩壁、崩积堆、冲积扇 3 部分。这 3 部分在发生上具有相关性，任何一个崩岗都具有这 3 个组合，只是规模和具体形态上有差异。

在崩岗侵蚀地貌中，崩壁、崩积堆、冲积扇三者自上而下依次排列，三者之间有物质输送和能量转化。另外，外界环境对崩岗侵蚀系统也有能量输入，主要包括降雨动能和重力势能。崩岗系统的物质能量传输转化过程也就是崩岗侵蚀地貌的发育过程，控制崩岗侵蚀就是要切断这一物质能量输送链，许多崩岗侵蚀的治理工作正是运用了这一原理。

4.1.3.2 崩岗监测方法

在裸露花岗岩强风化的低山丘陵由于强降水产生崩岗侵蚀发展很快，也比较严重。一场暴雨后，可使崩岗发展到分水岭或形成崩岗群。崩岗的监测一般均采用排桩法，即在崩岗区设置基准桩和测桩。应该注意，测桩设置间距应该规整，因为发生崩岗后部分测桩一并被毁，需要根据定位测量它的高程变化。布设测桩还要根据该区崩岗的发展，从坡脚布设到坡顶，宽度按一般崩岗宽确定。

由于崩岗是由暴雨引发的，所以观测应在每场暴雨后进行，若能配以过程观测（录像或人工监测），就能阐明崩岗发生发展的机制与特点。

4.1.3.3 崩岗治理经验

总结崩岗治理的成功经验和做法，主要有以下两点：

（1）综合治理

通过多年的治理和试验研究，初步总结出有效治理崩岗的技术方法概括为"上拦、下堵、中间削坡绿化"：在崩岗顶部布设水平沟、排洪沟，防止水流进沟，控制沟头溯源侵蚀；在崩岗中段，修建挡土墙、拦砂坝和谷坊群，提高局部侵蚀基点；崩壁修建成水平阶，植树种草，稳定陡壁；在崩岗下游修建拦砂坝，防止泥沙下泄，危害农田、河道。

例如，广东五华县的乌陂河流域，面积 23.23 km²，约 80% 为陡岗，经过 40 年综合治理，土壤侵蚀量由 1952 年的 6 262 t/（km²·a）下降到目前的 217 t/（km²·a）。河流输沙量的减少，使乌陂河下切了 1.7 m，大大减轻了洪水泛滥的可能性。江西于都县采取上截、下堵、工程与种草、种竹相结合，崩岗顶布置水平沟、截流沟，崩岗内布置谷坊、拦砂坝等工程措施，并种上黄竹、胡枝子、百喜草等优良乔灌草品种，生态、社会效益明显。福建在崩岗侵蚀地区总结推广了"上截、下堵、中绿化"的永春县达埔镇和安溪县官桥镇崩岗治理模式。

（2）开发治理

①变崩岗侵蚀区为水保生态区　是以林（竹）草措施为主的治理模式。主要是选用抗性强、耐干旱耐贫瘠的树、草种，采用高密度混交方式在崩岗侵蚀坡面、崩塌轻微且相对稳定的沟谷及其冲积扇造林；沟谷治理则采取必要的谷坊工程。这种模式具有投资省的特点，但见效相对较慢，经济效益较小。对偏远的崩岗侵蚀区较为适用。

②变崩岗侵蚀区为经济作物区　对地表支离破碎的崩岗群，采用机械或爆破的办法进行强度削坡，修成梯田种植果树、茶叶或其他经济作物。这种模式投入大，但见效快，经济效益显著。对崩岗相对集中的侵蚀区最为适用。

③变崩岗侵蚀区为工业园区地　地理位置较好、交通方便的崩岗群或相对集中的崩岗侵蚀区，采用机械把崩岗推平，并配置好排水、拦沙和道路设施。这一模式虽然投入大，但回报率高且快。主要适用于交通要道、集镇周边的崩岗侵蚀区。

例如，福建长汀县予坑崩岗，1990 年开始治理，坡面种植板 2.4 hm²，沟道修谷坊，形成水面 280 m²、水深 2 m 的池塘，塘内养鱼，下游修建基本农田 0.05 hm²，种植双季稻，沟内还种植蔬菜和芋、薯等农作物，获得了较好的经济效益和生态效益。福建安溪县官桥镇碧村的隆德果场，把昔日支离破碎的山坡变成今日的层层梯田和果园，目前果农年收入可达 50 万元，效果显著，深受群众欢迎。广东德庆县种植名优水果，整治崩岗山口，农民得到了实惠，积极性大增，以前的荒山崩岗变成了农民致富的宝地。

4.1.4　泻溜监测

4.1.4.1　泻溜特征及成因

（1）泻溜特征

泻溜也称撒落，是指斜坡上的土（岩）体经风化作用，产生碎块或岩屑，在自身重力作用下沿坡面向下坠落或滚动的现象。黏土和风化泥页岩最易发生泻溜。剥落碎屑的力学性质和原岩土有质的区别，类似于砂土，无黏聚力，内摩擦角 37°。因此，泻溜一般发生在坡度大于 45°的自然裸露陡坡，坡脚泻溜碎屑物质常形成坡度为 37°左右的泻积坡。黄土区谷坡出露的第三纪上新世红黏土（三趾马红土），多呈 45°的裸露斜坡，泻溜现象发生频繁。泻溜侵蚀发生于全年，最活跃期是冬末初春解冻期、旱季、雨后天晴期，地表极易形成风化碎屑物质。一方面在自重作用下以泻溜形式下移；另一方面为雨季暴雨径流搬运准备了物质条件。暴雨时，泻溜坡的坡面上，常有泥流发生。其侵蚀特点主要有：

①产生泻溜的坡面坡度为30°~70°，以大于45°陡坡最常见，且坡面裸露无植被覆盖，或覆盖度极小。

②侵蚀速度较缓慢，全年都有发生，以冬末初春和干旱季节最严重。这是气温变化大或气温高坡面组成物质易遭物理风化所致。据测验，在黄土陡坡上，年平均侵蚀深1 cm以上，侵蚀模数达10 000 t/km² 以上。

③产生泻溜的坡面，由表及里逐渐地、均匀地进行，一般阳坡较阴坡泻溜侵蚀快，所以形成阳坡较缓而阴坡较陡的地形特征。

（2）泻溜成因

促进泻溜发展的因素主要是水分或温度变化引起的膨胀与收缩、植被缺乏、沟道发育的阶段性以及人为活动的影响。

①泻溜多发生在45°~70°的裸露陡坡，尤其是沟道上游陡峭的阴坡、河流的凹岸。

②易风化的破碎岩体和含黏土矿物较多的土体，在干湿、冷暖气候交互作用下，极易形成泻溜。

③黄土区的"红层"是主要发生的泻溜面。当农耕地坡度超过35°时，会发生耕土泻溜，并留下明显的溜土痕迹。

④第四纪红色土的陡坡岩体，由于冬、春冻融变化中的胀缩以及物理风化作用，常引起泻溜的发生。

（3）泻溜形成过程

剖析泻溜的形成过程，可划分为3个阶段：

①风化裂隙的形成阶段　土层中的裂隙，有纵向裂隙和交错裂隙。前者指岩体缓慢失水而收缩，产生垂直于岩体表面的裂纹，一般深15~20 cm、宽0.6~0.7 cm，其分布密度较小；后者由于外界气候、湿热骤变，使岩体中水分及温度随之急剧变化而产生的平行或斜交于岩体表面的裂纹，一般宽1 m左右，致使表层呈片状分离。

②疏松层形成阶段　产生裂隙的岩体表层，由于干湿冷热的交替变化，促使细小的块状岩体不断分裂成更细小的岩屑，形成厚达10~15 cm的坡面疏松层。

③泻溜发生阶段　处于不稳定状态的疏松层一旦遭到破坏，大量岩屑不断地沿坡面向下滚动、滑落产生泻溜。泻溜物质与下部岩屑撞击，使下部疏松层也同时产生泻溜，直到坡脚小于该类物质的休止角时，才逐渐减缓或停止。

此外，在过陡山坡上放牧，矿山开采的废渣、废石堆放不合理，以及交通线路、水利工程建设施工过程中都可能引起泻溜的产生。

4.1.4.2　泻溜监测内容

（1）侵蚀量监测

泻积物顺坡下落进入收集槽，可于每月、每季或每年清理收集槽中积物称重（风干重），然后加总得年侵蚀量，用收集坡面面积去除得到单位面积侵蚀量，最后将坡面侵蚀量换算为平面侵蚀量即可：

$$M = M_b \cos\alpha \tag{4-6}$$

式中　M——投影面上单位面积侵蚀量，t；

　　　M_b——坡面上单位面积侵蚀量，t；

　　　α——坡度，°。

（2）泻积物粒级分析

在有分析条件的观测场，若设有不同组成质地的坡面泄溜观测场，就需要分析坡面物质组成对侵蚀的影响。这时采用一般的筛分法就能实现。

（3）气象因子的观测

影响泻溜侵蚀的重要气象因子有气温、降水和风3个方面。气温的变化引起组成颗粒的热胀冷缩，不同组成物质膨胀系数不同，导致表层土（岩）体结构破坏。再加上降水使矿物颗粒吸水膨胀和失水干缩，促进裂隙发展，形成脱离母体的碎屑；若是寒冷季节，进入裂隙的水体会冻结膨胀，产生很大的测压力，导致脱离体的进一步崩解和离体，加上风的作用会很快落下。因而，气象因子观测多在观测场附近设立气象园，距离不宜超过100 m和不影响泻积坡为好。

4.1.4.3　泻溜监测方法

泻溜多发生在45°~70°的裸露陡坡，易风化的破碎岩体和含黏土矿物较多的土体，在干湿、冷暖气候交互作用下，极易形成泻溜。泻溜侵蚀主要发生在石质山区、红土或黄土地区的裸露陡坡上。黄土区沟坡的泻溜侵蚀是沟谷泥沙产出的重要方式之一，山区江河两岸的泻溜侵蚀又是河流泥沙主要供应方式，需要给予重视。泻溜侵蚀观测有两种基本方法：一是集泥槽法；二是测针法。

（1）集泥槽法

集泥槽法是在要观测的典型坡面底部，紧贴坡面用青砖砌筑收集槽，收集泻溜物，算出泻溜剥蚀量的方法。因而槽体容积以能收集泻溜面一定时段最大泻溜量为准。通常为便于收集清理，槽体略向一侧倾斜。由于泻溜的土岩体细小，下落时常受风、鸟的影响而产生偏离，所以，设置槽体的观测坡面应均整，不应有过多过大的坡度转折变化。为防止泻溜物下落在槽外，一般槽的外缘稍高（有时在紧接槽体的坡脚还修一段平台）。槽体长度主要依据可能而定，长度越大观测精度越高，长度越小观测精度越低，一般应不小于5 m。

设置集泥槽时，应结合沟谷其他观测项目，以便管理。由于它设置于裸坡坡脚，还应注意降雨及坡面径流的影响。黄土区泻溜主要发生在冬春及春夏干旱季节，通常每月观测一次。

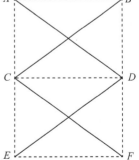

图 4-4　测针布设示意图

（2）测针法

测针法是将细针（通常用细钉代替）按等距布设在要观测的裸露坡面上（如图4-4中，A，B，…），从上到下形成一观测带（岩性一致也可从左到右），带宽1 m；若要设置重复，可相邻布设两条观测带，通过定期观测测针间坡面（如图4-4中 AB，BC，AD，…）到两测针顶面连线距离的大小变化，计算出泻溜剥蚀的平均厚度。该法若从上向下布设测针，为避免人为影响，高度较大，除注意安全外，还要注意不要影响观测带。测针打入土坡会破坏周围小范围土体，因而，不能测量测针处坡面变化，必须在 *AB* 间，*AD* 间，*BC* 间…进行测量。在布设好测针后，即可量测坡面到 *AB* 或 *AD*，*BC*…测针顶连线的距离，依次记录作为基数；后每月量测一次，用后者距离减去基数得该月该点剥蚀厚，用算术平均法求得平均剥蚀厚。无论采用何法测定剥蚀量，都必须换算到平面单位面积上。换算式为：

$$B = \frac{L}{\cos\alpha} \tag{4-7}$$

$$S = A \cdot B = \frac{AL}{\cos\alpha} \tag{4-8}$$

式中　　*B*——观测坡面的水平长度，m；

　　　　A——观测坡面水平宽度，m；

　　　　L——观测坡面的倾斜长度，m；

　　　　α——观测坡面的坡度，°。

应用集泥槽法直接称重（风干），除以 *S* 得每平方米剥蚀量；应用测针法，在算出平均剥蚀厚度后乘以 1 m² 得体积，再乘以土（岩体）容重即得 1 m² 斜面剥蚀重量，除以 cos*α* 即得每平方米剥蚀量。

4.2　泥石流监测

泥石流灾害在我国十分严重，尤其是长江上游的山区，分布广，灾害频繁。它直接危害人类生命，破坏生存、生产条件，又加剧环境恶化。因而，认识泥石流特征对于水土保持监测和治理十分必要。

4.2.1　泥石流特征及成因

4.2.1.1　泥石流特征

泥石流是一种含有大量泥沙和石块等固体物质，突然爆发，历时短暂，来势凶猛，具有强大破坏力的特殊洪流。泥石流中泥沙石块体积含量一般都在 25% 以上，最高达 80%，其容重在 1.3~2.3 t/m³。

（1）泥石流的形成与分布

泥石流的形成与地质、地形、气候、水文、植被和人为活动等条件有密切联系。形成泥石流必须具备以下 3 个条件：

①要有充足的固体碎屑物质　固体碎屑物质是泥石流发育的物质基础，没有一定量的固体碎屑物，不能形成泥石流。固体碎屑物来自地质构造复杂、新构造运动强烈、地震烈度高的地区；容易风化破坏的泥岩、页岩、粗砂岩，能产生大量的碎屑物质；工矿、道路建设中的弃渣、弃土，以及人为破坏植被、毁林开荒等，都为泥石流发生提供大量物质。

②要有充足的水源　水既是泥石流的组成成分又是泥石流运动的重要动力之一。因而在暴雨激发下，能产生泥石流。此外，在高寒区冰雪融化、冰湖溃决和地下水出露多的地区都能形成泥石流。

③地形条件　典型泥石流沟，从上游到下游分为侵蚀形成区、陡直的通过区和平缓堆

积区。侵蚀形成区多漏斗状或掌状地形，是产生固体屑物和汇集暴雨径流的区域；通过区多为跌水密布、坡降大的陡峻狭谷，比降多为 10%～30%，以便不断获得能量，形成侵蚀和高速运动；沟口以外，地形平坦开阔，成为泥石流停积的场所，造成巨大的淹没损失。

　　泥石流形成的条件决定了在我国呈东北—西南向的条带状分布。从东北大兴安岭起，经燕山—太行山—巫山，到雪峰山一线为东界，以大兴安岭—张家口—榆林—延安—兰州—青海玉树—拉萨一线为西界，包括整个中部地区 389×10⁴ km² 的范围，涉及四川、云南、贵州、陕西、甘肃、青海、西藏、广西、湖北、河南、山西及湖南 12 个省（自治区、直辖市），年降水多在 800～1 200 mm，高山、中山和丘陵面积广，是泥石流分布的密集带。该带的东南面，地势低缓，平原广布，泥石流呈星散分布，该带的西北面，年降水不足 400 mm，气候干旱，不利于泥石流发育。

　　（2）泥石流分类、流态及运动特征

　　①泥石流分类　我国泥石流分类方案为按固体物质组成分为泥石流、泥流、水石流；按泥石流性质分为稀性泥石流（固体颗粒含量为 10%～14%，容重 1.3～1.8 t/m³）、黏性泥石流（固体颗粒含量为 80%，容重 2.0～2.2 t/m³）和过渡性泥石流（固体颗粒含量与容重介于上述二者之间）；按形成原因分为降雨泥石流和冰川泥石流。

　　②泥石流流态　受泥石流性质及发育条件的影响，泥石流流态主要有蠕动流、层动流、紊动流、滑动流、波动流。

　　③流动过程及流态变化　泥石流流动过程有阵流，也有连续流。黏性泥石流流动过程多为不连续的间歇流动，称为阵流。阵与阵之间的断流时间从几秒到几十分钟，甚至超过 1 h。一次泥石流有几十阵到 300 阵以上，这是由于沟道阻塞或各支沟泥石流汇集的时间差造成的。稀性泥石流流动过程连续不断，呈连续流。若固体物质供应不充分，稀性泥石流逐渐过渡到洪水流；相反，若固体物质补给充分，则向黏性泥石流发展。黏性泥石流的连续流在坡度变缓情况下，可转变为蠕动流，甚至停积；若在后续而来流体的推动下，又就地起阵，转入阵流。黏性泥石流峰值流量出现在阵流的前端，若为连续流，则峰值不明显；稀性泥石流过程可能有几个峰值出现，但均不如黏性阵流峰值陡峭。

　　（3）泥石流侵蚀、搬运、堆积基本特征

　　①泥石流侵蚀特征　泥石流侵蚀包括内外营力共同作用的风化破坏、坡面冲刷剥蚀、沟床下切和侧蚀，以及诱发的滑坡、崩塌等重力侵蚀，其中形成区以风化破坏、坡面冲刷为主，这部分约占泥石流侵蚀 10%；通过区以下切刮蚀和侧蚀为主，兼有各种重力侵蚀，冲刷下切作用十分强烈，一次泥石流过程可下切 5 m，局部达 16 m 以上，它占总侵蚀量的 90%。泥石流侵蚀与输移无分选性，从粒径<0.005 mm 的黏土粉沙，到几米十几米的大漂砾，粗细颗粒混杂，细颗粒组成泥石流浆体，呈层流或紊流，粗大颗粒有的漂浮在浆体上（黏性泥石流），有的呈推移质没入浆体中（稀性泥石流）。泥石流运动速度快，具有极大的冲击破坏作用。一般冲击力均在 200～800 N/m²，最大可达 5 000 N/m² 以上，受冲区产生强烈地破坏侵蚀。

　　②泥石流搬运特征　泥石流具有惊人的输移能力，只要有足够的比降，上游下泄的固体物质均可输至下游堆积。泥石流沟年输沙，多在几十万到百万吨，有的达千万吨。在相同流量下（2 000 m³/s），黄河输沙率为 90 t/s，云南昆明市乐川区蒋家沟泥石流输沙率 3 800 t/s，

是黄河的 40 倍, 最大达 6 070 t/s。泥石流的搬运过程也是剧烈地侵蚀过程, 初期含沙量较少, 经过短暂的历时, 含沙量可升至 2 000 kg/m³ 以上。这一过程除了汇集沿途泥沙外, 还产生强烈地刮蚀, 使沟槽底部碎屑物被铲起携带进入泥石流中, 直至堆积区。

③泥石流的堆积特征　泥石流的堆积非常强盛, 可使下游沟床每年抬升 2 m 以上, 在沟口堆积成扇或滩, 淹没村镇道路, 冲毁桥梁, 堵江截流, 造成洪水灾害, 冲毁和淹埋农田, 造成巨大经济损失, 威胁人民生命财产安全。

4.2.1.2　泥石流成因

地形、松散固体物质和水体供给是泥石流形成的必要条件, 人为不合理活动, 如毁林开荒、工程建设不当等, 是诱发泥石流的重要因素。

（1）地质

①在断裂活动强烈地带, 强烈的新构造运动和地震活动, 破坏了山体和岩体的稳定性, 激发崩塌、滑坡为泥石流提供丰富的固体物质。

②由于岩石风化速度的不均一性, 软弱岩层和软硬相间的岩层比岩性均一的或坚硬岩层易遭受破坏, 提供松散固体物质也就越容易, 因而对于形成泥石流就越有利。

③地震不仅加速固体物质的积累过程, 而且还会直接激发泥石流。地震强度越大, 破坏作用也越强, 提供固体物质就越多, 所形成的泥石流规模也越大, 泥石流活动时间也越长。

④一般在处于强烈上升的山区, 泥石流极为活跃。

⑤崩塌、滑坡等不良物理地质作用会直接转变成泥石流, 或间接促进泥石流的发生, 包括为泥石流提供丰富的固体物质, 堵塞沟谷或阻水成堰塞湖, 然后漫溢溃决而形成溃决型泥石流。

（2）地貌

地貌条件制约着泥石流的形成和运动, 影响泥石流的规模和特性。主要是泥石流沟的沟床比降、沟坡坡度、坡向、集水区面积和沟谷形态等。

①沟床内堆积有深厚的松散固体物质。地质条件控制着泥石流固体物质成分, 提供的方式、速度和数量, 影响泥石流的发育规律。沟床比降越大, 则越有利于泥石流的发生。

②沟坡较陡的沟谷内, 崩塌、滑坡规模较大, 而形成泥石流的规模也较大。据统计, 有利于提供泥石流固体物质的沟坡坡度, 在我国东部中低山区为 10°~30°, 固体物质补给方式主要是滑坡; 在西部边缘高山区则为 30°~70°, 固体物质补给方式大多为崩塌、滑坡和岩屑流。

③较小的集水区面积易于泥石流的形成和活动。

④漏斗状和勺状为典型的泥石流沟谷形态, 对于泥石流的形成和活动均较有利。

⑤在阳坡地带受太阳辐射的热能强, 并对南来的湿气流, 拦截更多的大气降水, 加速冰川(雪)消融, 易形成泥石流。

（3）水源供给

我国泥石流以暴雨型泥石流最为常见, 暴雨泥石流多由短历时的强大暴雨激发形成。泥石流的发生与前期降水量, 尤其是与 10 min 和 1 h 雨强有十分密切的关系。我国暴雨泥石流的分布和年降水量关系不密切, 年降水量大于 250 mm 的地区几乎都有泥石流发生。

其中泥石流分布密集、活动强烈的云南东川小江流域和甘肃武都白龙江流域，年降水量仅600~700 mm；而泥石流分布零星的东南、华南丘陵山地的年降水量多大于1 200 mm。显然，除干旱地区外，我国绝大部分地区的降水均能满足泥石流的形成，降水较少的半干旱、半湿润地区，岩石物理风化强烈，植被破坏后不易恢复，有利于泥石流的形成。降水丰沛的湿润地区，岩石物理风化轻微，植被较好，不利于泥石流的形成。

除暴雨外，其他水体的补给有冰雪融水、地下水和湖库溃决水。我国西部高山区，冰雪消融往往激发泥石流的发生；堤坝溃决，沟道上游天然或人工坝体溃决，有时也激发泥石流发生。冰雪融水是青藏高原现代冰川和季节性积雪地区泥石流形成的主要水源。

（4）人为因素

不合理的人类活动，植被破坏、陡坡开荒、工程建设处置不当（开矿、修路、挖渠等），增加径流，破坏山体稳定，均可诱发泥石流发生，或加大泥石流规模，加快频率。岷江上游5县（汶川、四川黑水、理县、茂县、松潘）1940年森林覆盖率为30%，20世纪70年代末降至18.8%，1981年雨季有129条沟爆发泥石流。四川黑水县知木林区的小黑水与毛尔盖河下游许多沟谷发生暴雨泥石流，其中多数与流域内的过度砍伐而导致森林生态系统破坏有直接关系。云南昆明市东川区泥石流的强烈活动显然是明、清以来薪炭炼铜、大规模砍伐森林的结果。

矿山建设和开采，开挖山体造成的边坡失稳和弃渣处置不当，往往诱发泥石流的发生。西南山区公路、铁路建设期及建成后，沿线泥石流活动往往趋于频繁，如川藏公路和成昆铁路。这往往与修建公路、铁路边坡开挖引起山体失稳及线路周边森林砍伐有关。

4.2.2　泥石流监测内容

泥石流监测内容分为形成条件（固体物质来源、气象水文条件等）监测、运动特征（流动动态要素、动力要素和输移冲淤等）监测、流体特征（物质组成及其物理化学性质等）监测。

（1）固体物质来源监测

固体物质来源是泥石流形成的物质基础，应在研究其地质环境和固体物质、性质、类型、规模的基础上，进行稳定状态监测。固体物质来源于滑坡、崩塌的，其监测内容按滑坡、崩塌规定的监测内容进行监测；固体物质来源于松散物质（含松散体岩土层和人工弃石、弃渣等堆积物）的，应监测其在受暴雨、洪流冲蚀等作用下的稳定状态。

（2）气象水文条件监测

重点监测降水量和降水历时等；水源来自冰雪和冻土消融的，监测其消融水量和消融历时等。当上游有高山湖、水库、渠道时，应评估其渗漏的危险性。在固体物质集中分布地段，应进行降水入渗和地下水动态监测。

（3）动态要素监测

动态要素监测包括爆发时间、历时、龙头、龙尾、过程、类型、流态、流速、泥位、泥面宽、泥深、爬高、阵流次数、测速距离、测速时间、沟床纵横坡度变化、输移冲淤变化和堆积情况等，并取样分析，测定输砂率、输砂量或泥石流流量、总径流量、固体总径流量等。

（4）动力要素监测

动力要素监测包括泥石流流体动压力、龙头冲击力、石块冲击力和泥石流地声频谱、振幅等。

（5）流体特征监测

流体特征监测包括固体物质组成（岩性或矿物成分）、块度、颗粒组成和流体稠度、容重、重度（重力密度）、可溶盐等物理化学特性，研究其结构和物理化学特性的内在联系与流变模式等。

4.2.3　泥石流监测方法

泥石流监测的目的和任务是为获取泥石流形成的固体物源、水源和流动过程中的流速、流量、顶面高程（泥位）、容重等及其变化，为泥石流的预测、预报和警报提供依据。监测范围包括水源和固体物源区、流通段和堆积区。泥石流的监测方法，在专门的调查研究单位已采用电视录像、雷达、警报器等现代化手段和普通的测量、报警设备等进行观测。根据泥石流监测内容，泥石流监测方法主要有以下几种。

（1）降水观测

在泥石流沟的形成区或形成区附近设立降水观测站点，固定专人进行观测。主要监测和分析降水量和降水过程，及时掌握雨季降水情况，在一次降水总量或降雨强度达到一定指标时，根据当地泥石流发生的临界降水量，立即发出预警信号。

（2）源区观测

主要观测泥石流形成区和固体物质储量及其动态变化状况，滑坡、崩塌的发育、数量、稳定性等，以及形成区岩石风化、破解程度、植被覆盖、生物状况、类型、坡耕地等的动态变化状况。

（3）泥石流观测

泥石流观测的基本方法是断面测流法，在形成区和堆积区也可用测钎法和地貌调查法。以下主要阐述断面法。

①观测断面的布设　根据泥石流运动时特有的振动频率、振幅，在沟道顺直、沟岸稳定、纵坡平顺、不易被泥石流淹没的流通段区域布设泥石流观测断面，一般选择在流通区段的中下部，观测断面设置2~3个，上、下断面间的距离一般为20~100 m，需要布设遥测雨量装置、土壤水分测定仪、水尺等水文气象监测设施设备。

②流态观测　泥石流运动有连续流也有阵流，其流态有层流也有紊流；泥石流开始含沙量低，很快含沙量剧增，后期含沙量减少，过渡到常流量，因而观测其运动状态和演变过程，对于正确分析和计算是不可缺少的资料。

泥石流这一过程的观测是由有经验的观测人员，手持时钟，在现场记录泥石流运动状况，并配合以下观测内容作出正确判断。

③泥位观测　由于泥石流的泥位深度能直观地反映泥石流的暴发与否、规模大小和可能危害程度。因而，可以利用泥位对泥石流活动进行监测。泥位用断面处的标尺或泥位仪进行观测，观测精度要求至0.1 m。

a. 人工观测。泥深的测量是通过悬挂在缆道上的重锤来实现的。但由于缆道的上下晃动，影响了施测精度，因而泥石流过后还要观测断面痕迹，以补充校正。

对连续流的观测，除流速和泥深变化观测外，还应尽可能在泥石流过后，对滩岸的变化进行观测。因为一般黏性泥石流过后，要有一部分铺床落淤，厚度一般不超过 2 m。

b. 仪器测定。UL-1 型超声波泥位计，是利用超声波在空气中以一定的声速传播，碰到障碍物后，即产生反射回波的原理制成。使用时，将一个称为超声换能器的装置吊悬在泥石流上方，并向泥石流液面发射超声脉冲，泥石流液面的反射回波仍被超声换能器接收，由相连的电子仪器算出发射到回收的时差，乘以空气中的声速，得到超声换能器到液面的距离，并以数字显示泥位高程。

④流速和过流断面观测　流速观测必须和泥位观测同时进行，其数值记录要和泥位相对应。通常有人工观测和仪器测定 2 种方法，前者有水面浮标测速法，后者有传感流速法、遥测流速仪、测速雷达法等。

a. 人工测定法。设置测流断面，采用浮标法测量表面中泓流速，方法同水文观测。用设置的水文缆道，测定泥石流表面高程，并在泥石流过后，观测横断面和比降，既可求出泥石流过流断面，又为下一次观测作好准备。

泥石流阵流测验方法，是在布设的上下游两个断面上，以龙头为标记来观测流速。当龙头到达上断面时，用信号通知下断面以秒表计时，龙头到达下断面时则读出历时 t，用 t 除以上下断面间的距离 L，即 $\dfrac{L}{t} = V_c$ 为泥石流龙头速度。

b. 仪器测定法。中国科学院成都山地灾害与环境研究所研制开发出 CL-810 型测速雷达和 UL-1 型超声波泥位计，再配以打印机，实现了单断面同步测量流速和泥位，提高了施测精度，保证了资料的完整性。

CL-810 型测速雷达采用多普勒效应，由发射频率 f_0、接收频率 f_{np}、光速 c 及无线电波相对于水的入射角 α，代入下式计算出流速 V 的。该仪器作用的距离为 150 m，可以避免施测过程中被毁。

$$f_{np} = \frac{1 + \dfrac{V}{c}\cos\alpha}{1 - \dfrac{V}{c}\cos\alpha} \cdot f_0 \qquad (4-9)$$

⑤动力观测　动力观测采用压力计、压电石英晶体传感器、遥测数传冲击力仪、泥石流地声测定仪等方法。

⑥其他观测　包括容重、物质组成等，主要利用容重仪、摄像机等仪器设备。

（4）冲淤观测

①沟道冲淤观测　沿泥石流沟道，每隔 30～100 m 布设一个断面，并埋设固定桩，每次泥石流过后测量一次，要同时测量横断面及纵断面。可采用超声波泥位计、动态立体摄影等方法观测。

②扇形地冲淤变化观测　泥石流扇形地，除测绘大比例尺地形图外，还应布置 10 m×50 m 的监测方格网，每次泥石流过后，用经纬仪、全站仪、INSAR 技术或"3S"技术和 TM 影像等其中的一种或几种测定淤积或冲刷范围，并用水准仪测量各方格网点的高程，以了

解高程变化和冲淤动态变化状况。

4.2.4　泥石流资料整编

泥石流侵蚀研究尚未深入开展，资料整编还是一个新课题。目前，有关泥石流侵蚀资料整编内容和方法主要有：

（1）泥石流流速

当为稀性泥石流或黏性泥石流连续流时，可以用测流速的方法得到泥石流流速。当为黏性泥石流阵流时，把龙头看成整体的运动，这样测得的龙头流速即为断面平均流速。

（2）泥石流泥深

对于有固定沟槽的泥石流，一般两侧边缘的泥深同中部最大泥深相差很小，由观测的泥深代表断面平均泥深。当泥石流未受沟床约束，则中部泥深大，两边泥深小，而观测又不可能将整个断面上各点的泥深同时测到，往往只测得中部的最大值 h_{max}。这样，计算时，假定从中部到边缘的泥深是均匀变化的，计算公式为：

$$h = (h_{max} - h')/2 + h' \tag{4-10}$$

式中　h——计算泥深，m；

h_{max}——最大泥深，m；

h'——两侧边缘泥深，m(可实测，也可根据经验值 0.3~0.5 m 代入计算)。

（3）泥石流流量

①泥石流最大流量　泥石流龙头的最大流速与该时通过泥石流断面(即泥深与泥宽乘积)之积即为最大流量 Q_c。

②泥石流阵流流量　阵流通过断面时，其断面形态是变化的，它像一长形楔体在沟槽中运动，龙头深度最大，尾部减小，甚至为零，在宽度上也有一定变化，但由于尾部泥深很小，因此宽度的变化对径流量计算影响不大。此外，假定流速也无变化，这样可按规则的楔形体计算流量：

$$W_c = \frac{1}{2}Q_c t \tag{4-11}$$

式中　Q_c——龙头最大流量；

t——阵流历时。

③一次径流量及年总径流量　当为黏性阵流时，上述阵流流量即为一次径流量，将年内各次阵流径流量累加得年总径流量。当为稀性泥石流或黏性连续流时，一次径流量及年总径流量的计算与洪水计算方法一致。

（4）输沙率和固体径流量

这部分计算与前述泥沙测验方法相同，这里不再赘述。

4.2.5　泥石流的防治措施

泥石流的防治措施主要有工程措施和生物措施。

（1）工程措施

泥石流防治的工程措施是指在泥石流的形成、流通、堆积区内，兴建相应的水利、引水工程，拦挡、支护工程，排导、引渡工程，停淤工程以及改土护坡工程等，控制泥石流的发生和危害。这类防治工程措施，一般适用于泥石流规模较大、活动比较频繁、松散固体物质补给量大及水动力条件相对集中的区域，保护重要对象（防治标准要求高，一次性解决问题）的情况下使用。

（2）生物措施

生物措施是泥石流防治的重要组成部分。一般采用乔、灌、草等植物进行科学地配置营造，充分发挥其截留降水、保持水土和调节径流等功能，从而达到预防和制止泥石流发生或减小泥石流发生规模，减轻其危害程度的目的。

4.3　冻融侵蚀监测

4.3.1　冻融侵蚀特征及成因

4.3.1.1　冻融侵蚀类型

冻融侵蚀按其冻融的作用和过程可分为冻融风化、冻融扰动、冻融泥流和冻融滑塌。

（1）冻融风化

岩土体孔隙和裂缝中充填的水分，随气温下降而发生冻结、膨胀，使周围岩土体破裂；随气温上升，冻体消融，水分再次填充。如此周而复始，岩土体风化崩解成微小颗粒，易被水力、风力搬运、移动，即冻融风化。

（2）冻融扰动

冻融扰动多发生于多年冻土区冻土上部的冻融活动层。冬季时，该活动层向地表向下冻结，底部因多年冻结的阻挡，水分不能下渗，所以使活动层下部未冻结的含水层因受冻胀挤压而引起塑性变形，产生了各种不规则微褶皱，即冻融扰动，可加剧冻融风化。

（3）冻融泥流

冻融泥流是发生在斜坡上的一种冻融侵蚀现象。当冻土层上部解冻时，融水使岩土体表层细粒物质达到饱和状态，使该土层具有一定的塑性，在重力作用下，沿斜坡的冻融界面向下坡缓慢的移动，形成冻融泥流。

（4）冻融滑塌

由于气候突然变暖或人为活动的影响，多年冻土层中埋藏冰融化，造成上覆土层塌陷；或在坡面上，表层消融被水饱和的土层沿冻融界面向下滑动。例如，在林区人为破坏地表枯枝落叶物及青藏公路修建过程中易出现这种侵蚀现象。

4.3.1.2　冻融侵蚀作用方式及其特征

冻融侵蚀是指多年冻土地区，土体或岩石风化体中的水分反复冻融而使土体和风化体不断冻胀、破裂、消融、流变而发生蠕动、移动的现象。

冻融使边坡上的岩土体含水量和容重增大，因而加重了岩土体的不稳定性；冻融使岩土体发生机械变化，破坏了土壤内部的黏聚力，降低了土壤的抗剪强度；土壤冻融具有时间和空间不一致性，当岩土体表层融解时，底层未融解形成一个近似不透水层，水分沿接触面流动，使两层间的摩擦阻力减小，因此在岩土体坡角小于休止角的情况下，也会发生不同状态的机械破坏。所以，冻融侵蚀是一种不同于水力侵蚀、重力侵蚀的独特侵蚀类型。

截至目前，冻融侵蚀仍属于自然侵蚀范畴，极少受人为活动影响，且研究不多、认识不深。在极高山区和藏北高原，年平均气温在0℃以下，除了暖季很少有人类活动。因此，不同冻融侵蚀方式均受高寒环境左右，但局部侵蚀危害严重，如冰川泥石流、冻融泥流、冻融滑坡等，常导致交通受阻、建筑物毁坏。近年来，工程建设部门开展了部分冻融研究，如建设物抗冰冻设计、交通部门的冻土处理等，但作为一类土壤侵蚀研究尚少，仅有零星报道。为了掌握冻融侵蚀基本方式和特点，以便进行侵蚀监测，以下就冻融侵蚀方式和特点作概括论述。

（1）寒冻剥蚀

极高山裸岩区，岩石受热力作用而胀缩，由于组成矿物胀缩和导热性能差异，导致岩石表面产生环带裂缝，进而失重剥落，这是最常见的寒冻崩解方式。据考察，我国极高山区气温日较差常达35℃以上，崩解的岩屑堆积坡麓或落入冰川。当裂缝有冰水下，夜间冻结体积可增大9%，侧压力达2 000 kg/cm²，这一巨大冰劈作用，使裂隙深度增大，剥蚀速度加快，形成块状剥落，成为冰碛物的一部分，也可能成为冰川泥石流的物质来源。

（2）热融侵蚀

在青藏高原冻土区存在着地下冻冰，当暖季到来（每年5～9月），覆盖的冰雪及冻土由表及里开始消融，坡面上的消融层沿着解冻面在重力和流水双重作用下，向坡下移动。当坡面较陡（>40°）消融较深时，常呈热融崩塌；当坡面较缓（9°～25°），融水作用显著，就会出现热融滑坡（含滑塌）；当消融水较多使解冻层饱和，在缓坡（16°左右）细粒物质饱和泥化后，沿解冻面快速下移，称为热融泥流；当表层沙丘解冻，消融水沿解冻面冲刷，会造成风沙融蚀坍塌。

（3）冰雪侵蚀

在冰雪覆盖的极高山和山谷，由于雪崩或冰川活动，产生崩塌、刻蚀和刨蚀，形成各种冰蚀地貌；当冰舌前进至雪线附近逐渐消融，出现冰碛垅堆积，部分冰碛物随消融水下泄进入山前洪积扇或下游堆积，这就是冰雪侵蚀。

上述主要冻融侵蚀危害有：一方面毁坏坡面植被，使原本极为脆弱的生态很难恢复，石漠化、沙化蔓延扩展，进一步恶化生态环境；另一方面冻融侵蚀产生的固体物质，有的落入沟谷汇入江河，有的堆积坡脚，为泥石流发育创造了物质条件，导致下游洪涝泥沙灾害。在东北大兴安岭季节冻土区，冻融侵蚀对坡面地形塑造、沟谷发育具有重要作用。

4.3.1.3　冻融侵蚀成因

（1）气候特征

冻融侵蚀发生的基本气候条件是气温和降水2个因素。冻融侵蚀发生的地区，首先是其年内有必要长的气温低于0℃的天数，能足以使地球表层中积聚的水体完全凝结成冰，同时还要有足够长的高于0℃的天数，以便上述冰体完全消融。显然，包括黄河中游地区在内的温带地区能够满足这个条件。这是冻融侵蚀发生的必要条件。另一必要条件是要具备一定的降水量，尤其以秋天后期降水量的多少最为关键。这些降水能够下渗到地表内必要的深度，作为冻融作用的驱动主体。

（2）地质特征及物质组合

外营力的侵蚀驱动和自重应力使得被侵蚀泥沙初步汇聚在沟道等低洼地。地表径流、近地表气流等为侵蚀物质的输移提供了动力条件。植被的消长以及近年来加剧的一种特殊外营力——人类侵蚀活动对侵蚀作用施加了强烈的非自然驱动力。冻融侵蚀的场所自然是上述有关内外营力共同作用下创造的侵蚀环境，除了前述的气候条件外还包括地质构造条件、地貌条件、物质条件等。地质构造条件使得原始沉积地层能够出露于地表，并能提供冻融发生的有关露头面、层理面和构造面；地貌条件造就了冻融侵蚀发生所需要的地形、坡度甚至朝向等因子；物质条件主要指易于发生冻融侵蚀的物质，显然，对于古代岩层来说，质地坚硬的变质岩和火成岩难以发生冻融侵蚀；而陆源碎屑沉积岩由于原生孔隙以及各类沉积构造面的发育而有利于冻融侵蚀的发生；另外，第四纪沉积物包括黄土也是与冻融侵蚀有关联的物质。黄河中游的冻融侵蚀主要发生于流域的沟坡上，实际上也是这些沟坡具有有利于冻融侵蚀发生的地质、地貌和物质条件的组合。冻融侵蚀的发生还需要透水性和聚水性地层在空间上呈现有效的组合。

4.3.2　冻融侵蚀监测内容

冻融侵蚀的监测内容同其他侵蚀类型一样，包括侵蚀影响因子、侵蚀状况、侵蚀危害、水土保持措施及效益和其他内容 6 个方面。鉴于该类型分布在我国高山、高原等高寒地区，监测环境恶劣，交通不便，全国冻融侵蚀监测点仅 4 处(黑龙江 1 处、青海 2 处、西藏 1 处)。根据目前国内外冻融侵蚀研究现状，提出以下冻融侵蚀监测的基本内容。

4.3.2.1　冻融侵蚀影响因子

(1)气候因子

气候是冻融侵蚀发生发展的决定因素，包括：

①气温和地温　冻融侵蚀要求监测气温的年平均值、年变化和日均值、日变化，以及消融期 0~15 cm 地表的温度及变化。其中气温变化是指极端最高气温和极端最低气温及其变化过程。

②风　风既是外部动力，又影响气温和地温变化。冻融侵蚀要求监测风发生的日期、风期天数、风速大小及风向等。

③降水　降水下渗后参与冻融侵蚀，因而需要监测年平均降水量及月分配，以及消融期次降水和强度变化。

④其他因子　在一些季节冻融侵蚀区，还需要监测日照时数及分配、地面蒸发量等因子。

(2)地貌地质因子

地貌地质因子影响冻融侵蚀的强度和分布，包括：

①地形坡度、坡向　凡是坡度大的陡峭地形，缺乏植被覆盖，冻融侵蚀强烈；反之，坡度变缓，侵蚀减弱。坡向尤其阳向坡和阴向坡，通过影响地温的变化而影响冻融侵蚀。

②构造与岩性　在地质构造变化复杂地区，岩层较破碎，易遭侵蚀。岩石的抗风化性能决定于侵蚀强度，一般胶结松散的陆源碎屑岩易风化，坚硬的花岗岩等难风化。要求监测地质构造和岩性特征，如构造、节理特性、岩石结构及主要矿物组成等。

③地震　地震能破坏岩体的完整性和改变地形，给冻融侵蚀创造条件，尤其震级高、烈度大的地震。

（3）植被、土壤及其他因子

①植被类型与覆盖度　一般森林植被、灌丛植被类型区冻融侵蚀不易发生，草类植被限于根系发育较浅，在覆盖度低的情况下，易于发生冻融侵蚀，覆盖度高的地区，影响土壤含水量较低，不易发生。

②土壤及地表物质组成　地表土壤组成颗粒细小，易吸水饱和，在其他条件具备的情况下易发生冻融侵蚀；若地表物质组成颗粒粗大，则容易排水而变干，就不易发生冻融侵蚀。监测其厚度、组成、含水等特性。

4.3.2.2　冻融侵蚀

（1）侵蚀方式与分布调查

①侵蚀方式　目前查清的冻融侵蚀方式有寒冻侵蚀、热融侵蚀和冰雪侵蚀等数种，需根据其特点对照实地情况调查确定。

②地理位置　包括侵蚀区的行政归属、地理坐标（经度、纬度）及海拔等。

③分布特征　侵蚀发生的微地貌特征，分布面积及占调查区面积的百分比等。

（2）侵蚀数量

①侵蚀发生日期及频数。

②侵蚀区域大小，次侵蚀深（厚度）、宽度、长度及平均值，以及年侵蚀平均深宽、长度值和侵蚀面积。

③侵蚀物质容重（密度）、含水量及机械组成等。

④当在小流域采用量水建筑物测验时，除了测验悬移质，还要测验推移质。

（3）危害及水土保持调查

冻融侵蚀发生区多地广人稀，危害较轻。随着我国各项建设的发展，也出现了一些冻融侵蚀危害，如破坏土地资源、淹埋道路、引发泥石流灾害等。对已发生的灾害需进行实地调查，包括灾害区受损面积，受灾人口、牲畜等数量，受损设施及折价等；对于冻融侵蚀区的风沙活动与危害。

冻融侵蚀多属自然侵蚀范围，尚未开展水土保持工作，仅在一些建设项目区实施冻融侵蚀防治措施，可以调查措施名称、规格、布局及防治效果等，以积累防治资料和经验。

4.3.3　冻融侵蚀监测方法

4.3.3.1　寒冻剥蚀观测

本项观测可采用容器收集法或测钎法。容器收集法用于本项观测，需要在观测的裸岩坡面坡脚设一收集容器（或收集池），定期收集称重该容器内的剥蚀坠积物，并测量坡面面积和坡度，即可获得剥蚀强度。需要注意的是，收集器（池）边缘砌筑围墙（或设围栏）要可靠，以免洪水冲走或坠积物落出池外。当坡面岩石变化大，剥蚀差异明显或做其他分析研究时，可采用测钎法，也可两法同时使用。由于岩坡风化坠积物可能有石块，所以测钎不能细小且要有较高强度，以免毁坏。布设（图4-5）时，尽量利用岩层裂缝或层间裂缝，使测钎呈排（网）状，间距可控制在1.5~2.0 m，量测钎顶连线到坡面的距离，并比较两期的测量值，即可知剥蚀厚度。

寒冻剥蚀影响因素，除岩性及其破碎程度外，温度变化、降水多少和风的作用是十分

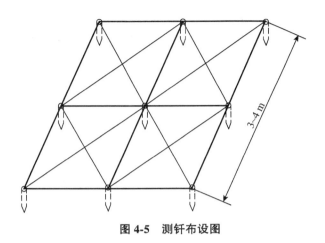

图 4-5　测钎布设图

重要的，因此，观测场应有不同岩性差异和坡向(至少有阳坡和阴坡)处理，以及降水、风速、风向的观测。

4.3.3.2　热融侵蚀观测

热融侵蚀从形式上看作地表的变形与位移，这样可应用排桩法结合典型调查来进行。在要观测的坡面布设若干排测桩及几个固定基准桩，由基准桩对测桩逐个做定位和高程测量并绘制平面图，然后定期观测。当热融侵蚀开始发生或发生后，通过再次观测，并量测侵蚀厚度，由图量算面积，即可算出侵蚀体积。应该注意，测桩埋深要以不超过消融层为准，一般控制在 30 cm 以内，否则将影响侵蚀。在不同典型地区作抽样调查，可以估算出热融侵蚀面积比或侵蚀强度。

热融侵蚀受高程、地形、地温、地表覆盖及物质组成等影响，因而，观测场应有不同坡度、不同坡向和不同下垫面特征的处理布设，再配以地温、气温、日照、降水等气候因子观测，就能分析这类侵蚀基本特征。

排桩布设可呈排状或网状，桩距应不超过 10 m。热融侵蚀观测在暖季初，可半月观测一次；随着气温升高，观测期应缩短到 10 d 或 5 d。当热融侵蚀发生后，受气候影响，裸坡可能还有变形或水流冲刷，应持续观测至 9 月底。

4.3.3.3　冰雪侵蚀观测

借鉴国外已有经验，可采用水文站观测径流、泥沙(含推移质)的方法，结合冰碛垅的形态测量来实现。形态测量实质是大比例尺高精度地形测量，通过年初和年终的测量成果比较，计算出堆积变化量；冰雪侵蚀受降水、气温及地质、地形因素影响较大，限于观测条件比较严酷、危险，通常在雪线以下沟道有条件的断面设站观测，并配备气象园观测气候因子；而对流域乃至源头，仅在近雪线不同高程处设一处或几处气象观测点，由这些观测值进行推算。

上述 3 类观测场应选在具有观测条件、交通便利和基本生活有保障的地方，若有其他生态站或水文站可尽量利用，合作完成。

4.3.3.4　观测资料整理

根据以上观测方法，冻融侵蚀观测资料整编的原则要求有如下几点。

（1）侵蚀速率月变化

无论上述何种侵蚀方式均与暖季气温变化有关，需在 5~9 月的各月末量算统计出本月的侵蚀量、移动量和输沙量。

（2）年侵蚀量或侵蚀模数

将各月侵蚀量、移动量和输沙量累加得年总值。根据寒冻剥蚀面调查、热融侵蚀的典型调查和冰川流域面积测算，可以计算年侵蚀模数；若热融侵蚀未做典型面上调查，则不计算侵蚀模数。

（3）主要影响因子记录整理

①气温、地温观测　最好采用 4 个时段，即当地 2:00、8:00、14:00、20:00 观测。按气象部门规定，计算日均值、月均值、年均值，若难以实现也应该测出 2:00 和 14:00 的极端气温和地温值，计算相应值，并摘抄极值。

②风力观测　以风速为主，可用自记风速仪，按 4 个时段和有关规定整理日均风速、月均风速和年均风速，并摘抄大风日数和最大风速。

③其他因子　可依实际情况整理汇总，列于表 4-2。

表 4-2　冻融侵蚀观测成果表

观测场(站)名：

所属政区：　省(自治区)　　县(州)　　乡(镇)　　村

地理坐标：东经　　　　　北纬

观测方法：

调查及观测记录

观测场情况	观测场(流域)面积/m²		观测场(流域)岩性及地面物质组成	
	观测场(流域)长度/m		地面(流域)植被覆盖及人为活动	
	观测场(流域)宽度/m		观测场(流域)海拔高程/m	
观测项目	观测次序			
	起止日期			
	平均气温和地温/℃			
	日温差(地温差)/℃			
	降水量/mm			
	平均风速/(m/s)			
	寒冻剥蚀量(深)/mm			
	热融侵蚀深/cm			
	热融侵蚀面积/m²			
	含沙量/(kg/m³)			
	径流量/m³			
	输沙量/kg 或 t			
调查情况				
其他说明				

填报：　　　审核：　　　观测时间：　　　年　月　日

4.3.4 冻融侵蚀监测技术要求

(1)寒冻剥蚀监测设施

①观测场应有代表性,要求坡面均整,无突兀危岩,有设置测钎的条件。

②观测场的观测坡脚应设有收集平台及收集栏,并避免洪水威胁和其他干扰破坏。

③观测场至少应有阳坡(正南面)和阴坡(正北面)两个标准坡面。

④观测场应配置气温、风(地面气象观规范)、降水观测设施,降水按《降水量观测规范》(SL 21—2015)的规定执行。若要借用当地气象部门观测资料,两观测场相距应在 10 km 内。

(2)寒冻剥蚀监设施配置

①测钎为测定岩坡剥蚀厚度的设备,布设成网(面观测)或带(条带观测),间距 1.5~2.0 m。用直径 10~12 mm 普通圆钢加工,长度 30~50 cm,顶端创光并刻有十字刻线,另一端为尖形或偏刃形,表面用红、白漆相间涂刷并编号。

②收集栏设在坡脚下平台,用来收集泻积物。一般设置双层,内层用木板、木桩围成骨架,其上铺设耐用织物,封闭严密,收集碎屑泻积物。外层用木桩(或钢筋混凝土桩)及普通镀锌铁丝网起,收集滚动粗大坠积物。

(3)寒冻剥蚀监测设施技术要求

①观测场地观测面不受周围局部地形影响,避免人为活动影响和洪水、泥石流等灾害威胁,应有巡视、观测道路及爬高设施。

②测钎网(带)设置后,观测时用钢丝连接(或直尺连接),量测相距 10 cm,测量精度 ±1 mm。用围栏收集法称重的精度为 ±1.0 g,面积量算相对误差为 ±1.0%。

③观测场整体布局应紧凑,尽量互相靠拢。每一观测场,坡面与坡脚监测设施配套,相互校验。

④观测场应采用自然坡面,一般无须人工修整,并设警示牌保护。

(4)热融侵蚀监测设施

①观测场应具有代表性,包括不同坡向、植被覆盖及地面物质组成、坡度、高程等。

a. 观测场应设置在缓坡上,周围应无高大物体影响,较空旷。

b. 观测场顺坡设置成矩形,面积不小于 200 m²。

c. 观测场在 4 个坡向的情况下,可不重复设置。在一个坡向情况下,应有 1~2 个重复设置。

②观测场应设置基准桩和校验桩,要求通视良好,观测仰角和俯角在 30°以内。

③观测场标桩应呈网(排)状配置,稳定可靠,在人畜(兽)活动区应设围栏保护。

④气象监测设施应建在观测场区内,并配备地温、气温、日照等必要的监测设施。

(5)热融滑塌监测设施配置

①标桩应用钢筋混凝土制作,直径 7~10 cm,长度 30~50 cm,桩顶中心设小钉,用红、白彩漆相间涂刷并编号。标桩应呈网状或排状打入地下,标桩间距 5~10 m,打入深度不应超过 15 cm。

②基柱及校验桩是用来控制和测定标桩空间变化的桩。直径为 10~12 cm,长度 50~

70 cm(大于解冻层厚度)，用钢筋混凝土制成，桩顶有出露钉头，并刻十字线，埋入不受干扰的观测场附件，埋入深度应大于解冻层厚度。其中校验桩最好选在基岩露头处。

（6）热融滑塌监测技术要求

①热融滑塌观测期每年为5~9月，观测场应有安全保障、交通便利，分析处理场所应有水电设施。

②标桩位置精度±1 cm，位移误差±1 cm，高度误差±1 mm。温度观测精度±0.1℃。

③各观测场排列有序，设置严谨，定位准确。

④观测场保持自然坡面，无须人工整理，设栏保护。

4.3.5 冻融侵蚀强度评价与分析

4.3.5.1 冻融侵蚀评价范围确定

冻融侵蚀评价范围与多年冻土分布范围基本一致，与冰缘地貌范围基本等同。多年冻土区和冰缘地貌的下缘一般与年平均气温-2 ℃重合，全国冻融侵蚀区下缘的年平均气温统计值为-2.2 ℃。因此，将-2 ℃的年等温线作为冻融侵蚀评价范围的下限海拔参考。

降水量对冻融侵蚀区有显著影响，基于全国有冻融侵蚀发育的山地统计表明：年均降水量与冻融侵蚀区下缘处的年平均气温呈正相关关系，即年均降水量越大，冻融侵蚀区下缘平均气温越高，下限海拔越低；年均降水量越低，冻融侵蚀区下缘年平均气温越低，下限海拔越高。

$$T_\alpha = 0.010\ 7P - 6.460\ 1 \tag{4-12}$$

式中 T_α——冻融侵蚀下缘处的年平均气温，℃；

  P——年均降水量，mm。

青藏高原是我国冻融侵蚀的主体区域，在该区域，可按式(4-13)计算冻融侵蚀评价范围的下限海拔高程，下限海拔高程以上区域即为冻融侵蚀评价范围。

$$H = \frac{66.303\ 2 - 0.919\ 7X_1 - 0.143\ 8X_2 + 2.5}{0.005\ 596} - 200 \tag{4-13}$$

式中 H——冻融侵蚀评价范围下限海拔高程，m；

  X_1——纬度，°；

  X_2——经度，°。

西北高山区、东北高纬度地区的冻融侵蚀区下限海拔，可以通过冻融侵蚀区下限平均气温等温线确定，也可以通过冻融侵蚀下限海拔确定。

中国各区域冻融侵蚀下限海拔如图4-6所示。

4.3.5.2 冻融侵蚀强度评价

（1）侵蚀强度评价模型

在冻融侵蚀评价范围内，从冻融侵蚀主导影响因素出发，采用多因子综合评价模型计算冻融侵蚀强度综合指数，判定冻融侵蚀强度（表4-3）。冻融侵蚀强度综合指数的计算公式为：

$$FI = \sum_{i=1}^{6} W_i I_i \tag{4-14}$$

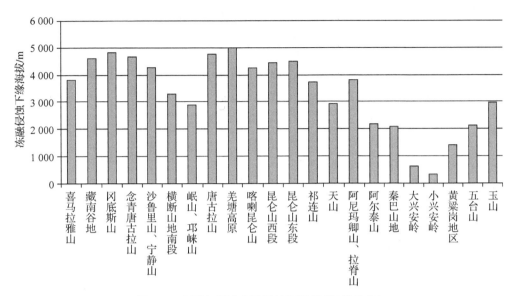

图 4-6　中国各区域冻融侵蚀下限海拔（供参考）

式中　*FI*——冻融侵蚀强度综合指数，无量纲，不同的取值范围对应不同的冻融侵蚀强度；

　　　　W_i——年均冻融日循环天数、日均冻融相变水量、年均降水量、坡度、坡向和植被覆盖度 6 个评价指标的权重，无量纲（表 4-4）；

　　　　I_i——年均冻融日循环天数、日均冻融相变水量、年均降水量、坡度、坡向和植被覆盖度 6 个评价指标不同范围对应的等级值（表 4-5）；

　　　　i——1，2，…，6。

表 4-3　冻融侵蚀强度分级表

区域		土壤侵蚀强度					
		微度	轻度	中度	强烈	极强烈	剧烈
青藏高原区	三江源地区	≤2.67	2.67~2.98	2.98~3.10	3.10~3.35	3.35~3.50	>3.50
	西藏、川藏地区	≤2.42	2.42~2.93	2.93~3.18	3.18~3.34	3.34~3.50	>3.50
	海西地区	≤2.64	2.64~3.35	3.35~3.55	3.55~3.70	3.70~3.78	>3.78
西北高山区		≤2.64	2.64~2.89	2.89~3.10	3.10~3.21	3.21~3.23	>3.23
东北高纬度地区		≤1.65	1.65~2.34	2.34~2.41	2.41~2.80	2.80~2.90	>2.90

注：西北高山区指天山—阿尔泰山地区，东北高纬度地区指大、小兴安岭地区。

表 4-4　不同评价指标权重值

评价指标	年均冻融日循环天数/d	日均冻融相变水量/%	年均降水量/mm	坡度/°	坡向/°	植被覆盖度/%
权重 *W*	0.15	0.15	0.05	0.35	0.05	0.25

表 4-5 不同评价指标对应的 *I* 值

年均冻融日循环天数/d		日均冻融相变水量/%		年均降水量/mm		坡度/°		坡向/°		植被覆盖度/%	
指标范围	*I* 值	指标范围	*I* 值	指标范围	*I* 值	指标范围	*I* 值	指标范围	*I* 值	指标范围	*I* 值
≤100	1	≤3	1	≤150	1	≤8	1	0~45, 315~360	1	60~100	1
100~170	2	3~5	2	150~300	2	8~15	2	45~90, 270~315	2	40~60	2
170~240	3	5~7	3	300~500	3	15~25	3	90~135, 225~270	3	20~40	3
>240	4	>7	4	>500	4	>25	4	135~225	4	0~20	4

（2）侵蚀强度评价因子计算方法

在冻融侵蚀强度评价的 6 个指标中，年均冻融日循环天数和日均冻融相变水量是冻融侵蚀的主要动力因素，在冻融侵蚀发育过程中起着主导作用，在冻融侵蚀评价中也起着非常重要的作用。年均降水量、坡度、坡向和植被覆盖度分别从不同方面决定了冻融侵蚀的分布和强度，也是冻融侵蚀评价的主要因子。各个指标说明如下：

①年均冻融日循环天数　一个地区其地表温度在 0 ℃上下波动越频发，则冻融循环作用越强烈，因冻融循环作用导致的岩土体破坏程度越强。定义 1 d 内最高气温大于 0 ℃ 而最低气温小于 0 ℃ 为一个冻融日循环。年均冻融日循环天数是指多年平均（一般取 10 年）的冻融日循环发生的天数。

②日均冻融相变水量　相变水量是指土地冻融过程中发生相变的水量。相变水量增加，冻结时由于水体结冰体积增大而对土地的破坏作用增加。日均冻融相变水量反映了土壤含水量对冻融侵蚀强度的影响。日均冻融相变水量一般取 10 年日冻融相变水量平均值，可通过亮温数据产品反演等途径获取。

③年均降水量　一般取至监测前一年的 30 年年降水量平均值。

④坡度。

⑤坡向。

⑥植被覆盖度　一般取年均（监测前 3 年平均，与水力侵蚀中的植被覆盖度滑动计算方法一致）24 个半月植被覆盖度的平均值。

4.3.5.3　水土流失面积综合分析计算

见 2.3.4。

4.3.5.4　质量控制技术要求

见 2.3.6。

复习思考题

1. 滑坡监测的内容有哪些？
2. 防治滑坡的措施有哪些？
3. 简述泻溜监测的内容和方法。
4. 简述泥石流监测的内容和方法。
5. 简述冻融侵蚀监测的内容和方法。

第 5 章

小流域水土流失综合调查

小流域水土流失综合调查的内容是根据事先明确的规划、设计、监测、监督等任务确定。主要目的是查明某一区域范围内的自然地理、社会经济、水土流失及土地利用现状等方面的基本情况，为合理利用土地、进行水土保持规划设计提供依据，也为开展水土保持科学研究提供基础资料。小流域水土流失综合调查主要包括对一定区域范围内的影响水土流失的各种因子(自然、社会经济)的调查、水土流失及其防治状况调查，即自然资源调查、社会经济情况调查、水土流失和水土保持调查。

5.1 自然资源调查

自然资源调查主要包括地质、地貌与地形、土壤或地面组成物质、气候和植被等自然资源现状调查。

（1）地质

地质条件是水土流失形成的大背景或者说是控制性因子。调查内容主要包括：地质构造、地层与岩性、地震、新构造运动、地下水活动等。地质条件对于地貌形成、成土母质及土壤特性十分重要，是滑坡、崩塌、泥石流调查的主要内容。

① 地质构造　主要指大地构造位置、构造系统、褶皱性质与产状、断层性质与产状。地质构造与沟道系统形成、沟沿线(与构造线有关)、滑坡、崩塌、泥石流的产生关系最为密切。

② 地层的地质年代、产状和岩性　这与节理发育、岩石风化与破碎、母质及土壤形成有关；也直接影响到地质稳定性。一般老地层成岩作用好、质地坚硬，不易风化，但在多次构造运动过程中易形成发育的节理；反之，则成岩作用差，质地疏松、易风化。岩性与风化关系更为密切，在花岗岩地区，易形成崩岗；而沙页岩区易形成泻溜。

③ 地震　地震是导致山体滑坡、岩体崩塌、为泥石流形成提供物质条件的因素之一。我国一般地震多发区也是滑坡、泥石流多发区。

④ 新构造运动　主要指新生代以来地壳的水平与垂直运动、断裂活动、岩浆侵入、火山喷发等是泥石流、滑坡形成的重要原因。我国喜马拉雅运动以来形成的新构造地区，就是泥石流与滑坡的频发区和重点防治区。

⑤ 地下水活动及各种不良地质运动等　这些往往是引起滑坡、泥石流的关键驱动力。

（2）地貌与地形

地貌与地形是造山运动与夷平运动共同作用下形成的，大地构造运动起着决定性和主导性作用，它是水土流失发生发展的内在原因和必要条件；同时，水土流失(一种主要的夷平运动)也塑造着地貌与地形，只是相对于地史来讲，水土流失对地貌与地形的变化影响很小，而地貌与地形却深刻影响着水土流失。

① 地貌与土壤侵蚀的关系　一是大中型地貌类型的区域分布影响土壤侵蚀强弱的宏观差异；二是地貌形态因子在土壤侵蚀发展中起重要作用。大中型地貌同时还在很大程度上影响气候、植被以及土地利用等方面的条件，间接影响土壤侵蚀的发生与发展。一般说来，以微地貌的形态因子对土壤侵蚀的影响更加明显和直接。地貌形态类型划分地貌划分指标见表5-1。

表 5-1　地貌形态类型划分指标表

类型名称	切割强度	海拔/m	相对高差/m
极高山	切割明显	≥5 000	>1 000
高山	深切割高山 中切割高山 浅切割高山	3 500~5 000	>1000 500~1 000 100~500
中山	深切割中山 中切割中山 浅切割中山	1 000~3 500	>1 000 500~1 000 100~500
低山	中切割低山 浅切割低山	500~1 000	>500 100~500
丘陵	高丘 中丘 低(浅)丘	<500	100~200 50~100 <50
平原	平坦开阔		相对高差很小

②地形　包括坡型、坡长、坡度、坡向、坡位等，是影响水土流失的直接因素，常作为水土流失预测预报中的一个主要因素来考虑。小流域(沟谷)特征与形态是地貌与地形综合构成的一种外在表现。主要包括流域面积、流域平均长度、流域平均宽度、流域形状系数和均匀系数、沟道比降、沟谷裂度(沟占地面积)、沟壑密度或开析度、坡度组成等。常规调查时采用的坡度、坡向和坡长分级见表5-2至表5-4。

表 5-2　坡度分级表

名称	部门	平坡	缓坡	斜坡	陡坡	急坡	险坡
坡度/°	水保	<5	6~8	9~15	16~25	26~35	>35
	林业	<5	6~15	16~25	25~35	36~45	>45

注：缓坡与斜坡的阶线划分，造林立地划分上采用15°，水土流失调查采用8°。

表 5-3　坡向划分表

方法	阴坡/°	半阴坡/°	阳坡/°	半阳坡/°
四分法	337.5~22.5	22.5~157.5	157.5~212.5	212.5~337.5

（续）

方法	阴坡/°	半阴半阳/°	阳坡/°
三分法	337.5~22.5	22.5~157.5，157.5~212.5	212.5~337.5

方法	阴坡/°		阳坡/°
二分法	67.5~247.5		247.5~67.5

注：表中南北向为0°~180°，生产上多采用二分法。

表 5-4　坡长分级标准

编码	分级	坡度/°
1	短　坡	<20
2	中长坡	20~50
3	长　坡	50~100
4	超长坡	>100

（3）土壤或地面组成物质

土壤是土壤侵蚀的对象，也是植被生长的基础。土壤的物理化学性质不仅影响土壤的抗蚀性，而且影响植物生长，反过来影响水土流失。调查主要内容有：土壤类型、土壤质地、土壤结构、土壤厚度、土壤渗透性、土壤养分（有机质、全氮、速效氮等）。土壤类型、土壤质地、土壤养分可查阅土壤志或农业区划相关资料；土壤厚度可调查实测；土壤厚度划分见表5-5；土壤结构（形状、大小）鉴定见表5-6；土壤质地采用国际制土壤质地分类如图5-1所示。

地面组成物质往往是侵蚀的对象，因而地面组成物质的种类、结构特性等都对土壤侵蚀有重要影响。一般可用风化岩壳组成等说明，如风化砂质花岗岩、风化碎砾状页岩、粗骨质土状物等。

表 5-5　土壤厚度划分表

类型	薄土		中土		厚土	
	1	2	3	4	5	6
土壤厚度/cm	<5	5~15	15~30	30~70	70~100	>100

表 5-6　土壤结构（形状、大小）鉴定表　　　　　　　mm

大小	粒状	次角状块状	角状块状	棱柱状	片状
细	细粒状 （<2）	细次角状块状 （<10）	细角状块状 （<10）	细棱柱状 （<20）	细片状 （<2）
中等	中等粒状 （2~5）	中等次角状块 （10~20）	中等角状块状 （10~20）	中等棱柱状 （20~50）	中等片状 （2~5）
粗	粗粒状 （5~10）	粗次角状块状 （20~50）	粗角状块状 （20~50）	粗棱柱状 （50~100）	粗片状 （5~10）
特粗	特粗粒状 （>10）	特粗次角状块状 （>50）	特粗角状块状 （>50）	特粗棱柱状 （>100）	特粗片状 （>10）

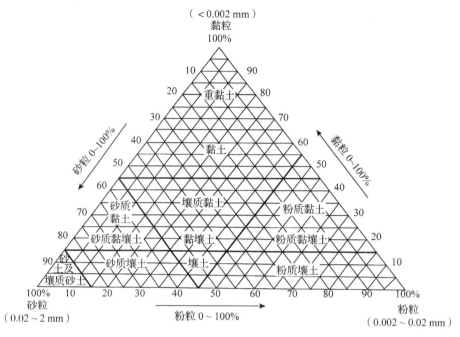

图 5-1　国际制土壤质地分类三角图

(4)气候

气候因素是影响土壤侵蚀的主要外营力。气候因素对土壤侵蚀的影响是多方面的，直接影响土壤侵蚀的因素有降水、风的破坏作用以及冰雪冻融等；间接方面为气候影响植物生长、植被类型、成土过程等，进而影响土壤侵蚀的发生与发展。随着气候带的变化，侵蚀营力的类型与分布各不相同，同时还影响今后的土地利用方向。

①降水　与水土流失特别是水蚀有着十分密切的关系。降水主要包括降雨和降雪，一般地区主要是降雨，高原地区降雪也非常重要。降水特征调查主要包括降水(雨)量、雨强、降雨历时、汛期雨量、一日最大降水量、一次最大降水量、降水量年际分布、年内季节分布等。降水量越大，雨强越大，降水历时越长，流失量越大。同时，降水量与植被生长有较大关系，400 mm 以上地区以森林分布为主，400 mm 以下则为森林草原区或草原区。而植被生长越好，流失量越小。降水与植被共同影响着水土流失。即使在风蚀地区，降水量与植被也同样是最重要的因子。降水量一方面与大气环流有关，同时也与海拔有关，即使在干旱荒漠区，高山地区的降水量较大，因此，常有森林或草地分布。而暴雨雨滴大、产流多、侵蚀能量大，是导致严重土壤流失的主要动力。

②光照与温度　是影响植物生长的关键因子，同时，光照与温度变化是影响冻融侵蚀、泥流、物理(胀缩、风化等)性侵蚀等的主要因子。调查主要包括：年平均气温、1 月和 7 月平均气温、极端最高气温、极端最低气温、≥10°的年活动积温、无霜期、冻土深度、日照时数等。

③风　是引起风蚀和风沙流的必要条件，是风蚀的动力因子，同时也加大蒸散，造成干旱，影响植物生长，并间接影响风蚀。土壤风蚀的强弱首先取决于风速，刮风时间长短对风蚀也有很大影响，只有历时较长的大风才能形成大规模的风沙流。因此，风调查主

要包括：年平均风速、春冬季月平均风速、大风日数、沙尘日数、干热风日数、风频风向，特别是主害风方向。

（5）植被

植被是指覆盖在地球表面由绿色植物组成的各种不同的植物群落，如森林、灌丛、草原以及人类创建的各种栽培植物群落等。植被是防止土壤侵蚀的主要因素，它对土壤侵蚀的影响是很广泛的。植被对水蚀的影响主要通过以下几个方面来实现：①影响雨滴打击地面的过程；②植物的根、茎、叶对降雨的拦截和吸收；③增强土壤渗透性能，影响地表径流；④增加地表粗糙度，减缓地面径流流速；⑤枯枝落叶层的拦蓄径流作用；⑥增加土壤抗侵蚀性能。

植被调查多采用线路调查，主要内容包括：植物种类、植被类型、郁闭度（森林）、覆盖度（草或灌木）、生长状况、枯枝落叶层等。植被调查也可以采用样方进行调查。植被类型从水土保持角度划分可粗可细，具体应根据调查目的和要求确定，一般可分为针叶林、阔叶林、针阔混交林（此三者又可分为落叶和常绿）、灌木林、灌丛草地等。郁闭度是调查样方地块内林冠垂直投影与地块总面积的比，野外调查一般是抬头法。覆盖度则是调查地块内草灌覆盖面积与地块总面积的百分比，野外调查的方法一般是触针法。详细的调查过程见相关章节。

（6）水文资源及其他自然资源

水文与水资源状况对水土保持，防止径流冲刷，加强水资源利用及植被恢复等具有重要意义。水文调查包括：地表径流量、不同地面入渗状况、地下水位、地下水资源（包括小泉小水）、植被耗水量、沟道洪水位、沟道冲刷情况等。

除以上资源外，还应对矿产资源、动植物资源等做简单调查。

5.2　社会经济条件调查

社会经济条件调查主要包括 2 方面的内容：一是土地利用现状，二是社会经济情况。

（1）土地利用现状调查

土地利用现状调查是水土流失调查与水土保持规划设计的基础。土壤侵蚀量可以通过对不同土地利用类型的土壤侵蚀量的估测，按各类型的面积推算某一区域的土壤侵蚀总量。同时，也可以查清梯田、坝地、林地等的水土保持措施面积，监测水土保持措施的成效。通过调查，对土地利用进行重新规划是水土保持综合治理规划设计的第一步。土地利用调查首先是对土地利用进行分类，然后采用野外调绘、调查登记、室内整理等方法最终完成。

我国《土地利用现状分类》（GB/T 21010—2017）将土地利类型划分为 12 个一级类、73 个二级类。但在水土保持应用上存在一定不适用性。目前从水土保持保持角度考虑，在 GB/T 21010—2017 的基础上，制定了适用于水土保持土地利用现状分类表（GB/T 51297—2018 附录 B），将土地类型划分为耕地、园地、林地、草地、交通运输用地、水域及水利设施用地、城镇村及工矿用地和其他土地 8 类利用类型（表 5-7）。在类型上进一步分为若干二级、三级和四级。例如，对于耕地，二级的旱地可进一步划分为坡耕地、旱平地、梯田和沟川坝地三级类型；三级的坡耕地再划分为缓坡耕地（5°~8°）、斜坡耕地（8°~15°）、陡坡耕地(15°~25°)、急坡耕地(25°~35°)、险坡耕地(>35°)。这样,既遵循了国家一、二级分类体系,又能够达到水土保持监测的要求。

土地利用调查,可采用高分辨率的卫星影像、航空像片、无人机照片进行判读或用地形图进行野外调绘。

表 5-7　土地利用现状分类表(适用于水土保持)

一级类	二级类	三级类	四级类	备注
耕地	指种植农作物的土地,包括熟地,新开发、复垦、整理地,休闲地(含轮歇地、轮作地);以种植农作物(含蔬菜)为主,间有零星果树、桑树或其他树木的土地;平均每年能保证收获一季的已垦滩地和海涂。耕地中包括南方宽度<1.0 m,北方宽度<2.0 m固定的沟、渠、路和地坎(埂);临时种植药材、草皮、花卉、苗木等的耕地,以及其他临时改变用途的耕地			
	水田	指用于种植水稻、莲藕等水生农作物的耕地,包括实行水生、旱生农作物轮种的耕地		
	水浇地	指有水源保证和灌溉设施,在一般年景能正常灌溉,种植旱生农作物的耕地,包括种植蔬菜等的非工厂化的大棚用地		
	旱地	指无灌溉设施,主要靠天然降水种植旱生农作物的耕地,包括没有灌溉设施,仅靠引洪淤灌的耕地		
		旱平地	<1°	分布于北方自然形成的小于5°的平缓耕地
			1°~5°	
		梯田	水平梯田	田面坡度小于1°的梯田
			坡式梯田	田面坡度大于1°的梯田,包括东北漫岗梯地
		坡耕地	5°~8°	实际应用中可根据情况适当归并
			8°~15°	
			15°~25°	
			25°~35°	
			>35°	
		沟川坝地	沟川(台)地	分布于北方的川台地
			坝滩地	由淤地坝淤地形成的坝地,包括引洪漫地
			坝平地	分布于南方的山间小盆地、川台地
园地	指种植以采集果、叶、根、茎、汁等为主的集约经营的多年生木本和草本作物,覆盖度大于50%和每亩株数大于合理株数70%的土地,包括用于育苗的土地			
	果园	指种植果树的园地。果园的三级地类可根据实际情况按树种细分		
	茶园	指种植茶树的园地		
	其他园地	指种植桑树、橡胶、可可、咖啡、油棕、胡椒、药材等其他多年生作物的园地		
		经济林栽培园	—	经济林栽培园是指在耕地上种植的并采取集约经营的木本粮油等其他类的栽培园,四级地类可根据实际情况按树种细分
		其他园地	—	其他园地的四级地类可根据实际情况按树种细分

（续）

一级类	二级类	三级类	四级类	备注
林地	指生长乔木、竹类、灌木的土地，及沿海生长红树林的土地，包括迹地，不包括居民点内部的绿化林木用地、铁路、公路征地范围内的林木，以及河流、沟渠的护堤林			
	有林地	指树木郁闭度≥0.2 的乔木林地，包括红树林地和竹林地		
		用材林	—	三、四级可根据需要按林业有关标准进行划分
		防护林	—	
		经济林	指种植木本粮油等经济林木的土地(非耕地)	
		薪炭林	—	
		特种用途林	—	
	灌木林地	指灌木覆盖度≥40%的林地		
		...		三、四级可依需要按林业有关标准划分
	其他林地	包括疏林地(指树木郁闭度 0.10~0.19 的林地)、未成林地、迹地、苗圃等林地		
		疏林地	—	树木郁闭度 0.10~0.19
		未成林造林地	—	
		迹地	—	
		苗圃	—	
		...		
草地	指生长草本植物为主的土地			
	天然牧草地	指以天然草本植物为主，用于放牧或割草的草地		
	人工牧草地	指人工种植牧草的草地		
	其他草地	指树木郁闭度<0.1，表层为土质，生长草本植物为主，不用于畜牧业的草地		
		天然草地	覆盖度>40%的天然生长的，以草本植物为主的，不用于畜牧业的草地	
		人工草地	覆盖度>40%的人工种植的，以草本植物为主的，不用于畜牧业的草地	
		荒草地	覆盖度≤40%的不用于畜牧业的其他草地	
交通运输用地	指用于运输通行的地面线路、场站等的土地，包括民用机场、港口、码头、地面运输管道和各种道路用地			
	铁路用地	指用于铁道线路、轻轨、场站的用地，包括设计内的路堤、路堑、道沟、桥梁、林木等用地		
	公路用地	指用于国道、省道、县道和乡道的用地，包括设计内的路堤、路堑、道沟、桥梁、汽车停靠站、林木及直接为其服务的附属用地		
	农村道路用地	指公路用地以外的南方宽度≥1.0 m、北方宽度≥2.0 m的村间、田间道路(含机耕道)		
	机场用地	指用于民用机场的用地		
	港口码头用地	指用于人工修建的客运、货运、捕捞及工作船舶停靠的场所及其附属建筑物的用地，不包括常水位以下部分		
	管道运输用地	指用于运输煤炭、石油、天然气等管道及其相应附属设施的地上部分用地		
水域及水利设施用地	指陆地水域，海涂，沟渠、水工建筑物等用地，不包括滞洪区和已垦滩涂中的耕地、园地、林地、居民点、道路等用地(本类可以根据设计需要适当简化归并)			
	河流水面	指天然形成或人工开挖河流常水位岸线之间的水面，不包括被堤坝拦截后形成的水库水面		

（续）

一级类	二级类	三级类	四级类	备注
水域及水利设施用地	湖泊水面		指天然形成的积水区常水位岸线所围成的水面	
	水库水面		指人工拦截汇集而成的总库容 $\geq 10 \times 10^4 \mathrm{m}^3$ 的水库正常蓄水位岸线所围成的水面	
	坑塘水面		指人工开挖或天然形成的蓄水量 $< 10 \times 10^4 \mathrm{m}^3$ 的坑塘常水位岸线所围成的水面	
	沿海滩涂		指沿海大潮高潮位与低潮位之间的潮浸地带，包括海岛的沿海滩涂，不包括已利用的滩涂	
	内陆滩涂		指河流、湖泊常水位至洪水位间的滩地；时令湖、河洪水位以下的滩地；水库、坑塘的正常蓄水位与洪水位间的滩地，包括海岛的内陆滩地，不包括已利用的滩地	
	沟渠		指人工修建，南方宽度 $\geq 1.0 \mathrm{m}$、北方宽度 $\geq 2.0 \mathrm{m}$ 用于引、排、灌的渠道，包括渠槽、渠堤、取土坑、护堤林	
	水工建筑用地		指人工修建的闸、坝、堤路林、水电厂房、扬水站等常水位岸线以上的建筑物用地	
	冰川及永久积雪		指表层被冰雪常年覆盖的土地	
城镇村及工矿用地	指城乡居民点、独立居民点以及居民点以外的工矿、国防、名胜古迹等企事业单位用地，包括其内部交通、绿化用地			
	城市		指城市居民点，以及与城市连片的和区政府、县级市政府所在地镇级辖区内的商服、住宅、工业、仓储、机关、学校等单位用地	
	建制镇		指建制镇居民点，以及辖区内的商服、住宅、工业、仓储、学校等企事业单位用地	
	村庄		指农村居民点，以及所属的商服、住宅、工矿、工业、仓储、学校等用地	
	采矿用地		指采矿、采石、采砂(沙)场，盐田，砖瓦窑等地面生产用地及尾矿堆放地	
	风景名胜及特殊用地		指城镇村用地以外用于军事设施、涉外、宗教、监教、殡葬等的土地，以及风景名胜(包括名胜古迹、旅游景点、革命遗址等)景点及管理机构的建筑用地	
其他土地	设施农用地		指直接用于经营性养殖的畜禽舍、工厂化作物栽培或水产养殖的生产设施用地及其相应附属用地，农村宅基地以外的晾晒场等农业设施用地	本类可以根据设计需要适当简化归并。田坎、盐碱地、沼泽地、沙地、裸地可归为未利用地
	田坎		主要指耕地中南方宽度 $\geq 1.0 \mathrm{m}$、北方宽度 $\geq 2.0 \mathrm{m}$ 的地坎	
	盐碱地		指表层盐碱聚集，生长天然耐盐植物的土地	
	沼泽地		指经常积水或渍水，一般生长沼生、湿生植物的土地	
	沙地		指表层为沙覆盖、基本无植被的土地。不包括滩涂中的沙地	
	裸地		指表层为土质，基本无植被覆盖的土地；或表层为岩石、石砾，其覆盖面积 $\geq 70\%$ 的土地	

（2）社会经济情况调查

社会经济情况调查是水土流失调查的重要组成部分，其调查内容包括：

① 人口与劳力　调查区人所属的乡(镇)、村、户数，人口总数、人口密度、农业人口与非农业人口、劳力总数、农业与非农业劳力、男劳力与女劳力、人口自然增长率、劳力自然增率等。

② 产业结构与状况　调查区村镇经济总收入、农、林、牧、渔、工副业收入结构、用地结构。

　　a. 农业生产。耕地与基本农田（或基本田）、作物种类、种植结构、总产量与单产、坡耕地与基本农田建设、主要问题与经验。

　　b. 林业生产。森林覆盖率、林地总面积、宜林地面积、林种与树种、林业生产主要收入来源、林业生产经营管理水平，主要经验与存在问题。

　　c. 牧业生产。草场及草场经营、牲畜存栏量、草场载畜量、舍饲情况、饲料来源、牧业收入来源、主要经验与存在问题等。

　　d. 渔业及水产。水面、养殖种类（渔、虾等）、经营状况、单产、收入、主要经验与存在问题等。

　　e. 工副业生产。调查副业生产门路（种植、养殖、加工、运输、编织、建筑、开采、第三产业、劳务输出等）、占用劳力数量和时间、经营方式与水平、经济收入、主要经验与存在问题，其他与农业生产相关的信息。

　　③村镇人民生活水平　调查包括人均收入、人均占有粮食、人均占有牲畜量、"三料"（燃料、饲料、肥料）消耗情况、人畜饮用水、交通道路建设、通电等。

　　相关表格见表 5-8 和表 5-9。

表 5-8　小流域社会经济情况统计表

辖 区			总人口/人	农业人口/人	总土地面积/km²	人口密度/(人/hm²)	人均土地/hm²	人均耕地/hm²	人均基本农田/hm²	产值		纯收入	
乡(镇)/个	村/个	户/户								总/万元	人均/元	总/万元	人均/元
合计													

表 5-9　小流域农村产业结构与产值调查统计表

村	农村各业生产总值/万元					农村各业产值比例/%				年均纯收入/元	粮食总产/万 t	人均粮食/(kg/人)
	小计	农业	林业	牧业	副业	农业	林业	牧业	副业			
合 计												

5.3 水土流失与水土保持调查

5.3.1 水土流失调查

水土流失调查，主要是对水土流失现状和危害进行调查。

（1）水土流失现状

① 水力侵蚀　主要调查面蚀和沟蚀。面蚀，目前通过调查只能获取定性的级别状况，没有观测与实验数据是很难定量的，《土壤侵蚀分类分级标准》（SL190—2007）中采取地面坡度和林草盖度 2 项指标来确定，这 2 项指标在野外比较容易取得，也可通过卫星影像、航空照片判读获得。沟蚀，区域性水土流失调查可采用 SL190—2007 规定的方法，即采用沟谷占坡面面积的比与沟壑密度 2 项指标。水力侵蚀强度、面蚀（片蚀）和沟蚀分级参考标准见表 5-10、表 5-11 和表 5-12。

表 5-10　水力侵蚀强度分级参考标准

编码	级别	平均土壤侵蚀模数/(t/km²·a)	平均流失厚度/(mm/a)
1	微度	<200，<500，<1000	<0.15，<0.37，<0.74
2	轻度	200，500，1 000~2 500	0.15，0.37，0.74~1.9
3	中度	2 500~5 000	1.9~3.7
4	强度	5 000~8 000	3.7~5.9
5	极强度	8 000~15 000	5.9~11.1
6	剧烈	>15 000	>11.1

注：本表流失厚度系按土的干密度 1.35 g/cm³ 折算，各地可按当地土壤干密度计算。

表 5-11　面蚀（片蚀）分级参考标准

地类		地面坡度/°				
		5~8	8~15	15~25	25~35	>35
非耕地林草盖度/%	60~75	轻度				
	45~60					强烈
	30~45			中度	强烈	极强烈
	<30			强烈	极强烈	剧烈
坡耕地		轻度	中度			

表 5-12　沟蚀分级参考标准

沟谷占坡面面积比/%	<10	10~25	25~35	35~50	>50
沟壑密度/(km/km²)	1~2	2~3	3~5	5~7	>7
强度分级	轻度	中度	强烈	极强烈	剧烈

② 重力侵蚀　区域性水土流失调查可采用 SL 190—2007 规定的方法，即采用崩塌面积占坡面面积的比。可采用实测或高分辩率的遥感影像或航片判读与野外抽样结合获取。

重力侵蚀分级参考标准见表 5-13。

表 5-13　重力侵蚀分级参考标准

崩塌面积占坡面面积比/%	<10	10～15	15～20	20～30	>30
强度分级	轻度	中度	强烈	极强烈	剧烈

③ 泥石流侵蚀　SL190—2007 规定调查内容，包括黏性泥石流、稀性泥不流、泥流侵蚀强度分级，主要以单位面积冲出量为判别依据。

④ 风力侵蚀　SL190—2007 规定主要调查床面形态、植被覆盖度与风蚀厚度，并据此进行强度分级。这三项指标采用高分辨率的遥感影像或航片判读与野外抽样结合，比较容易取得。

(2) 水土流失危害调查

水土流失危害调查主要包括水土流失对当地的危害、对下游地区的危害及大型灾害性事故的调查。调查方法以收集资料和询问为主，需要时可进行典型调查。

① 对当地危害的调查　降低土地生产力，包括土地完整度的破坏、土壤肥力下降、农作物产量下降、土地石漠化程度、土地沙化程度等。对周边生产生活与生态环境的危害，如对铁路、公路、工厂、村庄等的危害，对土地利用及其结构调整的危害，对土地耕作的危害。

② 对下游地区危害的调查　洪涝灾害，采用类比法，调查相近地区治理与非治理流域的差异，从而分析洪涝灾害。库、湖、塘、池、凼、河道等淤积的调查。

③ 对大型灾害性水土流失事件的典型调查　对大型灾害性水土流失事件，如山洪、泥石流、滑坡等进行典型调查，见水土流失专题调查。

5.3.2　水土保持现状调查

水土保持现状调查一般都纳入水土流失综合调查中，以便能更好地分析水土流失成因与防治对策。调查内容包括水土保持的历史、成果、经验和存在问题。调查方法以收集资料和询问为主，也可进行抽样统计调查和必要的典型调查。

① 水土保持发展过程调查　调查区内开展水土保持的时间(年)，其中经历的主要发展阶段，各阶段工作的主要特点，整个过程中实际开展治理的时间(年)。

② 水土保持成果调查　调查各项治理措施的开展面积和保存面积，各类水土保持工程的数量和质量。在小流域调查中还要了解各项措施与工程的布局是否合理，小型水利水保工程的分布与作用。在区域调查中应着重了解重点治理小流域的分布与作用。计算各项治理措施和小流域综合治理的基础效益、经济效益、社会效益和生态效益。

③ 水土保持经验调查　水土保持治理措施经验，着重了解水土保持各项治理措施如何结合开发利用水土资源合理调整土地利用结构、建立商品生产基地，为发展农村经济、促进群众脱贫致富发挥作用的具体做法，包括各项治理措施的规划、设计、施工、管理、经营等全程配套的技术经验。水土保持领导经验，着重了解发动群众、组织群众，动员各有关部门和全社会参加水土保持的经验，以及用政策调动干部、群众积极性的具体经验。

④水土保持存在问题调查　着重了解水土保持工作过程中的失误和教训，包括治理方

向、治理措施、经营管理等方面工作中的问题。了解水土保持工作中客观上存在的困难和问题，包括经费困难、物资短缺、人员不足、科技含量低等。根据调查区的客观条件，针对水土保持现状与存在的问题，提出开展水土保持的原则意见，供规划与决策参考。

5.4 其他水土流失与水土保持调查

5.4.1 水土流失专题调查

（1）沟蚀

沟蚀分细沟侵蚀（面状沟蚀可列入面蚀）、浅沟侵蚀和切沟侵蚀、干沟和河沟。干沟和河沟实际已形成沟床或河床，存在问题是水流冲刷，应与山洪、泥石流合并调查。

① 侵蚀量 局部地段的细沟蚀与浅沟蚀可采用样地横断面体积量测法。一个样地（样地宽 B×坡长 L）上等间距取若干个断面，每个断面上量测沟的总断面积，然后采用以下公式进行计算：

$$M = \frac{1}{2}r\sum_{i=1}^{n}(S_i + S_{i+1}) \cdot l \tag{5-1}$$

式中 M——样地侵蚀量，t；

S_i——第 i 个断面侵蚀沟的总断面积，m^2；

S_{i+1}——第 $i+1$ 个断面侵蚀沟的总断面积，m^2；

l——样地断面间距，m；

r——土壤容重，t/m^3；

n——断面数。

侵蚀沟的断面面积可根据实际断面以梯形、三角形等断面形式计算。

② 侵蚀形态 主要采用实测，观测沟头发育情况、沟岸稳定性、沟道下切情况等。

③ 侵蚀危害 主要调查沟蚀引起的土地切割、农作物倒伏、田坎冲毁等。

（2）重力侵蚀

① 泻溜调查 调查包括岩石风化物特征、风化速度、风化季节、滑落面植被状况、滑落量。调查采用专家估测，并填写设计好的表格。

② 崩塌调查 调查包括崩塌区域的岩性、岩层、节理、周边环境状况、崩塌规模和崩塌量等。调查性状可采用专家估测，崩塌量可进行量测，并填写设计好的表格。

③ 滑坡调查 调查包括滑坡形成条件、滑坡形态、滑体组成结构、滑体地面组成物质、地面变形情况、地下水活动情况、滑坡规模；滑坡诱发的原因、危害、造成的经济损失；滑坡稳定性及动态情况；对滑坡的防治措施等。大型滑坡应编写专门的调查报告。

④ 泥石流调查 调查包括区域内泥石流的历史活动情况；堆积物形态、结构、组成、流域自然与人为活动情况；泥石形成与诱发原因；历史上泥石流的活动情况、危害及经济损失等；泥石流防治情况等。大型泥石流调查应编制专门的报告。

（3）风力侵蚀

我国风蚀地区大体可分为北方风沙区、滨海湖岸沙区和河流泛滥风沙区（主要指黄泛风沙区)等。北方风沙区又可分为沙漠、沙地和水蚀风蚀交错区等。风蚀专项调查主要包括大风日数、风速、起沙风速、沙丘移动速度、沙区植被、沙区水资源、风沙危害(沙埋、沙割)等。

(4)冻融侵蚀

冻融侵蚀是在地面温度 0 ℃左右变化时，产生对土体机械破坏作用，是高寒地区的一种重要的侵蚀形式。我国冻融侵蚀地区多数为无人居住区或人口稀少的地区。典型调查应根据当地实际情况确定，主要包括岩性、岩层、节理、水分来源、温度变化、植被状况、崩解规模和崩解量、造成的危害等。

5.4.2　水土保持专项调查

为了掌握全国或区域水土保持动态，水土保持监测经常进行一些专项调查，如典型流域调查、重点流域调查、生产建设项目水土保持调查、城市水土保持调查、水土保持执法监督调查、生态修复调查等。每一项调查的方法和内容都应根据调查目的和任务确定。

(1)典型或重点流域调查

典型流域调查主要是对流域综合治理的典型进行调查，总结好的经验，加以推广。典型小流域综合治理调查包括政策、投资方式、治理模式和方法、经营管理等，调查可采用询问、实地考察等方法。

重点流域调查则是对国家或地方重点投资治理的小流域进行调查，目的是通过调查掌握全国或地方小流域治理的总体情况，不一定是新的模式，可能是常规方法。调查的重点是治理的面积，采取的措施及其工程质量、投资完成情况等，调查采用收集资料、普查(或详查)、抽样调查等方法。典型或重点流域调查果汇总参见《水土保持监测技术规程》(SL 277—2002)。实际调查时应根据具体要求细化或删减。

(2)生产建设项目水土保持调查

生产建设项目水土保持调查有 2 种类型：一是某一特定项目水土保持监测时进行的各项调查；二是全国生产建设项目水土保持普查。

全国或区域性生产建设项水土保持调查应与全国水土保持定期普查同时进行，但由于这类项目多为点、线工程(特大型矿山除外)，一般遥感影像的分辨率是很难达到调查要求的，因此除实行各部门的行业上报统计制度外，一般宜分层抽样调查，即：先将一个区域划分为若干类型(每一类型的开发建设项目不同)，然后根据权重，确定抽样点数，对抽中的样点进行全面详查，然后进行统计分析，估计总体情况。如果区域面积不大可采用全面调查。全国范围内的详查可以以县级为单元，通过逐级调查上报完成，对重点项目国家进行抽检。调查用表见表 5-14。

(3)城市水土保持调查和生态修复调查

城市水土保持多数与城市规划建设、经济开发区建设、城市景观建设联系在一起，水土保持调查应以典型调查为主，普查为辅。普查可以逐级统计上报。然而，目前关于城市水土保持和生态修复调查尚未形成统一的调查内容、方法和表格，各地可根据实际情况制定，可参照封育治理调查进行。

表 5-14 "三同时"执行情况调查表

序号	工程或项目名称	立项机关		编报方案方案编制情况				编制单位资质	方案审批机关	审批情况		方案实施验收情况		验收情况		
		中央	地方	大纲编报时间	方案编制时间	投资	占工程投资的百分比			上报时间	批复时间	实施时间	方案设计变更	竣工时间	评估时间	验收时间
1																
2																
3																
4																

（4）水土保持执法监督调查

水土保持执法监督调查包括执法宣传、案件立项查处、生产建设项目水土保持"三同时"执行情况等。可采用问卷调查、逐级上报统计、抽样调查等调查方法。水土保持执法监督工作、水土保持方案执行情况是最为重要的方面。通过调查，可以了解和掌握这些水土保持方案的实施情况和存在问题，为今后更好地搞好水土保持的监督管理工作提供科学的依据。

5.5 水土流失调查方法

水土保持是农、林、水等学科的交叉学科，具有科学性、综合性、生产性和社会性的特征。这决定了水土保持调查既有自然科学，特别是资源环境学科、林学学科的调查方法，同时也有与社会科学相类似的调查方法。本节将重点介绍询问调查、收集资料、典型调查、重点调查、普查和抽样调查在水土流失中的调查内容和调查方法，并简要介绍各类型在调查时应注意的问题。

5.5.1 询问调查

询问调查是水土流失调查经常应用的一种方法，通过询问可以了解公众对水土保持及其相关政策法规的看法和认识程度，对水土流失及其危害认识，对水土保持的认识与评价及其参与程度；了解专家对水土保持政策法规、水土保持科学技术的研究及其推广和应用的认识和看法；从调查资料中整理、分析和总结水土流失及其防治方法和经验，找出存在的问题，以便寻求解决问题的方法；收集与水土流失和水土保持相关的社会经济情况。询问调查有利于了解实际情况，弥补其他调查和统计资料的不足。

询问调查的最大特点在于，整个访问过程是调查者与被调查者直接见面，并相互影响、相互作用，也是人际沟通的过程。因此，访问调查要取得成功，不仅要求调查者做好各种调查准备工作，熟悉掌握访谈技巧，还要求被调查者的密切配合。

询问可分为面谈、电话访问、发表调查、问卷调查、邮送或网络调查等形式。

（1）面谈

面谈是采取面对面方式的交谈来搜集资料的一种方法。其优点是方便灵活，回答率高，搜集的资料具有一定的真实与可靠性。根据人数面谈又可分为一对一面谈、小组座谈、三人组访谈、四人组访谈和多组访谈；根据面谈次数又可分为一次面谈、多次面谈及动机调查所用之深层面谈。

面谈通常在水土保持社会经济调查中使用，深入基层、农村、农户家中，通过交谈收集相应资料。水土保持调查中经常使用的专家座谈其实就是一种小组面谈。通过座谈、讨论、分析、研究、征询意见等方式，取得相关调查资料，并在此基础上，找出问题症结所在，提出解决问题方法。这种形式能够把调查与讨论研究结合起来，不仅能提出问题，还能探讨、研究解决问题的途径；不足之处是：由于受访问人的素质、被访问的人数限制，以及被访问者的代表性不当等问题，有可能影响调查的结果。

（2）电话访问

电话访问是指调查者通过电话对被调查者进行询问，以达到搜集调查资料目的的一种调查形式。其优点在于：一是搜集的资料速度快，费用低，可节省大量的调查时间和经费；二是搜集的资料覆盖面广，可以对任何有电话的地区、单位和个人直接进行电话询问调查。其缺点在于：一是每次电话调查时间不能过长；二是不能提过于复杂的问题；三是对挂断电话拒绝回答者很难做工作。同时，该方法也不好掌握被调查人对问题态度、反应及诚实程度，往往影响调查的结果。

（3）发表调查

发表调查是指通过印发调查表格（报表）来达到定期或不定期地收集资料的一种调查形式。常应用于水土保持专项调查，如骨干坝工程建设调查、某工程施工进度调查、某开发建设项目弃土弃渣动态变化调查等。

调查表的结构和形式一般与通常统计报表的结构和形式基本相同，内容则需根据该专项调查的目的、要求、所需搜集的资料等情况确定。发表调查回收率高，特别适用于纳入统计制度、定期进行的专项调查，如水土保持工程项目管理专项调查。

（4）问卷调查

问卷是社会、市场调查和专业调查中用来收集资料的一种最基本的工具，它的形式是一份精心设计的问题表格，其用途主要是用来测量被调查者对某一事件或项目的多种行为（如设计、管理、市场运作等）的态度和认知。美国社会学家艾尔·巴比称问卷是"社会调查的支柱"。所谓问卷调查，是被调查者按事先设计问卷所提出的问题及其给定的选择答案进行回答的一种调查形式。问卷调查是国际通行的一种调查形式，也是我国近年来进行各种专项调查的一种主要形式。

采用问卷形式，将调查的问题和可供选择的答案均提供给被调查者，由其从中选择。因此，通俗易懂，易于接受，实施方便，适用范围广。既适用于对社会政治经济现象及群众关心的各类问题调查，也适用于水土保持普及教育调查、水土保持执法监督调查等。设计好的问卷除特殊情况外，无需再详细说明，调查者进行选择回答即可，节省时间，调查效率高。

问卷调查的关键之一是问卷设计，问卷设计质量对专项调查的成败影响极大。根据调查目的、对象、方法来设计科学、有效的调查问卷，是一项技术性较强的工作。通常，在问卷设计之前，要初步熟悉和掌握调查对象的特点及调查内容的基本情况，然后结合实际需要与可能，全面、慎重地思考，多方征询意见，把专项调查问卷设计得科学、实用，以保证取得较好的调查效果。

（5）询问调查应注意的问题

询问时应注意调查方式，被调查人态度及心理活动，以保证调查资料的真实性和可靠性。根据调查任务应邀请地质地貌、气象、水文、土壤、农业、水土保持、畜牧等方面的专家进行询问。问卷调查中的问卷设计，应根据不同的调查任务和目的，进行专门设计，并采取方法进行分析，同时也应重视经验分析和专家分析。

5.5.2 收集资料

收集资料是水土流失综合调查最为普遍的一种快速而花费较少的方法。收集的资料主要包括气候、地质、地貌、土壤、植被资料的收集；与水土保持有关的一些社会经济资料的收集；调查使用的软件和遥感资料及其他技术资料。

（1）资料来源

① 有关业务部门的观测资料　地质资料、水文资料、气象资料、林业资料、农业资料、土壤资料等。

② 有关业务部门统计资料　行业年鉴、行业统计报表、政府统计台账等。

③ 水土保持部门的水土保持调查成果及相关部门的调查成果。

④ 最新的地形图、航空照片、卫星影像资料，业务部门的相关资料。

⑤ 随着网络技术的进一步发展，网上资料收集也成为一条重要的途径。

（2）收集的具体资料

① 小流域水土保持监测调查，一般收集小流域所在县的县级气象区划、农业区划及规划、林业区划及规划、畜牧区划及规划、水土保持区划及规划、地理志、植物志、土壤志等成果资料。

② 根据调查的精度要求，小流域应收集 1∶5 000 或 1∶10 000 的地形图，1∶10 000 或不小于 1∶25 000 的航片。其他相关图件有：行政图、交通图、水文地质图、土壤图、土地利用现状图及其他行业调查图。

（3）收集资料应注意的问题

资料收集是调查中最便捷的一种方法，要能够有效利用现有各种条件为规划设计、监测服务，要具有费用低、效率高的特点。但在众多的资料中，能分析出有用的数据和成分是收集资料的关键。应注意：资料来源的代表性、可靠性和可比性，要在分析研究的基础上，剔除不真实的资料数据；收集资料应进行汇总，并做必要的统计分析，以便从中寻求规律。

5.5.3 典型调查

典型调查的对象是根据调查目的和任务，在对调查总体进行全面分析的基础上，有意识地选择出来的。由于目的性强，就更能满足某些专门问题研究的需要。由于调查对象少，可以深入、细致地进行调查研究，可以掌握详尽的数据、图表、图像等资料。但在实际操作中选择真正有代表性的典型对象比较困难，而且还容易受人为因素的干扰，从而可能会导致调查结论有一定的倾向性，因此，典型调查的结果往往能够较好地探究调查对象发生发展的规律，但不能很好地取得事物的总体情况。

及时地深入实际，运用典型调查，以"解剖麻雀"式的细致剖析，能够发现在事物发展的过程中，不断涌现出的各种新情况、新问题，并提出科学的预见，总结经验，这是其他调查方法无法代替的。如要调查新时期小流域治理的典型样板，希望发现新的治理模式以便推广，可以采取典型调查。尽管新的治理模式不能反映全国的小流域治理状况，但可以从中发现小流域治理的新生事物。

对于统计数据或观测试验数据中发现的特殊问题，可有选择地进行典型调查，弄清问题的来龙去脉，以便对问题做出正确的判断。

（1）调查内容

①水土流失典型事例及灾害性事故调查，如滑坡、崩岗、泥石流、山洪、生产建设项目水土流失典型调查。目的是通过调查掌握这些水土流失形式的规律、探索有效的防治方法。

②小流域综合治理典型示范、水土保持措施新技术采用的推广示范、水土保持政策法规执行情况、新的防治经验调查等。目的是发现水土保持工作中的新生事物，把握事物发展方向，以便加以推广。小流域综合治理典型调查内容应根据《水土保持综合治理 规划通则》（GB/T 15772—2008）的有关调查内容及具体的调查任务确定。

③全国重点或示范流域、重点城市及开发建设项目水土流失防治调查。重点或示范流域的典型调查内容应根据每次调查的任务确定，包括自然条件、社会经济、土地利用、水土流失及其危害、水土保持等。

（2）调查方法

水土保持监测中典型调查，一般采取资料收集、实地考察和量测、调查会、访问等多种形式。可根据实际要求，布设样地或选择典型小流域、典型行政区域进行临时调查，也可设置固定连续观测点。重点或示范小流域综合治理典型调查，一般应采用 1∶10 000 或 1∶5 000 的地形图或航片，逐个图斑进行调查、判读、勾绘制图。中大流域可采用 1∶10 000～1∶50 000 的地形图或相应比例的航片，也可采用卫片、低空遥感像片和卫星数据资料，逐个图斑进行调查、判读、勾绘制图。

典型调查根据要求编写调查报告，调查内容填入调查表，并完成相应的图件和说明。

（3）典型调查应注意的问题

典型调查的关键是在众多的对象条件中选择典型调查对象，它应具有很强的代表性，并通过调查能够提示出事物的本质规律。典型调查应对新发生的事件重视，它虽然在众多事件中并不占多数，但往往代表了事物的新趋势。

5.5.4　重点调查

重点调查是从调查对象中选择部分对全局起决定性作用的重点对象进行调查。重点调查对象在总体中占的比重很大。通常应用于不定期的一次性重点调查，但有时也用于经常性的连续调查。重点调查，可以用比较少的人力、物力完成调查任务，掌握调查总体的基本情况，并预测其发展趋势。例如，全国重点小流域治理占国家投资比重相当大，只要从中抽取一定数量的重点治理小流域进行调查，就能够基本估计和反映全国水土流失治理的状况。

此法实际上是对选定的重点对象进行详查，调查的要求、工作程序、调查方法、内业整理、资料整理汇编等应根据具体的调查任务而确定。因其调查方法和内容与典型调查基本相同，只是调查的对象占总体的比重大。因此，在水土保持监测技术规程中将其归入典型调查。

重点调查适用于全国或大区域范围内对重点治理流域、重点示范流域及重点城市和开发建设项目水土流失及其防治、水土保持执法监督规范化建设等项目的详细调查，以便掌握全国或大区域范围内的水土保持总体情况。采用方法可参照典型调查。重点调查可以是一次性调查，也可以是定期调查。

（1）调查内容和方法

① 重点调查的内容是根据每次调查的任务确定，包括自然条件及自然资源、社会经济、土地利用、水土流失及其危害、水土保持等。

② 重点小流域综合治理调查应采用 1∶10 000 或 1∶5 000 的地形图或航片，逐个小班进行调查。

③ 大区域范围的重点调查应采用 1∶10 000～1∶50 000 的地形图或相应比例的航片，面积大时也可采用卫片或卫星数据资料，并逐个小图斑进行调绘或判读。

（2）重点调查应注意的问题

① 在广泛收集资料的基础上，分析对全局起决定作用的重点调查对象，重点调查对象应分布合理，规模适度。

② 应根据不同的调查目的和任务，确定详细的调查细则，然后培训人员，进行调查。

③ 重点小流域综合治理调查应采用 1∶10 000 或 1∶5 000 的地形图和航片，逐块进行调查，防止漏查。

5.5.5 普查

普查，也称全面调查，是一种专门组织的在一定区域范围内的一次性全面调查。普查比任何其他调查方式、方法所取得的资料更全面、更系统。全面调查的基本要求是：首先，要坚持全面性，即对调查总体中各个对象和因素都要一一查到；否则，全面调查的结果就有失真。其次，对于规模较大的全面调查，要规定统一的标准时间，所有调查资料都必须反映这一时间的实际情况。再次，全面调查的内容要根据全面调查的目的来确定，与调查目的无关的内容可以不查，以免浪费时间和精力。全面调查的特点使其具有搜集资料全面、准确的优点，但又具有工作量大、费用大等不利之处，因而一般用于政府部门。如国家进行的人口普查、农业普查、工业普查等，水土保持监测中的土壤侵蚀遥感调查也属于这一类。

普查分为逐级普查、快速普查、全面详查和线路调查。逐级普查适用于大面积的周期性水土流失普查和水土保持调查。全国大流域范围内的水土流失普查应定期进行，一般采用遥感普查与抽样调查相结合的方法进行。快速普查适用于水土流失监测网的例行调查，即各级监测网管辖的遥感监测站、小流域监测站、地面监测站的月度、季度、年度的统计调查。全面详查适用于小流域水土流失与水土保持综合调查，以及生产建设项目水土流失与水土保持综合调查。线路调查适用于与水土保持相关的地质、土壤、植被的调查。

(1)调查的内容和方法

① 周期性水土流失普查和水土保持调查　应根据 GB/T 15772—2008 确定调查内容，每次调查的内容基本不变，以保证资料的连续性。全国或大流域范围内的水土流失普查一般为 5~10 年，采用遥感普查与抽样调查相结合的方法进行。

② 水土流失监测站网的例行调查　以各级监测站网管辖的监测点、小流域监测站、地面监测站的月度、季度、年度统计报表调查为主。

③ 小流域水土流失及其防治综合调查　调查内容和方法应按 GB/T 15772—2008 进行。开发建设项目水土流失及其防治综合调查，根据具体项目情况参照 GB/T 15772—2008 确定。对小流域水土流失普查也可采用线路控制调查法，实地调绘，逐块调查登记。

④ 植被、地质、土壤等的线路调查　内容根据实际需要确定。关键是选择的线路，应具有代表性和不同类型或种类的覆盖性。具体调查方法应根据每一次调查的要求和有关调查手册确定。

(2)普查应注意的问题

① 普查应注意普查资料的时效性和准确性。

② 调查项目应统一，任何单位和个人不得增减内容，普查项目应保持一致，以利于汇总和对比。

③ 线路调查的关键是选择的线路，应具有代表性和不同类型或种类的覆盖性。

5.5.6　抽样调查

抽样调查是一种非全面调查，是在被调查对象总体中，抽取一定数量的样本，对样本指标进行量测和调查，以样本统计特征值(样本统计量)对应的总体特征值(总体参数)做出具有一定可靠性的估计和推断的调查方法。抽样调查是以概率论为基础的数理统计方法。抽样调查在农业、林业、统计领域应用相当广泛，也是水土保持监测的一种重要的调查方法。

抽样调查是适宜于调查总体为"较大或无限"、一般无法开展全面调查的研究对象，是非全面调查方法中具有数学依据的科学方法。抽样必须遵循随机原则，即在总体中抽取样本时，完全排除主观意识的作用，保证总体中每一个个体被抽中的机会是均等的。只有这样，才能使抽取的样本保持和总体相同的结构和分布，才能计算并控制抽样误差，才能根据调查精度的要求，推断总体数量特征。

抽样调查的特点决定了抽样调查有以下的作用和优势。①与全面调查相比，能节省人力、物力、财力，从而提高调查资料的时效性。②可通过严格的抽样技术控制抽样误差，提高调查结果的准确性。③能够对不能用全面调查方法进行调查研究的事物进行调查分析，以取得总体数量特征。④在水土保持监测中将抽样调查、常规样地调查技术和遥感技术结合起来，能够达到时效高、节约资金与人力的目的。

常用的抽样方法有简单随机抽样、系统抽样、分层随机抽样、整群抽样等。在具体操作过程中，还可以综合运用2种或2种以上抽样方法，尽量保证用最少的投入取得较为理想的调查效果。根据我国目前技术条件，抽样调查在水土保持监测中的应用主要有4个方面：①抽样调查在监测样点布设不足的情况下，补充布设监测样点，以及对遥感监测的实地校验。②一定区域范围内土地利用类型变动和土壤侵蚀类型及程度的监测。③综合治理和生产建设项目中水土保持措施质量的监测。④水土保持措施防治效果及植被状况调查。

（1）调查内容和方法

抽样调查的主要外业工作是样地调查，也是抽样调查的核心。调查的内容和方法是根据调查目的和任务确定的。样地调查的精度高低、内容详细程度对最终抽查调查的结果关系重大。因此，应事先制定样地调查细则，设计表格，所有的外业人员应按细则统一进行调查。样地调查可用人工方法，也可用遥感方法，或者两者结合。如小型工程(梯田、谷坊等)质量抽查，单个工程可作为一个独立的样地(点)，中大型工程质地应全面检查，关于工程质量抽样检查的抽样比例，根据国标抽查比例(表)，具体使用时可根据抽样原理和实际情况计算复核确定。

（2）抽样调查应注意的问题

① 水土流失监测应将遥感解译与抽样校验结合起来，提高其可靠性和精度。

② 水土流失动态调查一般是与土地利用类型动态调查结合进行。

③ 用样地调查结果来估计总体时，计算必须符合统计学的计算要求。

④ 植被调查除本规定之外，还应符合植被调查的有关规定。

复习思考题

1. 简述小流域水土保持综合调查的主要内容。

2. 简单介绍适用于水土保持土地利用现状分类与 GB/T 21010—2017 土地利用类型划分的区别与联系。

3. 简述水土流失危害调查的主要内容。

4. 试述水土流失调查方法，各调查方法适用范围，在调查中应注意的问题。

第6章

生产建设项目水土保持监测

我国经济快速发展的过程中，公路、铁路、房地产、水利工程和石油天然气管道等生产建设项目在建设与生产运行过程中，由于高强度扰动地表、损坏自然植被与水土保持设施，从而加剧了水土流失，恶化了生态环境。开展生产建设项目水土保持监测，是生产建设单位应当履行的一项法定义务。自20世纪90年代，我国将生产建设项目水土保持监测纳入正常的水土保持监测以来，水利部、住房和城乡建设部等部门先后发布实施了《水土保持监测技术规程》(SL 277—2002)、《生产建设项目水土保持技术标准》(GB 50433—2018)、《生产建设项目水土流失防治标准》(GB/T 50434—2018)、《生产建设项目水土保持监测与评价标准》(GB/T 51240—2018)等系列标准。同时，为了加强监测的规范性，水利部先后又印发了《关于规范生产建设项目水土保持监测工作的意见》《生产建设项目水土保持监测实施方案提纲》《生产建设项目水土保持监测季度报告表》《生产建设项目水土保持监测总结报告提纲》《生产建设项目水土保持监测规程（试行）》和《水利部办公厅关于进一步加强生产建设项目水土保持监测的工作通知》等文件，用于规范生产建设项目水土保持监测工作。依法依规对生产建设项目生产过程中产生的水土流失进行适时监测和监控，掌握项目建设过程中的水土流失动态变化，分析项目存在的水土流失问题和隐患，为生产建设项目水土流失预测，以及及时采取有效防御措施、最大限度减少水土流失提供实时、可靠的数据，也为进一步完善水土保持设施设计提供依据，有利于保护和合理利用水土资源，促进生态文明建设，实现人与自然和谐发展。

6.1 生产建设项目水土保持监测概述

6.1.1 生产建设项目分类

《水土保持监测技术规程》《中华人民共和国水土保持法》中规定的一切可能导致和产生水土流失的矿山、电力、铁路、公路、水利工程、挖砂、取土、城市建设等建设项目及生产活动，都称为生产建设项目。

项目从工程布局划分，可分为点型生产建设项目和线型生产建设项目。点型生产建设项目就是布局相对集中、呈点状分布项目，如矿山、电厂、水利枢纽等；而线型生产建设项目就是布局跨度较大、呈线状分布的项目，如公路、铁路、管道、灌渠等。

项目从生产功能划分，可分为建设生产类项目和建设类项目。建设生产类项目，就是水土流失发生在建设期和生产运行期，基本建设及工程竣工后，生产期仍存在开挖、取土

（石、砂）、弃土（石、渣、灰、肝石、尾矿）等扰动地表活动的项目，如采矿、电力、冶炼、建材等行业。建设类项目是指水土流失主要发生在建设期，基本建设竣工后，运营期没有开挖、取土（石、砂）、弃土（石、渣、灰、研石、尾矿）等扰动地表活动的项目，如管道、交通运输行业等。

6.1.2　生产建设项目水土保持监测特点

（1）复杂性

生产建设项目种类繁多，从建设性质来看，可分为建设类和建设生产类。建设类只在建设期造成人为水土流失，而建设生产类在建设期与生产运行期都会造成人为水土流失；从对地表扰动破坏的形态来看，有的呈点面状，如采矿、电力、冶金、蓄水工程、房地产开发等工程，而有的呈线状，如公路、铁路、管道、渠道、堤防、输电等工程，点面状工程占地范围小，线状工程战线拉的长。这些项目工程，都有各自特点，很难在水土保持监测上统一标准要求，从而体现出监测内容、监测方法的复杂性。

（2）短期性

由于生产建设项目建设的年限一般均较短，从而使水土保持监测也具有短期性的特点。对于建设期仅几个月的工程，稍纵即逝，一旦错过，就再也监测不到真实的情况了。据此特点，要求水土保持监测必须提前做出计划安排，科学划分监测范围、合理确定监测时间、精心设置监测内容、采用适宜监测方法和先进手段，力争与工程项目建设同步实施，这样才能提高监测结果的准确性。

（3）困难性

主要体现在 2 个方面：一是实时监测的时间极为短暂，往往难以重复实施，从而使获取准确的监测数据难度加大；二是在监测实施过程中，往往会和工程建设相互间产生干扰，很难取得工程项目业主及参与建设者的理解与支持，从而增加了监测实施的难度。

6.1.3　生产建设项目水土保持监测原则

（1）准入性

承担生产建设项目水土保持监测任务的机构必须通过中国水土保持学会评审的生产建设项目水土保持监测单位相应等级的水平评价证书，并在获得证书后开展工作。评价实行星级评价，分为一星级到五星级，五星级为最高等级。证书有效期 3 年，包括 1 正本和 3 副本，正本和副本具有同等效力。

（2）监测方案合理性

根据 SL 277—2002，生产建设项目观测点都属于临时监测点，监测工作围绕法律规定的义务和项目水土保持方案的要求开展，必须结合方案中的监测章节编制监测方案。目前监测方案多指《监测设计与实施计划》。

（3）监测方法针对性

根据监测目的确定监测方法。大、中型项目将调查、地面观测及遥感监测相结合，布设固定监测设施；小型项目以调查监测为主。监测方法应遵循以下规定：①点型项目水土流失防治责任范围小于 100 hm² 的采用实地量测、地面观测和资料分析等方法；不小于 100 hm² 的应增加遥感监测方法；②线型项目山区(丘陵区)长度小于 5 km、平原区长度小于 20 km 的采用实地量测、地面观测和资料分析等方法；山区(丘陵区)长度不小于 5 km、平原区长度不小于 20 km 的应增加遥感监测方法。

(4)监测成果全面性

监测成果既要有分时段的过程监测内容，又要有期末的结论性监测内容；所监测因子也要全面反映建设项目的水土保持与环境整体变化状况；监测成果应能满足水土保持设施专项验收的需要，提供全面、可靠的监测资料。

(5)费用统一性

监测经费应按水利部《关于颁发〈水土保持工程概(估)算编制规定和定额〉的通知》有关规定，按水土保持投资的百分数提取。基建时期的水土保持监测费，由基建费用统一列支；生产期的监测费则应作为生产成本由生产费用统一列支。

水土保持监测费应包含两个方面：新增水土保持措施监测；主体工程中具有水土保持功能工程的监测。取费费率按上述通知规定。一般按水土保持工程总投资的 1.5% 计列监测的人工费，监测土建及设施费按实际需要计列。

6.1.4　生产建设项目水土保持监测任务

开展生产建设项目水土保持监测，是生产建设单位应当履行的一项法定义务，是生产建设单位及时定量掌握水土流失及防治状况、对项目建设造成的水土流失进行过程控制的重要基础，也是各流域管理机构和地方各级水行政主管部门开展生产建设项目水土保持跟踪检查、验收核查等监管工作的依据和支撑。进一步加强对生产建设项目水土保持监测工作的监督管理，将其作为生产建设项目水土保持监管的一项重要内容，强化监测成果运用，督促指导生产建设单位依法落实水土保持监测主体责任和其他有关任务要求，为"看住"人为水土流失提供有力保障。

编制水土保持方案报告书的生产建设项目(即征占地面积在 5 hm² 以上或者挖填土石方总量在 5×10⁴ m³ 以上的生产建设项目)，生产建设单位应当自行或者委托具备相应技术条件的机构开展水土保持监测工作。承担生产建设项目水土保持监测任务的单位，应当按照水土保持有关技术标准和水土保持方案的要求，根据不同生产建设项目的特点，明确监测内容、方法和频次，调查获取项目区水土流失背景值，定量分析评价自项目动土至投产使用过程中的水土流失状况和防治效果，及时向生产建设单位提出控制施工过程中水土流失的意见建议，并按规定向水行政主管部门定期报送监测情况。监测内容包括水土流失影响因素、水土流失状况、水土流失危害和水土保持措施实施情况及效果等。

监测重点包括以下几个方面：在扰动土地方面，应重点监测实际发生的永久和临时占地、扰动地表植被面积、永久和临时弃渣量及变化情况等；在水土流失状况方面，应重点监测实际造成的水土流失面积、分布、土壤流失量及变化情况等；在水土流失防治成效方面，应重点监测实际采取水土保持工程、植物和临时措施的位置、数量，以及实施水土保持措施前后的防治效果对比情况等；在水土流失危害方面，应重点监测水土流失对主体工程、周边重要设施等造成的影响及危害等。

由于生产建设项目的扰动过程是不断变化的，造成的水土流失在不同地段、不同时段也有所不同，要全面监测十分困难。因此，在整个建设过程中需对一些主要部位和时段进行全过程的详细监测，以掌握项目建设所造成的水土流失，这些部位即为监测重点区域。监测重点区域的水土流失具有代表性和典型性，对治理措施布设设计和防治工作部署具有重大意义，并可为水土流失及其危害预测、预防、治理以及水土保持设施验收评估等提供可靠信息。

6.2　监测范围与分区

6.2.1　监测范围

生产建设项目水土保持监测范围应包括水土保持方案确定的水土流失防治责任范围，以及项目建设与生产过程中扰动与危害的其他区域。因此，生产建设项目水土保持监测范围一般不得小于水土保持方案确定的水土流失防治责任范围，也不得偏离水土流失防治责任范围。

如果在水土保持方案以后的设计过程中，对方案报告书中设定的水土流失防治责任范围进行调整并得到方案审批机关确认，或者在主管部门会同有关部门实地考察后对方案报告书中确定的水土流失防治责任范围进行了调整，可以将调整后的水土流失防治责任范围作为水土保持监测范围。

（1）项目建设区

项目建设区是指生产建设项目的建设征地、占地、使用和管辖的地域，一般包括主体工程建筑物占地，施工道路（公路、便道等）占地，料场（土、石、砂砾、骨料等）占地，弃渣（土、石、灰、渣等）场占地，对外交通、供水管线、通信、施工用电线路等工程占地，施工临时生产、生活设施占地，水库正常蓄水位淹没区等永久占地和临时占地。如果项目为改建或扩建工程，与既有工程共用的部分也应列入项目建设区。这些扰动区建设期间和生产运行期间，不断经受人力、机械、车辆等强烈干扰，若不及时采取预防与治理措施，将会产生严重的水土流失，是监测的重点。

一般来说，主体工程建筑物占地包括主体工程占地、与主体工程连接紧密的附属工程占地，以及周边的临时堆渣、堆料等扰动区域。如火力发电厂，主体工程建筑物占地包括主体工程（发电厂房）占地及其联系紧密的锅炉房、散热塔、输变电站等占地。道路建设的主体工程有路基、线路和站场等，实际为主体工程群。主体工程建筑物一般分布集中，连成一片或呈带状或串珠状分布，开挖（回填）量大，对地表扰动强烈，并将形成规模大的专用建筑场。若不及时采取预防与治理措施，主体工程建筑物占地的水土流失将十分强烈，而且变化快，造成严重危害，是水土保持监测的重要地域，监测区域包括主体工程建筑物占地及其周边临时堆渣、堆料占地，以及对外交通、供水管线、通信、施工用电线路等工程占地。

料场（土、石、砂砾、骨料等）一般分散在主体工程建筑物四周的比邻区域，有一个或多个道路与主体工程建筑物相连。一般地，取土场开挖坡面形成陡坡，或向地下挖掘形成坑；取石场多开挖附近山丘边坡或削顶开挖，形成裸露陡崖和裸露岩面；取沙场有多种情况，有的在河道中挖沙，有的在边岸采沙，有的在平原取土掏沙，形成各种不同的微地貌。若不采取防治措施，料场陡峭的土坡、裸露陡崖、裸露岩面，以及河道岸边将形成严重的水土流失或危害，是水土保持监测的重要地域。监测区域为料场及运料道路。

弃渣(土、石、灰、渣等)场是堆积废弃的土渣、石渣、灰渣，也包括暂时无法利用的矿渣、煤矸石和尾矿、尾沙等场所。弃渣场及堆积体形态差别甚大，有的呈片状、有的呈带状、有的呈锥体等，其场地有的为小沟、有的为坡洼、有的为河岸、有的为浅洼、有的为平地，其与主体工程远近不一，有道路相连。松散的弃渣容易受降水冲刷带入江河，或直接被河水冲走，若不及时采取防治措施将形成严重的水土流失或危害，是水土保持监测的重要地域。监测区域为弃渣场及运渣道路。

施工临时生产、生活设施占地是为工程建设服务的临时建筑工程和生活服务区，如材料仓库、钢材加工、临时道路和住房等用地。这两项工程多围绕主体工程分布，在其四周监测建设区域及连接道路。

(2)影响区

影响区是指项目建设区以外，受工程建设影响，若不采取防治措施可能造成水土流失及其直接危害的地域。直接影响区主要包括：开挖(回填)形成不稳定边坡的周边，裸岩裸土面的四周，地下采掘和地下施工建设作业范围的地面对应部分及周边，排水(排洪)尾段至河沟的顺接区，重塑地貌(如堤、坝等)与周边的衔接区，工程建设导致侵蚀外营力发生变化的区域，污染物在水、气、土等介质中传播消散至无危害所包含区域等。

其中，不稳定边坡一般是指在没有任何防治措施下超过岩土稳定休止角的边坡。鉴于边坡破坏的机制不同，稳定休止角也不同，当有裂隙或结构面存在时，一般较小坡度即能产生滑坡，需要经过岩性、解理、构造、受力等多方面综合分析确定不稳定边坡。不稳定边坡的周边是指可能产生破坏的边坡上部坡缘、坡脚，上部坡缘包括可能破坏的长度、宽度(破裂部分)，坡脚则为下部宽度及破裂物下移可能堆积掩埋部分。上部坡缘、坡脚形成不稳定边坡监测区，而边坡破坏有一个较长发育形成期，水土保持监测一般应在不稳定边坡形成后即开始实施监测。

地下作业范围的地面对应部分及周边是指矿业开采或其他地下工程在作业完后，收回支撑，上覆岩层和土层失重而破裂塌陷区(称回采放顶)及四周边坡破坏路。

排水(排洪)尾段至河沟的顺接区是指建设区设置的排水排洪系统或区内自然排水排洪系统末端至汇入河沟的上段之间的区域。该区受洪水、泥沙影响而被冲、毁、淹，成为下游的主要危害区。顺接区向下，由于与建设区的距离逐渐远离，以及河沟的调蓄作用，洪涝泥沙灾害逐渐减轻，已超出水土保持监测区域。由于洪涝灾害大小不一，所以水土保持监测区时大时小、年年变化。由于洪涝灾害大小不同，一般可以用20年一遇暴雨为标准，确定排水(排洪)尾段至河沟的顺接区的大小。

重塑地貌是指工程建设产生的新的微地貌，如道路路堤、路堑、集洪池、拦洪堤、拦沙墙及渠、槽、桥等建筑，这些人为地貌与四邻原地貌的衔接区，如堤、堑的坡脚，池的边缘，渠、槽、桥的两端和桥基等。由于受人为微地貌的影响，这些重塑地貌及其衔接区已成为径流、风力等汇集区，或重力侵蚀掩埋区，也成为水土保持的监测关注区。

由于工程建设的重塑地貌，改变了临近区域的水流、气流和地温等，从而导致水力冲刷、风蚀与风积、冻融作用在时空上发生变化，这些临近区域就是工程建设导致侵蚀外营力发生变化的区域。如水坝蓄水与排洪渠、风沙区建筑物、高寒区建筑物等，都会影响土壤侵蚀的发生和强度变化，因而成为水土保持的监测区。

污染物有废水、废气、废渣等有毒有害物质。这些物质自生产项目建设区排出，随水流、大气进入周边环境。如矿井中排出废水，煤炭自燃产生的有害气体，选矿尾沙（尾矿）中的有害物以及化工冶炼过程中"三废"物质排入大气、水体，并进入土壤。在气、水等介质中传播和扩散的过程中，有毒有害物质逐渐稀释和自净，使污染物浓度随距离增大而逐渐降低，达到国家规定的限定标准浓度为止，此地之前区域即超过限定标准浓度的区域，则为水土保监测区域范围。

值得注意的是，在初步确定了生产建设项目水土流失直接影响区后，还需要根据工程建设期间和生产运营期间造成水土流失灾害来调整直接影响区。这种调整常常引起水土保持监测范围的变化。这是由于生产建设项目水土保持监测应当履行水土保持法律、法规、规定和监测的目的所决定的。

6.2.2 监测分区

（1）分区目的

一个完整的建设项目是由若干具有不同功能的部分构成的，这些不同部分的施工工艺、建筑物形式是不同的，由此所引发的水土流失的强度和时段也不尽相同，需要采取的防治措施也不尽相同。为了准确监测建设活动引发的水土流失及防治措施的效果，应布置不同的监测设施或采取相应的监测方法，这就需要进行分区监测。

监测分区是研究各分区水土流失特征、进行监测设计、监控水土流失的重要基础工作。其任务是综合分析水土流失影响因素，详细了解水土流失营力、类型、强度和形式，全面认识水土流失的发生、发展特征和分布规律，并根据水土流失及其影响因素在一定区域内的相似性和区域间的差异性，提出监测范围的分区方案，划分出不同的监测类型区，为确定监测的重点地段和监测点布局提供依据。

（2）分区原则

水土保持监测分区要突出反映不同区水土流失特征的差异性、反映同一区水土流失特征的相似性，要求同一区自然营力、人为扰动及水土流失类型、防治措施基本相同，而不同区之间则有较大差别。因此，分区原则主要为：

①不同区之间应具有显著性差异　不同监测区之间，影响水土流失的主要自然因素和人为扰动条件（含侵蚀营力、扰动形式和强度等）具有明显差异，水土流失防治方向、治理措施具有明显差异。这些差异直接决定了监测方法和监测设施设备的差异，以及监测指标的不同。

②同一区内造成水土流失的主导因子和防治措施应相近或相似　在同一监测区内部，影响水土流失的主要自然因素和人为扰动条件具有明显的一致性，水土流失防治方向、治理措施具有明显一致性。这些一致性直接决定了反映水土流失及其营力主要特征的监测指标的相似或相同，进而决定了监测方法以及必需的监测设施设备的相似或相同。

③多级分区的系统性、关联性　监测分区应按照从总体到部分、从高级分区到低级分区进行；同一分区级别应有唯一的分区依据，不同级别具有不同的分区依据，且具有一定的关联性，形成层次分明的分区体系。一般是一级分区应具有控制性、整体性和全局性，线型工程应按土壤侵蚀类型、地形地貌、气候类型等因素划分一级区。如以水土流失的主导营力、形态等为依据进行分区，同时以自然地理界线为分区的主要界线等。二级区及其以下分区应结合工程布局、项目组成、占地性质和扰动特点进行逐级分区。如结合工程功能布局、项目建设区和直接影响区等。各级分区应层次分明，具有系统性和关联性。

④兼顾行政区域的完整性　水土保持监测分区应照顾行政区域的完整性，以便按照行政区分析社会经济条件及项目建设对社会经济的影响，同时为主体工程建设顺利施工和安全建设服务、为水土保持行政监督服务。

（3）分区体系

生产建设项目水土保持监测范围应包括水土保持方案确定的水土流失防治责任范围以及项目建设与生产过程中扰动与危害的其他区域。

分区时要综合考虑项目区自然条件、土地利用类型和工程特性。自然条件主要有水土流失成因、地势—构造、水热条件；土地利用类型主要结合水土保持工作进行的水土保持土地利用现状分类；工程特性则主要有工程的功能单元类型，并结合国内已有分区成果进行。

①水土流失类型区划分　水土流失类型区是《全国水土保持区划（试行）》中划定的，包括东北黑土区、北方风沙区、北方土石山区、西北黄土高原区、南方红壤区、西南紫色土区、西南岩溶区、青藏高原区。东北黑土区包括大兴安岭和小兴安岭山地区、长白山—完达山山地丘陵区、东北漫川漫岗区、松辽平原风沙区、大兴安岭东南山地丘陵区、呼伦贝尔丘陵平原区。北方风沙区包括内蒙古中部高原丘陵区、河西走廊及阿拉善高原区、北疆山地盆地区、南疆山地盆地区。北方土石山区包括辽宁环渤海山地丘陵区、燕山及辽西山地丘陵区、太行山山地丘陵区、泰沂及胶东山地丘陵区、华北平原区、豫西南山地丘陵区。西北黄土高原区包括宁蒙覆沙黄土丘陵区、晋陕蒙丘陵沟壑区、汾渭及晋城丘陵阶地区、晋陕甘高塬沟壑区、甘宁青山地丘陵沟壑区。南方红壤区包括江淮丘陵及下游平原区、大别山—桐柏山山地丘陵区、长江中游丘陵平原区、江南山地丘陵区、浙闽山地丘陵区、南岭山地丘陵区、华南沿海丘陵台地区、海南及南海诸岛丘陵台地区、台湾山地丘陵区。西南紫色土区包括秦巴山山地区、武陵山山地丘陵区、川渝山地丘陵区。西南岩溶区包括滇黔桂山地丘陵区、滇北及川西南高山峡谷区、滇西南山地区。青藏高原区包括柴达木盆地及昆仑山北麓高原区、若尔盖—江河源高原山地区、羌塘—藏西南高原区、藏东—川西高山峡谷区、雅鲁藏布河谷及藏南山地区。

②土地利用类型区划分　根据目前国家发布的《土地利用现状分类》，结合土地的用途、经营特点、利用方式和覆盖特征对水土流失的影响，适当进行归并，制定了适用于水土保持土地利用现状分类表（GB/T 51297—2018 附录 B），将土地类型划分为耕地、园地、林地、草地、交通运输用地、水域及水利设施用地、城镇村及工矿用地和其他土地 8 类利用类型。详见第 5 章第 2 节。

③功能单元类型区划分　功能单元是指生产建设项目主体工程为实现某一生产（任

务）目的而采用某一工艺操作和全套设施设备所占用土地，如堆渣的尾矿库等。功能单元类型区与生产建设项目的工程特性及施工工艺密切相关。按照行业特点和生产性质将生产建设项目分为矿业开采工程、企业建设、交通运输建设、水工程建设、电力工程、管道工程、城镇建设工程、农林开发建设8类，不同类型项目具有不同的功能单元类型。表6-1中列出了各类项目的功能单元分区供参考。

表 6-1　生产建设项目水土保持监测分区表

分区类型	分区名称		
水土流失类型区	东北黑土区、北方风沙区、北方土石山区、西北黄土高原区、南方红壤区、西南紫色土区、西南岩溶区、青藏高原区		
土地利用类型区	耕地、园地、林地、草地、交通运输用地、水域及水利设施用地、城镇村及工矿用地和其他土地		
功能单元类型区	矿业开采工程	采掘场、工业场地，塌陷区、转运场、排水区、尾矿库、排土（砰）场、运输道路	
	企业建设	厂址区、取料场、尾矿尾沙库、弃土（石、渣）场、堆料场	
	交通运输建设	路基、施工场地、取土（石、料）场、弃土（石、渣）场、施工便道、隧道、桥涵施工段	
	水工程建设	建设场地、取土（石、料）场、弃土（石、渣）场、移民拆迁及安置区	
	电力工程	厂址区、取土（石、料）场、弃土（石、渣）场、贮灰场、运输系统、水源及供水系统	
	管道工程	管道敷设区、临时堆土区、弃土（石、渣）场、施工作业带、堆料场、施工道路	
	城镇建设工程	建筑区、堆料场、弃土（石、渣）场、施工场地、施工道路	
	农林开发建设	施工开挖填筑面、场地平整、施工便道、弃渣场	

生产建设项目水土保持监测分区应以水土保持方案确定的水土流失防治分区为基础，结合项目工程布局进行划分。对于跨度大、范围广的大型生产建设项目，在划分分区时应遵循下列原则：一级监测分区应反映水土资源保护、开发和合理利用的总体格局，体现水土流失的自然条件及其成因；二级及以下监测分区应在一级监测分区的基础上，结合工程布局进一步划分。

6.2.3　监测的重点区域

水土保持监测重点区域应为易发生水土流失、潜在流失量较大或发生水土流失后易造成严重影响的区域。不同类型、不同行业的生产建设项目重点区域选取也不同，具体应按GB/T 51240—2018 规定选取。

（1）点、线型生产建设项目重点区域

① 点型项目　监测重点区域主要应为主体工程施工区、施工生产生活区、大型开挖（填筑）面、取土（石、料）场、弃土（石、渣）场、临时堆土（石、渣）场、施工道路和集中排水区周边。

② 线型项目　监测重点区域主要应为大型开挖（填筑）面、施工道路、取土（石、料）场、弃土（石、渣）场、穿（跨）越工程、土石料临时转运场和集中引排水区周边。

（2）各行业生产建设项目重点区域

① 采掘类工程　应为露天矿的排土（石、渣）场、地下采矿的弃土（石、渣）场和地面

沉陷区，施工道路和集中排水区周边。

② 铁路、公路工程　应为施工过程中弃土(石、渣)场、取土(石、料)场、大型开挖(填筑)面和土石料临时转运场，集中排水区下游和施工道路。

③ 火力发电工程　应为弃土(石、渣)场、取土(石、料)场、临时堆土(石、渣)场、施工道路和贮灰场。核电工程应为主体工程施工区、弃土(石、渣)场、施工道路。风电工程应为主体工程施工区、场内外道路。输变电工程应为塔基、施工道路和施工场地。

④ 冶炼工程　应为施工中弃土(石、渣)场、取土(石)场和运行期添加料场、尾矿(渣)场，施工和生产道路。

⑤ 水利水电工程　应为施工中弃土(石、渣)场、取土(石、料)场、大型开挖(填筑)面、排水泄洪区下游、施工期临时堆土(渣)场。

⑥ 管道工程　应为弃土(石、渣)场、伴行(临时)道路、穿(跨)越河(沟)道、坡面上的开挖沟道和临时堆土(石、渣)场。

⑦ 城镇建设工程　应为地面开挖、弃上(石、渣)场和土石料临时堆放场。

⑧ 农林开发建设工程　应为土地整治区、施工道路、集中排水区周边。

⑨其他工程　应为施工或运行中易造成水土流失的部位和工作面。

6.3　监测点的布设原则与规定

6.3.1　监测点位布设总体原则

① 建设性项目的水土保持监测点应按临时点设置　生产性项目应根据基本建设与生产运行的联系，设置临时点和固定点(参见《水土保持监测技术规程》SL 277—2002)。

② 有条件的项目，可以布设监测样区、卡口站、测钎监测点等，开展水土流失量的监测。

③ 代表性　每个监测点都要有较强的代表性，对所在水土流失类型区和扰动单元要有代表意义。

④ 可比性　原地貌与扰动地貌应具有一定的可比性。

⑤ 控制性　监测点体系能够覆盖项目区。

⑥ 可行性　经济方面、操作方面均可行。

6.3.2　监测点类型

生产建设项目水土保持监测点是定位、定量、动态采集水土流失及其因子、治理措施状况的监测样地(或样区)，包括定位监测点，还包括不定期巡查的监测点。按照监测的目的、作用及监测技术配置，将监测点分为观测样点、调查样点和补充样点。

(1)观测样点

观测样点一般设置在固定的位置，根据监测要求布设安装监测设施设备，观测并采集水土流失影响因子、流失方式与流失量、水土保持措施数量与质量等指标的监测样点。观测数据主要用来进行水土流失发生、发育及其危害评价、水土保持措施变化，定量分析并回答生产建设项目造成的水土流失及其治理效益。

观测样点的位置并不局限在生产建设项目范围内，可以选择与项目区自然条件相似、相近地区的水土保持试验站(点)作为观测样点，以便进行对比分析。

与调查样点比较，观测样点的监测指标较多，而且必须对水土流失方式和流失量进行监测，并按照设计的监测周期进行连续的数据采集。

(2)调查样点

调查样点是仅选定某些位置、确定其面积、设立标志，并不建设和安置水土流失观测设施设备，定期进行相关指标调查的监测样点。这些监测样点主要是用来进行单一或多个水土流失因子、水土流失方式、水土保持措施类型及其发育的监测调查，一方面是对监测点样本数量的补充，另一方面可以用调查结果辅助说明(或分析)生产建设项目造成的水土流失及其治理效益。

与观测样点比较，调查样点的监测指标较少，而且仅调查某一方面或单个指标，并不强求必须调查水土流失量。

(3)补充样点

补充样点是临时确定的一些样点，只有样点号而不设样点标志。主要用来补充观测样点和调查样点间的不足，增加监测对象的比例；或者记录偶然、特殊或典型的现象，以便突出反映事物的某一方面，作为资料积累和分析研究。

针对样点所承担的任务不同，可将样点分为水蚀观测样点、风蚀观测样点、植物措施观测样点、工程措施观测样点。一般水蚀和风蚀观测样点可以监测某类型的植物措施和工程措施的相关指标，但植物和工程措施调查样点不能监测水蚀和风蚀观测样点的指标。补充样点主要是针对植物措施和工程措施调查设立的，也有针对水土流失危害设立的。

6.3.3 监测点的规定

(1)样点布设规定

水土保持监测点布设，应按监测分区，结合监测重点布设，同时兼顾项目所涉及的行政区，统筹考虑监测内容，尽量布设综合监测点；每个监测点都能够充分反映项目区域(或其一部分)的水土流失特征，与项目构成和工程施工特性相适应，且相对稳定，满足持续监测要求，满足工程建设评估验收要求。因而监测点布设应遵循如下规定：

① 监测点具有代表性和典型性　生产建设项目水土保持监测范围分区，反映了整个监测范围内水土流失及其因子的分布及变异特征。同一监测分区，水土流失及其因子相近或相似；不同监测分区，水土流失及其因子差异较大。

一般地，监测点应该按照监测分区布设，每个监测分区都应当布设监测点；同时，监测点应该布置在重点监测地段，以便具有充分性和典型代表性。在重点区域内，监测点究竟应布设在什么地方，还要实际踏查，考虑其他相关因素原则，以及监测指标的容易采集程度。若要监测水土流失变化，则要在扰动破坏区和渣土转运堆积区内选取点位；若要求监测水土流失对周边的危害情况，则可在直接影响区内选取点位。

当然，在每个监测分区中，可以布设一个监测点，也可布设多个监测点。监测点的具体点位和数量由监测设计决定。

② 监测点应适应工程特性 监测点布设时，要充分了解工程特性，并与其相一致。工程特性含有建设施工和工程构成 2 个方面，前者主要包括工程的施工流程、工艺手段及其对周边的扰动与影响等特性，后者包括工程的主要构件、分布与构成方式等特性。在全面了解和掌握这些特性的基础上，结合监测范围及其分区水土流失影响因素，科学布设监测点。

一般地，应该在项目的各个功能分区中都布设监测点，以便反映每个功能分区的水土流失及治理成效。在每个功能分区中，可以布设不止一个监测点。

③监测点的相对稳定性 生产建设项目施工进展快、对周边的环境影响较大，对监测工作干扰也十分强烈，甚至造成损坏监测设施设备或中断监测工作，因而在布置监测点时要十分注意监测点的稳定性，以保证动态监测的持续性，以便监测点在整个时段内都能发挥作用。"稳定"主要指监测点位置的稳定和监测点不被后续施工扰动，包括监测样区的大小、监测样区内的物质、监测设施设备等没有被工程施工或其他人为活动扰动。因而，要选取那些位置不变，工程施工并不扰动监测样区形态，既靠近扰动中心、干扰又相对小，并能保持一定时间(设计监测期)的地点作为监测点。

④ 监测点的数量充足性 从统计学角度讲，水土保持监测点的集合其实是从整个监测范围中抽取的样本，每个监测点就是一个样本个体。这些样本个体能否反映整个监测范围的水土流失及治理情况，一方面看监测点的代表性、分布和数据质量，另一方面看监测点的数量。因此，为了保证监测的可靠性，提高监测质量，监测点的数量必须达到一定要求，才能用这些样本估算总体(整个监测范围)的特征，估算结果才是"无偏估计"；否则，监测成果就不能真实地反映整个监测范围的水土流失及其治理状况。

此外，对有些工程建设项目，还要设置对比监测点。通过对比监测，既解决或弥补了该区流失背景值缺失问题，也直观地反映了因为工程建设所造成水土流失量增加，或工程建设过程中采取水土保持措施减水减沙的作用。

(2)样点数量规定

① 样点设置技术 水土保持监测点设置是用数理统计学中的抽样技术进行的。随着统计学中的抽样技术不断发展，抽样技术已形成了不同用途的抽样理论和技术。目前比较常用的有随机抽样、系统抽样、分层抽样和成数抽样等。

② 监测点数量的确定 对于点型生产建设项目，一般空间分布有限，侵蚀类型和形式单一，地形简单，可以先确定项目的基本功能单元，再对重点地段布设样点进行监测。线型生产建设项目，其空间跨度大，侵蚀类型和形式复杂，首先应划分监测分区，然后在不同区段内按项目的基本功能单元设立监测点。这实际上是采用了分层抽样技术。在实际工作中，常常基于工作经验及其对监测范围内各种自然条件与项目特性的分析，确定一个兼顾经济和效用的最低数量标准，即利用抽样强度确定样点数量。

利用抽样强度确定监测点数量的顺序是：首先，预先确定监测范围应该设置的总监测点的数量 N。其次，按照每个监测分区的面积百分比分解监测点数量，对于少于 1 个监测点的监测分区，至少设置 1 个监测点；对于多于 1 个监测点的监测分区，按照"四舍五入"的原则确定监测点数量。各个监测分区设置的监测点数量之和 n，一般地 $n \geqslant N$。这样，既保证监测点的代表性，又保证监测点的设置比例不少于确定的抽样强度。

水土保持措施的监测点，可按《水土保持综合治理 验收规范》(GB/T 15773—2008)、

《生产建设项目水土保持监测与评价标准》规定的抽样比例确定。监测点数量应满足水土流失及其防治效果监测与评价的要求，植物措施监测点数量可根据抽样设计确定，每个有植物措施的监测分区和县级行政区应至少布设1个监测点。工程措施监测点数量应综合分析工程特点合理确定，对于典型项目，弃土(石、渣)场、取土(石、料)场、大型开挖(填筑)区、贮灰场等重点对象应至少各布设1个工程措施监测点；对于线型项目，应选取不低于30%的弃土(石、渣)场、取土(石、料)场、穿(跨)越大中河流两岸、隧道进出口布设监测点，施工道路应选取不低于30%的工程措施布设监测点。

土壤流失量监测点应按项目类型确定，对于点型项目，每个监测分区应至少布设1个监测点。对于线型项目，每个监测分区应至少布设1个监测点，但当一个监测分区中的项目长度超过100 km时，每100 km应增加2个监测点。

6.4　监测点的布设设计

生产建设项目水土保持监测的内容包括水土流失影响因素、水土流失状况、水土流失危害、水土保持措施和治理效果5个部分。其中，水土流失状况是重中之重，它既是生产建设项目水土保监测范围内各种水土流失因子作用的综合反映，又是水土保持措施治理效果的直接表达。按照《水土保持监测技术规程》的规定，生产建设项目水土保持监测点通常属于水土保持监测点中的临时监测点。临时监测点是为了某种特定监测任务而设置的监测点，其采样点和采样断面的布设、监测内容与频次应根据监测任务确定，承担着定期收集、整(汇)编和提供水土流失及其防治动态资料的任务。一般来说，生产建设项目水土保持监测点配置的设施(及其必需的设备)，主要以短期、临时性的设施为主，设施建设应尽量简便易行，或者利用当地现有相关设施，或者采用测量设备现场直接观测。监测点的布设设计主要包括：土壤流失量监测样点设计、植物措施调查样点设计和工程措施调查样点设计。

6.4.1　土壤流失量监测样点设计

6.4.1.1　水蚀土壤流失量监测样点设计

(1)坡面径流小区

坡面径流小区可以观测坡面产流量、土壤流失量、治理措施及其控制径流、泥沙等内容，适用于剥离土体、弃土(石、渣)等较稳定的坡面，也可用于砾石较少的弃土(石、渣)坡面，不适用于由弃石组成的堆积坡面。布设径流小区的坡面应具有代表性，且交通方便、观测便利；规格可根据具体情况确定，全坡面径流小区长度应为整个坡面长度，宽度不应小于5 m；简易小区面积不应小于10 m^2，形状多采用矩形。径流小区主要观测基本指标有降水量、降水强度、径流量、泥沙量、坡度与坡长、土壤类型(地表组成物质)、土壤质地、植被及盖度等；可选择测定土壤有机质含量、土壤可蚀性、土壤含水量、细沟和浅沟侵蚀量等指标。径流小区的组成和平面布设，以及指标测定应依据《水土保持试验规程》(SL 419—2007)规定，结合第2章水蚀监测相关内容执行。

（2）控制站法

控制站法适用于边界明确、有集中出口的集水区内生产建设活动产生的土壤流失量监测。每次降雨产流时应观测泥沙量、计算土壤流失量。控制站的选址与布设应依据《水土保持监测技术规程》和《水土保持试验规程》规定执行。建设时，应根据沟道基流情况确定监测基准面。水尺应坚固耐用，便于观测和养护；所设最高、最低水尺应确保最高、最低水位的观测；应根据水尺断面测量结果，率定水位流量关系。断面设计时，应注意测流槽尾端堆积；结构设计和建筑材料选择应保证测流断面坚固耐用。

若需与未扰动原地貌的流失状况进行对比时，可选择全国水土保持监测网络中邻近的小流域控制站作参照。

（3）简易观测场

简易土壤流失观测场是选择有代表性的坡面布设测钎来量测坡面水土流失厚度的设施，适用于项目区内分散的土状堆积物及不便于设置小区或控制站的土状堆积物的监测。观测场布设应符合以下要求：观测样地应具有代表性，面积不小于 5 m×5 m，观测区应有降雨监测设备，与观测场的距离小于 100 m；测钎应细而光滑，具有钎帽（环），测钎直径 0.3~1 cm，长 50~100 cm，测尺最小刻度为 1 mm；样地布设应不受崩塌、侧流的影响和其他干扰，样地周围应布设步道；根据坡面状况按 2~4 m 间距从上到下、从左到右纵横均匀布设测钎，并沿铅垂方向打入坡面，深度要大于坡面最大土壤侵蚀深度；测量地表变化精度为 ±1 mm；样地周围要有围栏，标志牌明显清晰。选址应避免周边来水的影响。具体布设为：利用一组测钎观测坡面水土流失厚度的设施，常采用 9 根直径小于 0.5 cm、长 50~100 cm 类似钉子形状的测钎，按网格状等间距设置，测钎应沿铅垂方向打入坡面，编号登记入册，如图 6-1（a）所示。当坡面大而较完整时，可从坡顶到坡脚全面设置测钎，并增大测钎密度，如图 6-1（b）所示，实际图示如图 6-1（c）（d）所示。简易土壤流失观测场的

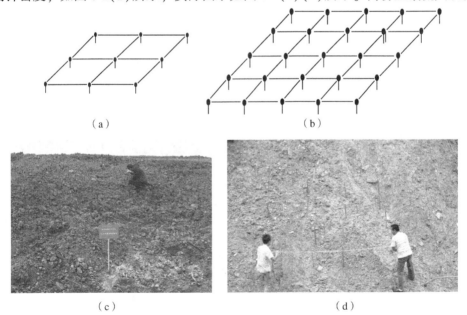

（a）　　　　　　　　　　　　（b）

（c）　　　　　　　　　　　　（d）

图 6-1　简易水土流失观测布设图

测钎间距，依观测场面积大小而定，面积大，测钎间距也大；反之，间距小。一般为 3 m×3 m 或 5 m×5 m。

（4）集沙池

一般在坡面下方设置蓄水池、在堆渣体的坡脚周边设置沉沙池、在排水沟出口建沉沙池等，这些收集径流和泥沙的设施就是集沙池，如图 6-2 所示。集沙池规格应根据控制的集水面积、降水强度、泥沙颗粒和集沙时间（一般按 20 年一遇的最大产流产沙量设计）确定。边墙砌筑应满足稳定要求，材料为混凝土或浆砌砖、石。为了不使悬移质溢出，或设置在土壤颗粒细小的坡面，收集器的容积设计应较大，并经常巡查监测。

 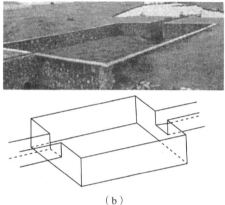

（a）　　　　　　　　　　　　（b）

图 6-2　泥沙收集器与沉沙池

（a）坡脚设置的泥沙收集器（可以加盖）　（b）建设在排水渠上的沉沙池（下图为示意图）

（5）细沟侵蚀调查样地设置及调查

在野外监测细沟水土流失时，样地一般应选取坡面上细沟发育具有代表性的区段，但样地选择因坡面大小采取不同的方法。当坡面较小时，一般应选择沿坡面从上端至下端的一个条带，作为带状样地，宽度不应小于 5 m；当坡面较大时，可以沿坡面选择 1~2 条线（如坡面的对角线），监测断面宜均匀布设在侵蚀沟的上、中、下部。当侵蚀沟的变化较大时，应加密监测断面，如图 6-3 所示。

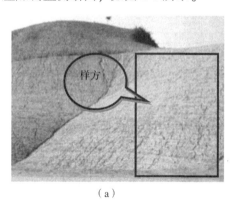 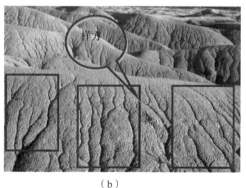

（a）　　　　　　　　　　　　（b）

图 6-3　坡面细沟断面法量测法观测样地选择示意图

（a）断面细沟带状观测样地　（b）坡面细沟多斑观测样地

细沟土壤流失量常常采用断面量测法和填土置换法来观测。

① 断面量测法　断面的测定可以用立体扫描法，也可用测尺直接量测法。

立体扫描法比较精确，可以直接计算得到流失土壤的体积；直接测量方法有一定误差，应当加密测量断面。断面直接量测法示意，如图 6-4 所示。

 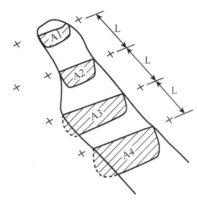

图 6-4　断面法量测细沟土壤流失量示意图

L：测定断面之间距离；An：测定断面面积

② 填土置换法　是用一定量的备用细土(V_0) 回填到细沟中，并稍压密实，刮去多余细土，保持与细沟的两缘齐平，直至填完细沟，量出剩余备用细土体积(V_t)，两者之差即为细沟侵蚀体积($V = V_0 - V_t$)。容积法的测量精度受填土密实程度影响较大，因此，在填土时应尽量保证回填土的容重与坡面土壤容重一致。

6.4.1.2　风蚀土壤流失量监测样点设计

（1）简易风蚀观测场

简易风蚀观测场，应选择具有代表性、无较大干扰的地面作为监测点，一般为长方形或正方形，面积不应小于 20 m×50 m。每块样地设置标桩不少于 9 根，下垫面均匀一致，周围设围栏保护，避免强烈干扰。具体布设如图 6-5 所示。

图 6-5　西气东输工程甘肃酒泉段的简易风蚀观测场

标桩设置采用方格形、梅花状、带状，尽量避免线状，标桩间距不应小于 2 m。如果标桩按照长方形设置，常常将长方形的长边顺着主风向，短边与主风向垂直；如果标桩按照"田"字形设置，则可以不考虑风向。一般地，风蚀标桩的长度应该在 1~1.5 m 甚至更长，宜埋入地面下 0.6~0.8 m，露出地面 0.4~0.9 m，如图 6-5 所示。若需与未扰动原地貌的风力侵蚀状况对比时，可选择全国水土保持监测网络中邻近的风力侵蚀观测场作参照。

(2)风蚀强度监测设备

风蚀强度监测设备主要包括以下3种。

①集沙仪 主要用来监测风沙流强度。集沙仪种类多样。目前，我国使用的集沙仪有观测单一风向的单向集沙仪，有观测各个风向的旋转式集沙仪；有仅观测近地面3.0 cm(3.0~5.0 cm)高度的单路集沙仪，还有可以多层观测不同高度输沙量的多路集沙仪。集沙仪不宜少于3组，进沙口应正对主风向。根据监测区风向特征，可选择单路集沙仪或多路集沙仪。集沙仪形状如图6-6和图6-7所示。

图6-6 全自动单路集沙仪

图6-7 旋转式多路集沙仪

②风蚀桥 主要用来监测风蚀强度，即测定风蚀深度，详细测定过程见第3章风蚀监测。

③测钎 是细长光滑的金属杆件，要求尽量细小光滑，直径2~5 mm，长50~100 cm，且有一定强度，不易被弯曲或折损，以减少阻力或避免拦挂淤泥等污物。主要是用来测定风蚀强度，即测定风蚀厚度。测钎多采用方格网状排列方式、等间距布设，间距在5 m左右。测定时测钎应沿铅垂方向打入地面，一般插入地面15~30 cm，并编号。测钎间距应不小于2 m，呈"品"字形排列，一个观测场地测钎数量应不少于9根，如图6-8所示。每次大风过后或每隔15 d，测定一次测钎高度变化，大风过后要加测，即可得到风蚀厚度或风积厚度，测量精度为±1 mm。风蚀量计算：

图6-8 测钎法测定风蚀量示意图

$$A = Z \cdot S / 1\,000 \tag{6-1}$$

式中　A——土壤侵蚀量，m^3；

　　　Z——侵蚀厚度，mm；

　　　S——水平投影面积，m^2。

考虑沉降，若钢钎不与土体同时沉降，则实际侵蚀厚度计算公式为：

$$Z = Z_0 - B \tag{6-2}$$

式中　Z—— 实际侵蚀厚度，mm；

　　　Z_0——观测值，mm；

　　　B——沉降高度，mm。

6.4.2　植物措施调查样点设计

要评价生产建设项目植物措施的质量和效果，就应该掌握植物措施的面积、成活率、保存率、盖度、郁闭度等指标。这些指标主要靠样地调查获得。综合分析植物措施的立地条件、分布与特点，选择有代表性的地块作为监测点，在每个监测点内至少选择 3 个不同生长状况的样地进行监测。

（1）样地面积确定

样地是植物生长特征十分典型的地段。乔木林的典型特征有树种、树高、胸径、密度及郁闭度等，草灌木的典型特征有种类组成、高度及生长状况、密度及覆盖度等。因此，样地设计应具有典型性和代表性。

根据《生产建设项目水土保持监测与评价标准》规定，结合经验，亚热带地区森林样地面积应在 400~900 m^2，暖温带 200~600 m^2，温带 200 m^2 以内；灌木地面积 100~200 m^2；草地 100 m^2 以内。人工林可按行抽取一定比例的单株进行实测。一般选有代表性的地块作为标准地，标准地的面积为投影面积，乔木林为 10 m×10 m~30 m×30 m，灌木林为 2 m×2 m~5 m×5 m，草地为 1 m×1 m~2 m×2 m，绿篱、行道树、防护林带等植物措施样地长度应不小于 20 m。

（2）林草面积核查

用 GPS 等测量工具现场量测林草地面积，并调绘在地形图上进行面积核查。

（3）成活率及保存率

苗木成活率是指成活苗木的数量占栽植苗木数量的百分率。苗木成活率应当在栽植 6 个月后进行监测，苗木规范规定除寒冻区外，干旱地区成活率达 75% 为合格，80% 以上为优良；其他地区需达 85% 为合格，90% 以上为优良。

苗木的保存率是指保存苗木的数量占栽植苗木数量的百分率。苗木的保存率在栽植后 2 年进行监测。要求绿化苗木保存率达 80% 为合格，90% 以上为优良。

乔木和灌木的成活率及保存率，均在调查样地中调查，数出所有成活、保存植株后计算；草本的成活率及保存率也采用样地调查法，调查样地内草本的成活丛(株)数或保存丛(株)数。一般每平方米有苗 10 株或以上即为合格样方，用合格样方除以调查总样方，得成活率或保存率。

（4）植被盖度测定

植被盖度是指观测区域内植物枝叶覆盖（垂直投影）面积占地表面积的百分比。它是一个重要的植物群落学指标。盖度常用百分比表示，计算公式为：

$$盖度(\%) = \frac{灌、草叶片的投影面积}{灌木、草地的面积} \times 100\% \tag{6-3}$$

盖度测定常用目估法，即在一定面积大小的样地内，目视判断样地内植被覆盖所占的比例，该法简单易行，但主观随意性大，目估精度与测量人的经验密切相关。

线段法常用来测定灌木盖度，草地盖度的量测方法有针刺法和方格法，详见第3章。

（5）林分郁闭度

郁闭度是指林冠垂直投影面积占林地面积的比值。常用的测定方法主要是树冠投影法。

树冠投影法就是通过实测样方内的立木投影，再勾绘到图上，求算面积，计算立木投影总面积与林地面积的比值。计算公式如下：

$$郁闭度 = \frac{林木树冠垂直投影面积}{林地面积} \tag{6-4}$$

如样方内实测立木投影总面积占样方面积的70%，则该林分的郁闭度就是0.7，1.0为最高郁闭度，0.1~0.2为疏林地。

6.4.3 工程措施调查样点设计

工程措施监测点应根据工程措施设计的数量、类型和分布情况，结合现场调查进行布设。应以单位主体工程或分部工程作为工程措施监测点。单位主体工程和分部工程的划分应按《水土保持工程质量评定规程》（SL 336—2006）规定执行。每个重要单位主体工程都应布设监测点。重要单位主体工程的界定应按《生产建设项目水土保持设施验收技术规程》（GB/T 22490—2016）规定执行。当某种类型的工程措施在多处分布时，应选择2处以上作为监测点。

水土保持工程措施的施工和质量评定一般由工程监理单位负责。水土保持监测主要是了解这些措施的分布、数量是否与方案中的规定相符，并结合水蚀、风蚀观测分析其水土流失防治效果。由于数量较多，在监测中采用抽样的方法进行。

样点确定后，在施工前后应拍摄影像资料进行对比，工程竣工后，观察其稳定性以及水土保持作用的发挥情况。根据《开发建设项目水土保持设施验收技术规程》（GB/T 22490—2008）的规定，对于重要的水土保持工程措施，应该全面核查其外观质量，并对关键部位的几何尺寸进行量测，其他单位工程，核查主要分部工程的外观质量，测量关键部位的几何尺寸。措施外观质量和几何尺寸可以采用目视检查和皮尺（钢卷尺）测量，必要时采用GPS、经纬仪或全站仪测量；对于混凝土浆砌石强度可以采用混凝土回弹仪检查，必要时可以做破坏性检查。

6.4.4 重点区域的监测设计要求

生产建设项目的取土（石、料）场、弃土（石、渣）场及临时堆放场等重点区域的监测内容包括数量、位置、方量、表土剥离、防治措施落实情况等。

①取土(石、料)场　取料期间，应重点监测扰动面积、废弃料处置和土壤流失量。取料结束后，重点监测边坡防护、土地整治、植被恢复或复耕等水土保持措施实施情况。废弃料处置应定期进行现场调查，掌握废弃料的数量、堆放位置和防护措施。对开挖后形成的边坡的土壤流失量监测采用全坡面径流小区和集沙池等方法，或利用工程建设的沉沙池、排水沟等设施进行监测，或量测坡脚的堆积物体积。对取土(石、料)场的土壤流失量监测，可采用集沙池、控制站等方法，或利用工程建设的沉沙池、排水沟等设施进行监测。对位于风力侵蚀区的取土(石、料)场，应进行风力侵蚀量监测。

②弃土(石、渣)场　弃渣期间，应重点监测扰动面积、弃渣量、土壤流失量以及拦挡、排水和边坡防护措施等情况。弃渣结束后，应重点监测土地整治、植被恢复或复耕等水土保持措施情况。大型弃土(石、渣)场弃渣量监测可通过实测或调查获得。实测时，应在弃渣前后进行大比例尺地形图测绘，并进行比较计算弃渣量。弃土(石、渣)场水土保持措施监测应以调查为主，掌握措施实施以及弃渣先拦后弃、堆放工艺等情况。土壤流失量监测可采用全坡面径流小区、集沙池、控制站等方法，或利用工程建设的沉沙池、排水沟等设施进行监测。对位于风力侵蚀区的弃渣场，应进行风力侵蚀量监测。对已设置拦挡措施的弃渣堆积体，应监测流出拦渣墙(或拦渣坝)的渣量。

③大型开挖(填筑)区　施工过程中，应通过定期现场调查，记录开挖(填筑)面的面积、坡度，并监测土壤流失量和水土保持措施实施情况。土壤流失量监测可采用全坡面径流小区、集沙池、测钎、侵蚀沟等方法，或利用工程建设的排水沟，沉沙池进行监测。施工结束后，应重点监测水土保持措施情况。

④施工道路　施工期间，应通过定期现场调查，掌握扰动地表面积、弃土(石、渣)量、水土流失及其危害、拦挡和排水等水土保持措施的情况。土壤流失量监测可采用集沙池、测钎、侵蚀沟等方法，或利用工程建设的排水沟、沉沙池进行监测。施工结束后，应重点监测扰动区域恢复情况及水土保持措施情况。

⑤临时堆土(石、渣)场　临时堆土(石、渣)场应重点监测临时堆土(石、渣)场数量、面积及采取的临时防护措施。在堆土过程中，应通过定期调查，结合监理及施工记录，确定堆放位置和面积，并拍摄照片或录像等影像资料，监测水土保持措施的类型、数量及运行情况。堆土使用完毕后，应调查土料去向以及场地恢复情况。

此外，对于取土(石、料)场、弃土(石、渣)场的监测，应根据水土保持方案报告书、初步设计等，结合无人机监测、遥感监测和实地调查，建立包括位置、面积、方量和使用时间等的取土(石、料)场、弃土(石、渣)场名录，现场记录取土(石、料)场、弃土(石、渣)场的相关情况，采集影像资料。监测过程中发现取(石、料)场、弃土(石、渣)场存在周边有居民点、学校、公路、铁路等重要设施，且排水、拦挡等防治措施不完善；靠近水源地、江河湖泊、水库、塘坝等，没有落实防治措施；位于沟道内，上游汇水面积较大，且排水、拦挡等防治措施不完善；与水土保持方案对比，位置、规模、数量发生变化的，要补充调查有关情况，并及时告知建设单位。

近年来，无人机监测被广泛应用于生产建设项目水土保持监测，作为获取空间数据的重要手段，具有机动灵活、实时传输、影像分辨率高等特点，是卫星遥感的重要补充，可获得三维地形信息和二维面积、土地利用等信息，用于监测生产建设项目水土流失面积、流失量、土地扰动面积、取(弃)土量和水土保持措施实施情况监测等。

6.5 监测方法与频次

生产建设项目水土保持监测是对人类活动引起的水土流失开展的监测，监测内容主要包括水土流失影响因素、水土流失状况、水土流失危害和水土保持措施等。

6.5.1 水土流失影响因素监测方法与频次

水土流失影响因素主要为气象、地貌、土壤(地面组成物质)、植被和人为扰动等因素，监测方法主要有资料收集分析法、调查法、现场测量法3种。不同影响因素，监测方法和频次不同。

气象因素主要包括降水、风力等气象资料的获取，可以通过监测范围内或附近条件类似的气象站、水文站收集，或设置相关设施设备观测，统计每月的降水量、平均风速和风向。日降水量超过25 mm或1 h降水超过8 mm的降水统计降水历时，风速大于5 m/s时应统计风速、风向出现的次数和频率。

地形地貌状况包括工程建设区域的地貌类型(区)、地理位置、地貌形态类型与分区、海拔与相对高差、坡面特征(含坡度、坡长、坡向、坡形等)。如果生产建设项目水土流失防治范围较大时，还要考虑流域(或区域)的坡度组成、流域形状系数、沟谷长度与密度、沟谷割裂强度、沟道比降等指标；风蚀区还包括地表起伏度等。可采用实地调查和查阅资料等方法获取。整个监测期应监测1次。

土壤(地面组成物质)因子主要监测指标为土壤类型及土壤质地与组成、有效土层厚度等。如果生产建设项目涉及树种、草种试验时，还要考虑土壤有机质含量、土壤营养成分含量、土壤酸碱度、土壤阳离子交换量、土壤渗透速率、土壤容重、土壤团粒含量等。一般采用现场调查和室内测定的方法，结合相关资料研究成果(如工程建设区域的土壤分布图)确定。施工准备期前和运行期应监测1次。监测记录表见表6-2。

植被状况主要监测指标有项目建设区域的植被覆盖率、植被类型、林地郁闭度、灌草地盖度等。采用实地调查方法获取。主要确定植被类型和优势种，一般选取3~5个有代表性的样地，测定林地郁闭度、灌草地盖度，取其平均值作为植被郁闭度(或盖度)。施工准备期前测定1次。监测记录表见表6-3。郁闭度、盖度布设与测定见6.4。

地表扰动情况主要监测指标有项目建设区域的土地埋压、开挖面、施工平台和建筑物等所占面积，具体在实际工作中，应根据项目的具体情况选择和补充并保持剥离类型的前后一致。采用实地调查并结合查阅资料的方法进行监测。在调查中，可采用实测法、填图法和遥感监测法。实测法宜采用测绳、测尺、全站仪、GPS或其他设备量测；填图法宜应用大比例尺地形图现场勾绘，并应进行室内量算；遥感监测法宜采用高分辨率遥感影像。监测记录表见表6-4。点型项目每月监测1次；线型项目全线巡查每季度不应少于1次；典型地段监测每月1次。

表 6-2　地表组成物质监测记录表

填表时间：　　年　月　日

项目名称				
监测分区名称				
监测地点	经纬度	E:		N:
	小地名			
地面组成物质	类型			说明(简要)
	土质/%			
	石质/%			
	砂砾质/%			
土壤类型				
填表说明	1."小地名"填写省、县、乡镇和自然村名称； 2."土质(%)""石质(%)""砂砾质(%)"填写面积百分比； 3."说明"填写关于地表组成物质的描述性说明，或附近照片。			
填表人		审核人		

表 6-3　植被(剥离前)监测记录表

填表时间：　　年　月　日

项目名称			
监测分区名称			
监测地点	经纬度	E:	N:
	小地名		
乔木层	优势树种		照片
	其他树种		
	平均高度/m		
	每 100 m² 株数/株		
	郁闭度		
灌木层	优势树种		照片
	其他树种		
	平均高度/m		
	盖度/%		
草本层	优势草种		照片
	其他草种		
	平均高度/cm		
	盖度/%		
填表说明	1. 调查时间应为施工准备期前一年内； 2."植被类型"填写乔木林、灌木林、草地、乔灌混交、灌草混交、乔草混交、乔灌草混交的其中之一； 3."照片"应能反映植被的整体状况。		
填表人		审核人	

表 6-4 地表扰动情况监测记录表

填表时间： 年 月 日

项目名称					
监测分区名称					
扰动特征	埋压	开挖面	施工平台	建筑物	……
扰动面积/hm²					
填表说明	本表中的"扰动特征"列出了生产建设项目的主要扰动类型。在实际监测工作中，应根据项目的具体情况选择和补充，并保持扰动类型前后一致。				
填表人			审核人		

弃土弃渣状况主要包括弃土弃渣的渣场位置、面积、堆渣量、弃渣流失量。弃土弃渣应在查阅资料的基础上，以实地量测为主，监测弃土(石、渣)量及占地面积。弃土弃渣监测应符合下列规定：①点型项目应以实测为主。正在使用的弃土弃渣场，应每10天监测1次。其他时段应每季度监测不少于1次。弃土(石、渣)占地面积可采用实测法、填图法，有条件的可采用遥感监测。弃土(石、渣)量应根据渣场面积，结合占地地形、堆渣体形状测算。②线型项目的大型和重要渣场按照点型目的监测方法进行。其他渣场应每季度监测不少于1次。取土(石、料)应在查阅资料的基础上，进行实地调查与量测，监测地表扰动面积。点型项目正在使用的取土(石、料)场应每10天监测1次，其他时段应每月监测1次；线型项目正在使用的大型和重要料场应每10天监测1次，其他料场应每季度监测1次。

6.5.2 水土流失状况监测方法与频次

生产建设项目水土流失状况评价根据水蚀、风蚀、冻融等侵蚀类型不同，采取不同的方法，不同侵蚀类型的土壤流失量计算根据采取的监测方法或布设的监测设施设备的不同而不同。由于生产建设项目属于人为扰动产生的侵蚀，具有时间短、扰动剧烈、破坏原地貌比较严重、没有明显闭合边界等特征，扰动因素难以用物理模型量化，其土壤流失量的量化多采用经验模型估算。坡面上的土壤侵蚀量多采用径流小区法获得。

生产建设项目因其没有明显的边界，不能像闭合小流域一样清楚地说明其流失量，可对不同监测范围的土壤流失强度和流失量进行分别评价，评价点型项目总的土壤流失量时，可采用求和法将各监测分区的土壤流失量求和获得项目总的土壤流失量；评价线型项目土壤流失量时，要将不同级分区不同时间段的土壤流失量求和至整个项目监测范围获得总的流失量，可根据评价对象进行分别说明，如项目取土场的流失量、临时堆土的流失量。

对于重要监测对象，如取土场的土壤流失量应该是流出取土场的边界即为流失，如果是坡面取土，坡脚底部设立的径流小区集流槽或集沙池观测获得的单位面积土壤流失量与面积的乘积为该坡面取土场的流失量。弃土场均要求先拦后弃，应以拦挡措施为边界算得弃土场的流失量。在评价生产建设项目产生的土壤流失量时要注意介绍清楚获得数据的方法和范围，对于点型项目和线型项目，项目不同监测分区的侵蚀量差别很大，不能用某个分区的数据代替整个项目的流失量；取土场或弃渣场等某一特定监测对象的流失量不能代表项目建设区的流失量。

水土流失状况根据水土流失类型的不同分为水蚀、风蚀、其他侵蚀类型。生产建设项目要对水土流失的类型、面积和强度进行监测。水土流失类型及形式应在综合分析相关资料的基础上，实地调查确定。每年不应少于 1 次。水土流失面积对于点型项目，水土流失面积监测应采用普查法，每季度不应少于 1 次；线型项目水土流失面积监测宜采取抽样调查法，每季度 1 次。土壤侵蚀强度应根据现行的行业标准《土壤侵蚀分类分级标准》（SL 190—2007），按照监测分区分别确定，施工准备期前和监测期末各 1 次，施工期每年不应少于 1 次。

不同流失类型监测指标存在一定差异，水蚀、风蚀及其他类型监测指标和方法如下：

（1）水蚀状况监测指标

水蚀状况监测指标可以分为坡面水蚀监测指标和建设区（分区）水蚀状况监测指标。坡面水蚀的主要监测指标包括土壤流失形式、坡面产流量、土壤流失量等指标。项目建设区水蚀的主要监测指标包括水土流失面积、流失强度、流失量、侵蚀模数等。

水蚀量监测方法：在水蚀区，工程建设区域内各种堆积坡面、开挖坡面、扰动坡面和塑造地貌坡面的侵蚀变化均可用坡面水蚀观测方法。坡面水蚀观测的基本方法有 3 种：一是设置径流小区观测；二是设置简易土壤流失观测场；三是直接设置泥沙收集器。第一种多适用于定点精确观测，第二种可结合定点调查或变动干扰较大的区域监测，第三种其实是第一种的简易设施（泥沙收集器类似于小区的集流桶）。径流小区法在第 2 章已有介绍，以下阐明当前应用的新设备、新方法。

① 简易土壤流失观测场观测　简易土壤流失观测方法就是测钎法，观测流失前后测钎出露高度差，求算流失厚度。土壤流失量计算公式为：

$$S_T = \gamma_s S L \cos\theta \cdot 10^3 \tag{6-5}$$

式中　S_T——土壤流失量，kg；

γ_s——侵蚀泥沙容重，kg/m³；

S——观测区坡面面积，m²；

L——平均土壤流失厚度，mm；

θ——观测区坡面坡度，°。

在利用该方法时，应该注意新的堆积体常常会产生自然沉降。因此，在观测测钎顶端到地面高度时，应密切注意是否有自然沉降。若堆积体不发生沉降，则式（6-5）中的 L 值为 $L = (L_1 + L_2 + \cdots + L_n)/n$；若堆积体发生沉降，就应该扣除沉降产生的影响，这时，式（6-5）中的 L 值为 $L = [(L_1 + L_2 + \cdots + L_n) - nh]/n$ [式中，h 为堆积体的平均沉降高度]。

② 三维激光扫描法　应用扫描仪可以直接量测和计算坡面侵蚀量。其中激光微地貌扫描仪，如图 6-9（a）所示，利用激光的反射与聚焦成像原理，将地表形态转换成不同物像点位置的电信号，再经计算机处理成数字地形模型，从而得出坡面侵蚀的结论。三维激光扫描仪，如图 6-9（b）所示，采用非接触式高速激光测量方式，获取地形或复杂物体的几何图形数据及影像数据，对采集的数据通过软件处理，建立空间位置坐标或模型，得到空间信息和坡面侵蚀结论。

③ 集沙池观测　工程建设中，常常在坡面排水沟上设立沉沙池，尤其是在降雨较多的地方。集沙池观测适用于径流冲刷物颗粒较大、汇水面积不大、有集中出口汇水区的土壤流失量监测。按照设计频次观测集沙池中的泥沙厚度。宜在集沙池的 4 个角及中心点分别量测泥沙厚度，并测算泥沙密度。土壤流失量可采用式(6-6)计算。

$$S_T = \frac{h_1 + h_2 + h_3 + h_4 + h_5}{5} S \rho_S \times 10^4 \tag{6-6}$$

式中　S_T——汇水区土壤流失量，g；

　　　h_i——集沙池四周和中心点的泥沙厚度，cm；

　　　S——集沙池面积，m^2；

　　　ρ_S——泥沙密度，g/cm^3。

(a)　　　　　　　　　　　　　　　　　　　　(b)

图 6-9　光电扫描仪

(a)激光微地扫描仪　(b)莱卡 HDS6000 三维激光扫描仪

④ 相关沉积法观测　在工程建设区域内常存在洼坑、浅洼地或人工修建的池、塘等小型蓄水工程，这些蓄水微地形可拦蓄暴雨侵蚀的径流泥沙全部或一部分，随即观测被拦蓄的径流、泥沙量即为毗邻坡面的水土流失量。

当蓄水微地形(洼坑)不大，可用直尺直接测量水深、泥深(或多点量测)，并量测面积，计算出积水量和泥沙量；如果蓄水微地形面积大，或水较深时，可用设置断面法，驾船分别量测各断面上若干个水深、泥深，再计算断面平均水深、泥深，并与断面间距的乘积作为部分径流、泥沙体积，最后累加得总体积。

采用这种方法需要注意以下 3 个方面：一是洼坑中没有人工倒入的土(石)，若倒入土(石)时，数量可知或予以及时雨时清理；二是没有溢流现象，若发生溢流，可以测算其数量(数量必须可测)；三是应在洼坑等微地貌附近布设固定基准桩(注意避开干扰)用于校核洼坑地形、断面和淤积等的变化。若设置固定测量断面，还应布设断面控制柱。

在得到径流量 W、泥沙量 V_S 和侵蚀区域面积 A 后，可计算径流 M_w 和侵蚀强度 M_s。

$$M_W = \frac{W}{A} \tag{6-7}$$

$$M_s = \frac{V_s \gamma}{A} \tag{6-8}$$

式中　M_W——径流流失强度，m^3/km^2；

　　　M_s——泥沙流失强度，t/km^2；

　　　W——流失的流失量，m^3；

　　　V_S——流失泥沙的体积，m^3；

　　　γ——流失泥沙的密度，t/m^3；

　　　A——流失区面积，km^2。

（2）风蚀状况监测指标

风蚀强度受多种因素影响，主要有地表植被覆盖度、地面物质颗粒大小及组成、地表起伏状况、起沙风的多少、降水情况等。因而，在风蚀调查时，要对工程建设区域可能存在的多种地表特征、气候特征等进行全面调查，以便获得风蚀强度值，以备比较分析使用。在风力侵蚀为主的区域，风蚀状况的主要监测指标包括风蚀面积、土壤侵蚀强度、降尘量等指标。风力侵蚀强度监测可采用测针、集沙仪、风蚀桥等设备，监测布设和计算详见 6.4 节内容。监测时，可单独使用这些设备，也可组合使用。应每月统计 1 次。

（3）其他侵蚀状况监测指标

重力侵蚀主要监测指标包括侵蚀形式及其数量。侵蚀形式如崩塌、崩岗、滑坡、泻溜等，数量如撒落量、崩岗发生面积、滑坡规模、滑坡变形量等。混合侵蚀（泥石流）主要监测指标包括泥石流特征、泥石流浆体总量、泥石流冲击物等。冻融侵蚀主要监测指标包括冻土厚度、冻融侵蚀面积等。重力侵蚀监测可采用调查、实测等方法，对崩塌、滑坡、泥石流等土石方量进行量测。以下阐述泥石流、崩塌、滑坡和冻融侵蚀的监测方法。

① 泥石流断面观测　断面法是在泥石流频繁活动的沟谷，选择适于建设的观测断面和辅助断面，建立各种测流设施，如缆道（索）、支架、探索泥沙设施、浮标投放设施等，来观测泥石流过程变化、历时、泥位、流量等特征的方法。观测断面要设在河床及岸边稳定，且测流段无弯曲、无宽窄变化、比较均一的河段，辅助断面设在主断面的上游或下游约 50 m 处。主断面缆索两端设置钢支架，悬挂缆索，缆索上一定距离设测泥位悬杆或继电器；辅断面设支架缆绳，上悬浮标投放器。

当泥石流发生时，泥石流通过两断面，通过投放浮标可测得流速；主断面悬杆或继电器测泥石流泥位（相当于水位），并计时；并采集泥沙样品一个或多个。泥石流结束后，观测一次断面变化（主断面），并计算出过流面积。

有了上述泥石流过程面积 W、流速 V、历时 t、取样测到的含沙量 ρ，不难计算出以下泥石流特征值。

峰值流量：

$$Q_{max} = W_{max} \cdot V_{max} \tag{6-9}$$

浆体径流量：

$$W = \overline{Q} \cdot t \tag{6-10}$$

固体径流量：

$$W_s = W \cdot \overline{\rho} \tag{6-11}$$

式中 W_{max}——泥石流最大时的过流断面积，m^2；

        V_{max}—— 最大流速，m/s；

        W——泥石流浆体的流出总量，m^3；

        $\bar{Q}$——泥石流全过程平均流量，m^3/s；

        t——泥石流全过程历时，s；

        W_s——泥石流夹带固体物质干质量，kg；

        $\bar{\rho}$——泥石流过程平均砂石含量，kg/m^3。

泥石流观测过程是复杂多变的，以上讨论了一个概化过程的计算，而实际过程可分为2种情况：一种是黏性阵流；另一种是多变的连续流。对于阵流观测，需测出龙头的泥位高度及流速、过流历时，并取一个泥沙样；对于连续流观测，要像水文测验一样，在每一流态(流速、泥位)发生变化的时段内，都要测得一个泥位、流速、历时，并取一个泥沙样。阵流的龙头即峰值流量，龙尾为零，用锥体公式计算浆体径流量，并用浆体径流量与样品含沙量计算固体径流量。连续流则分别计算时段特征值，分别累加得到全过程特征值，计算方法同水文计算。泥石流固体径流量 W_s，即为建设区流域侵蚀总量，由此不难算出侵蚀模数。

通常为了探索泥石流发生规律，在建设区(沟道流域)还要建立雨量观测点，并调查建设渣土堆积到沟谷的数量，特别是影响泥石流流态的那部分堆积量、部位和堆积方式等。

② 相关沉积调查   该法是指通过调查崩塌、滑坡、崩岗等侵蚀方式发生侵蚀后的相关堆积物体积，估算侵蚀量的方法，适用工程建设区域各种不同规模的重力侵蚀及部分混合侵蚀。

调查崩塌、滑坡时，在堆积体上，可以设置若干施测断面，并测量断面的高程与断面间距，扣除原地面高程影响，算出每个堆积断面面积 S_i，乘以间距 D_i 得到部分堆积体积，再累加全部的部分堆积体积，即可得到滑坡和崩塌的体积，即侵蚀总体积，最后乘以容重(密度)即为侵蚀总量。计算相关堆积体时，需要注意移动破碎土(石)体内通常存在孔洞，因而多用量测原破坏坡面的体积加以校正(校正系数 k)。计算公式如下：

$$G_T = k\rho \sum_{i=1}^{n} (S_i D_i) \tag{6-12}$$

式中 G_T——滑坡(崩塌)总量，kg；

        k——校正系数，小于 1；

        ρ——容重(密度)，kg/m^3；

        S_i——测量堆积断面面积，m^2；

        D_i——测量堆积断面的间距，m。

③ 排桩法   崩岗的观测一般均采用排桩法，即在崩岗区设置基准桩和测桩。应该注意，测桩设置间距应该规整，因为发生崩岗后部分测桩一并被毁，需要根据定位测量它的高程变化。布设测桩还要根据该区崩岗的发展，从坡脚布设到坡顶，宽度按一般崩岗宽确定。若能配以过程观测(录像或人工监测)，就能阐明崩岗发生发展的机制和特点。野外调查时，一般需在暴雨前后测量调查，或在下游调查测量拦砂坝(池)中的淤积物，这是崩岗发生后的相关沉积物。

④ 冻融侵蚀监测　通常采用的方法是排桩法。见前文。

需要注意桩体入土不宜超过 15 cm，以避免起到固定表层土体的作用；也不能过浅（小于 10 cm），否则容易被冻土挤出，失去观测的作用。

应该说明，在上述侵蚀量观测的同时，还应对影响冻融侵蚀的主要因子进行观测，如气温、地温、坡度、坡向、风、植被、土壤等，以便分析说明。

6.5.3　水土流失危害监测方法与频次

水土流失危害监测应包括对当地、周边、下游和对主体工程本身可能造成的危害形式和程度，以及产生滑坡和泥石流的风险等，主要包括破坏土地（土壤）资源、毁坏水土保持设施、泥沙淤积、水资源污染等方面危害。水土流失危害的面积可采用实测法、填图法或遥感监测法，而危害的其他指标和危害程度可采用实地调查、量测和询问等方法进行监测。

（1）水土流失危害监测指标

① 破坏土地资源监测指标　减少土地资源数量，主要监测指标有工程占用（沟谷吞噬）面积、冲毁面积、沙积面积、重力侵蚀掩埋面积等，水土流失严重时，还需要监测土地沙化面积、石漠化面积等；土地质量下降，主要监测指标包括有效土层变薄、土壤肥力下降、土壤质量恶化和土壤污染等方面。

② 毁坏水土保持设施监测指标　这类主要监测指标包括毁坏的设施及其数量、程度等。水土保持设施主要包括林草植被、水土保持工程措施（如梯田、小型水利水保工程、沟头防护、淤地坝、引洪漫地工程等）以及其他有利于蓄水保土的农田基本设施。

③ 泥沙淤积危害监测指标　危害主体工程，主要监测对建设施工的进度与效率影响、工程设施设备损坏、施工人员安全危害等方面；危害设施利用，主要监测指标包括泥沙淤积的库坝数量及库容、淤积的河湖数量及淤积量、淤积的港口数量及淤积量等；洪涝灾害，主要监测指标包括由于水土流失引起的洪涝、滑坡、泥石流和风沙等灾害及其导致的损失等。

④ 水资源污染监测指标　水资源污染的监测指标主要包括水体富营养物质（如增加水体的总磷、总氮、氨氮等）、非营养物质（如氟氧化物、挥发物、高锰酸盐指数、五日生化需氧量等）、病菌（如粪大肠菌群数量等）等。特殊情况下，还需要调查污染造成的人、畜伤害等情况。对于采矿类开发建设项目，污染物还应分析重金属等内容。

上述水土流失危害主要指标的监测频次，大多数随水土流失发生而进行适时监测，然后统计出年值（总量、平均值以及特征值等），有些指标可一年监测 1 次。

（2）监测方法

① 危害数量和程度监测　水土流失危害数量是指危害范围内受害对象的数量，即各类受害对象的多少（如个体数量、总体损失等）；危害程度是指受害和受损的程度，用受害范围内各类受害对象的产出（或损失）与无害区域对应对象产出的比较来反映。

水土流失危害数量需要通过危害范围的普查（或抽样调查）取得。当危害范围较小时，采用普查的方式进行；当危害范围较大，采用抽样调查的方式进行。如果危害范围跨越不同类型区时（如土壤侵蚀类型区、地貌类型区等），应该分区进行。

水土流失危害程度的监测包括危害范围受害对象和无害区域对应对象2个方面，通过对比分析相关指标，评价和估算危害大小。

② 危害面积监测 在生产建设项目水土流失危害中，与面积大小有关的包括：扰动破坏地貌面积、洪涝淹没面积、地下水降低面积、泥石流毁坏埋没面积、污染受害面积等。

上述危害面积可用无人机等航测或绘图量测的方法，即将危害界线勾绘在大比例尺地图上，然后量算并平差，算出受害范围及各种受害对象的面积。

6.5.4 水土保持措施监测方法与频次

水土保持措施监测，主要采用无人机遥测、定期实地勘测与不定期全面巡查相结合的方法，同时记录和分析措施的实施进度、数量与质量、规格，及时为水土流失防治提供信息。对大型工程(或重要单位工程)，除定期调查外，还应查看工程运行情况，判别其稳定性。具体的水土保持措施监测要符合以下规定：

① 植物措施 植物类型及面积应在综合分析相关技术资料的基础上，实地调查确定，应每季度调查1次。成活率、保存率及生长状况宜采用抽样调查的方法确定，在栽植6个月后调查成活率，且每年调查1次保存率及生长状况。郁闭度与盖度应每年在植被生长最茂盛的季节监测1次。林草覆盖率应在统计林草地面积的基础上分析计算获得。

② 工程措施 措施的数量、分布和运行状况应在查阅工程设计、监理、施工等资料的基础上，结合实地勘测与全面巡查确定。重点区域应每月监测1次，整体状况应每季度1次。对于措施运行状况，可设立监测点进行定期观测。

③ 临时措施 可在查阅工程施工、监理等资料的基础上，实地调查，并拍摄照片或录像等影像资料。

措施实施情况可在查阅工程施工、监理等资料的基础上，结合调查询问与实地调查确定。应每季度统计1次。水土保持措施对周边水土保持生态环境发挥的作用应以巡查为主，每年汛期前后及大风、暴雨后应进行调查。

此外，对于生产建设项目监测点和频次在《生产建设项目水土流失防治标准》(GB 50434—2018)有明确的表示，对于大面积、长距离的项目要增加遥感监测。在每个监测区至少布设1个监测点，长度超过100 km的监测区每100 km增加2个监测点。对于监测频次，扰动地面、取土场、弃渣场、水土保持措施至少每月调查记录1次，对施工进度、植物措施长势至少每季度调查记录1次。雨季开展排水含沙量的连续监测，风季对风蚀量进行连续监测的要求。

在水土保持方案及其后续设计中，已经明确了各种水土保持设施的建设时期、数量、工程量和质量要求。但由于种种原因，在工程建设过程中常常发生调整，或位置变化，或建设期变更，或数量增减，或标准变化，致使建成的水土保持措施与设计有所差异。因此，临时应实地勘测(或巡查)随时进行，应该对照水土保持方案及其后续设计，对水土保持措施的实施时间、建设地址、数量与规格尺寸、控制水土流失效果等进行实地监测，并及时将相关信息反馈建设的管理、施工和监理等单位，以保质保量地发挥作用。

6.6　监测成果评价

6.6.1　水土流失情况评价

　　水土流失情况评价的主要内容应包括水土流失防治责任范围、地表扰动面积、弃土（石、渣）状况以及水土流失的面积、分布与强度等的变化情况。按监测分区、监测时段统计地表扰动面积、弃土（石、渣）量及有效拦挡量，分析动态变化情况。根据监测点和实地调查获得的土壤流失量，按监测分区、监测时段评价水土流失的面积、分布与强度的变化情况。在监测与评价过程中，如发现水土流失防治责任范围与水土保持方案不一致及弃土（石、渣）场、取土（石、料）场等的位置、规模发生重大变化，应分析原因并通知建设单位。

6.6.2　水土保持效果评价

　　水土保持效果评价主要包括水土保持措施实施情况、防治效果及水土流失防治目标达标情况。防治效果应按照《生产建设项目水土保持技术规范》的规定，从治理水土流失、林草植被建设、水土保持设施运行状况、保护和改善生态环境等方面进行评价。监测期末，还应进行项目建设对周边生态环境的影响评价。

　　按监测分区、监测时段统计水土保持措施的类型、数量和分布情况，并与水土保持方案确定的措施体系进行对比，如有变化，应分析原因。

　　依据《生产建设项目水土流失防治标准》的规定，施工期，分析渣土防护率与土壤流失控制比，并与水土保持方案确定的防治目标进行对比，评价达标情况；试运行期和生产运行期，分析表土保护率、水土流失总治理度、渣土防护率、土壤流失控制比、林草植被恢复率和林草覆盖率，并与水土保持方案确定的防治目标进行对比，分析达标情况，达标值应按照水土保持区划中的东北黑土区、北方风沙区、北方土石山区、西北黄土高原区、南方红壤区、西南紫色土区、西南岩溶区、青藏高原区 8 个区分别确定。若未达到水土保持方案确定的防治目标，应分析原因，及时提出改进建议。

　　（1）表土保护率

　　表土保护率（percentage of protected topsoil）是指项目水土流失防治责任范围内保护的表土数量占可剥离表土总量的百分比。它反映了生产建设项目对地表扰动破坏的程度。计算公式为：

$$表土保护率 = \frac{保护的表土数量}{可剥离表土总量} \times 100\% \qquad (6\text{-}13)$$

　　水土流失防治责任范围是指生产建设单位依法应承担水土流失防治的义务区域，包括项目征地、占地、使用及管辖的土地等（下同）。保护的表土数量是指在水土流失防治责任范围内，因建设和生产活动对各地表扰动区域的表层腐殖土（耕作土）进行剥离（或铺垫）、临时防护、后期利用的数量总和。可剥离表土总量是指根据地形条件、施工方法、表土层厚度，综合考虑目前经济技术条件下可以剥离表土的总量，包括采取铺垫措施保护的表土数量。一般情况下，耕地耕作层、林地和园地腐殖层、草地匍、东北黑土层都应进行剥离和保护。

一般来说，表土保护率应每月动态监测获得，监测可采用实测法和无人机遥测法。

（2）水土流失总治理度

水土流失总治理度（percentage of controlled soil erosion area）是指水土流失防治责任范围内水土流失治理达标面积占水土流失总面积的百分比，反映了生产建设项目对防治责任范围内水土流失面积总治理程度。计算公式为：

$$水土流失总治理度 = \frac{水土流失治理达标面积}{水土流失总面积} \times 100\% \tag{6-14}$$

$$水土流失总面积 = 项目区建设面积 - 水面面积 - 建设区未扰动的微度侵蚀面积 \tag{6-15}$$

水土流失治理达标面积=水土保持措施面积（水土流失控制在容许土壤流失量以下）+永久建筑物占地面积（有良好排水系统）+场地道路硬化面积（有良好排水系统）（6-16）

①水土流失总面积　凡在防治责任范围内，水土流失（含水蚀、风蚀、重力、冻融及混合侵蚀）强度超过容许土壤流失量以上的地块（或地区）均属于水土流失面积。包括因生产建设项目活动导致或诱发的水土流失面积以及防治责任范围内尚未达到容许土壤流失量的未扰动地表面积。一般确定水力侵蚀流失面积应依照《土壤侵蚀分类分级标准》（SL 190—2007）中的规定进行；风力及其他侵蚀的容许土壤流失量按照按表6-5的规定进行，并确定水土流失面积，注意是在"无人为强烈干扰"下的限定，以免错判。

一般是通过调查勾绘或量测非水土流失地块（或区域），然后从防治责任范围内的总面积中减去而得到水土流失总面积。

②水土流失治理达标面积　是指对水土流失区域采取水土保持措施，使土壤流失量达到容许土壤流失量以下的土地面积，以及建立良好的排水体系，并不对周边产生冲刷的地面硬化面积和永久建筑物占地面积。其中，水土保持措施（包括前述治理工程、土地整治及林草建设等）实施的面积即为水土保持措施面积，且土壤流失控制在容许流失量以下，计入治理达标面积。但是有的虽已实施治理措施，但水土流失尚未达到标准要求，不能计入水土流失治理达标的面积中。此外，弃土弃渣场地在采取保护措施并进行土地整治和植被恢复，土壤流失量达到容许流失量后，才能作为水土流失治理达标面积。

（3）土壤流失控制比

土壤流失控制比（proportion of soil erosion control）是指项目水土流失防治责任范围内容许土壤流失量与治理后的每平方千米年平均土壤流失量之比。它反映了水土流失治理措施控制土壤流失量的相对大小。其计算公式为：

$$土壤流失控制比 = \frac{容许土壤流失量}{治理后的平均土壤流失强度} \times 100\% \tag{6-17}$$

①容许土壤流失量　是指与成土速率一致的流失速率，或能达到保护土壤（土地）资源，并能长期保持土壤肥力和维持土地生产力基本稳定的最大土壤流失量。容许土壤流失量按表6-5的规定执行。

表 6-5　各类型土壤容许流失量

土壤侵蚀类型区		土壤容许流失量/[t/(km²·a)]	执行标准
水蚀区	西北黄土高原区	1 000	《土壤侵蚀分类分级标准》(SL 190—2007)
	东北黑土区	200	
	北方土石山区	200	
	南方红壤区	500	
	西南紫色土区	500	
	西南岩溶区	500	
北方风沙区		1 000~2 500	《生产建设项目水土保持技术规范》(GB 50433—2018)
风蚀水蚀交错区		1 000	
青藏高原区及其他		暂不规定	

②责任范围内年平均土壤流失强度　是项目责任范围内每年总的土壤流失量与项目区面积的比值,即单位面积上的年土壤流失量(或者流失模数)。

对于责任范围比较集中,或者处在一个流域内(或者大部分处在流域内),或者具有集中的径流泥沙出口,可通过设立的流域径流泥沙观测站经过实际观测得到。应该注意的是,该观测数值必须包括悬移质和推移质。

对于缺乏上述观测条件时,也可通过坡面径流小区的观测值与其代表的面积之积的累加值求得总土壤流失量,然后除以流失总面积而得到。严格地说,用小区法所得的土壤侵蚀量没有考虑泥沙在搬运途中的泥沙沉积和拦蓄,数值偏大;若能调查出沉积和拦蓄的泥沙量并予以校正,则亦能取得流失量的真值。这样,土壤流失控制比可以按照下式计算:

$$土壤流失控制比 = \frac{200(500, 1\ 000)}{\sum_{i=1}^{n}(M_{si}A_i)/A} \times 100\% \qquad (6\text{-}18)$$

式中　M_{si}——第 i 监测小区年平均侵蚀模数,t/(km²·a);

　　　A_i——第 i 监测小区代表的区域面积,km²;

　　　A——项目水土流失防治责任范围面积,km²。

(4)渣土防护率

渣土防护率(percentage of blocked dregs and soil)是指项目水土流失防治责任范围内,采取措施实际挡护的永久弃渣、临时堆土量占工程永久弃渣和临时堆土总量的百分比。它反映了工程建设(或生产)对固体废弃物质控制的程度以及对环境保护的贡献。计算式为:

$$渣土防护率 = \frac{实际挡护的弃渣量}{工程总弃渣量} \times 100\% \qquad (6\text{-}19)$$

①实际挡护的永久弃渣、临时堆土量　实际挡护是指对永久弃渣和临时堆土下游或周边采取拦挡,表面采取工程和植物防护措施或临时苫盖防护。永久弃渣量指项目竣工后和生产过程中,堆存于专门场地的废渣(土、石、灰、矸石、尾矿)量;临时堆土量是施工和生产过程中暂时堆存,后期仍要利用的土(石、渣、灰、矸石)量。具体测定方法:一种是直接测量实际挡护的废渣(土、石、灰、矸石、尾矿)量;另一种是监测渣土流失量与工程

弃渣总量的差值，即可得到实际挡护弃渣量。

②工程总弃土(石、渣)量　弃土(石、渣)总量包括项目或建设生产过程中临时或永久产生的全部弃土、弃石、弃渣的数量。这些弃土(石、渣)有的是清除表土、取料废渣、有的是生活垃圾，还有生产产生的矿渣、尾矿砂、煤矸石等。由于废弃物种类不一，且分散在不同的位置，因此有以下3种方法监测：一是利用设计资料校核估算。校核工程设计中的土、石开挖量，减去工程建设中实用土石量(如回填、砌石等)；再加生活垃圾及道路等部分废渣量。二是利用矿渣比、剥采比等计算。如洗选矿等，可求出选1 t矿(或采1 t煤)产生多少废矿砂(称为矿渣比、剥采比等)，这样依据生产能力就可计算出矿渣、尾矿砂等数量。三是测量监测。即对工程建设各个产渣场地实施测量，求得总量。

(5)林草植被恢复率

林草植被恢复率(percentage of revered forestry and grass)是指项目水土流失防治责任范围内，林草类植被面积占可恢复植被面积的百分比。在责任范围内，采取植树、种草(花卉)及封育等措施，恢复地面植被保持水土的面积占区内可恢复植被面积的百分比。它反映了工程建设区植被恢复重建的程度。计算公式为：

$$林草植被恢复率 = \frac{林草植被面积}{可恢复植被面积} \times 100\% \tag{6-20}$$

①可恢复植被面积　是防治责任范围内，在当前技术、经济条件下，通过分析论证确定的可以采取植物措施的土地面积，不包含国家规定应恢复农耕地的面积。在水蚀区，可恢复植被面积指的是扣除主体工程、道路、生产生活附属等占地面积，以及裸漏基岩、水体等面积以外的其他面积；在风沙区，除去流动沙丘、裸露基岩以外的其他面积；在高寒地区，除去寒漠区、裸露基岩以外的其他面积。

②林草植被面积　是指在防治责任范围内所有的人工和天然的林地和草地的总面积，包括植树、种草(花卉)且成活率、保存率达到设计和验收标准的面积，以及天然林地和草地的面积。《生产建设项目水土保持技术规范》(GB 50433—2018)规定：森林的郁闭度达到0.2以上(不含0.2)；灌木林和草地的盖度达到0.4以上(不含0.4)计入林草植被面积。对于零星种树可以根据不同树种的造林密度折合为面积计入林草植被面积。

(6)林草覆盖率

林草覆盖率(percentage of forestry and grass coverage)是指项目水土流失防治责任范围内，林草类植被面积占总面积的百分比。它反映工程建设中绿化和生态恢复程度的大小。计算公式为：

$$林草覆盖率 = \frac{林草植被面积}{总面积} \times 100\% \tag{6-21}$$

总面积，指项目水土流失防治责任范围面积中，扣除水利枢纽、水电站类项目的水库淹没面积和露天矿山的采区面积，可通过实测或校核工程项目水土保持方案书中面积确定。

林草植被覆盖面积是林草枝、叶、杆对地表的覆盖、遮掩的面积，它是林草植被面积和覆盖度(简称盖度)的乘积。

林草植被覆盖面积由样地调查和计算得来。样地调查内容有林(草)地面积和林地的平均郁闭度，以及灌木、草地的平均覆盖度，然后算出林草覆盖面积。这一工作十分麻烦，现在为了简便，一般把林草地覆盖度（郁闭度）大于 0.6 的当作 1.0 处理，把小于 0.3 的当作 0 处理，把在 0.3~0.6 之间的取用实际值，即盖度>0.6 的林草地按全覆盖面积计，盖度<0.3 的林草地不计入覆盖面积，盖度在 0.3~0.6，则用实际盖度乘林草面积得到覆盖面积。因此，计算林草覆盖率的通式为：

$$林草覆盖率 = \frac{\sum_{i=1}^{n}（林草植被面积 \times 覆盖度）}{总面积} \times 100\% \tag{6-22}$$

上述生产建设活动未造成水土流失危害或危害仅在建设区内时，效益计算的项目水土流失防治责任范围面积为建设区面积；当发生的危害超出建设区时，责任范围为建设区面积与危害区面积之和。

6.7　监测成果

6.7.1　监测成果形式

监测成果包括监测实施方案、记录表、水土保持监测意见、监测季度报告、监测年度报告、监测汇报材料、监测总结报告及相关图件、影像资料等。

监测成果应采用纸质和电子版形式保存，做好数据备份，并按照档案管理相关规定建立档案。

6.7.2　监测成果要求

在施工准备期之前，应进行现场查勘和调查，并根据相关技术标准和水土保持方案编制《生产建设项目水土保持监测实施方案》。水土保持监测报告应包括季度报告表、专项报告和总结报告。工程建设期间，应于每季度的第一个月内报送上季度的《生产建设项目水土保持监测季度报告表》，同时提供大型或重要位置的弃土（渣）场的照片等影像资料。因降水、大风或人为原因发生严重水土流失及其危害事件的，应于事件发生后 1 周内报告有关情况。水土保持监测任务完成后，整理、分析监测季度报告和监测年度报告，分析评价土壤流失情况和水土流失防治效果，应于 3 个月内报送《生产建设项目水土保持监测总结报告》。

监测总结报告内容应全面、语言简明、数据真实、重点突出、结论客观。应包含水土保持监测特性表、防治责任范围表、水土保持措施监测表、土壤流失量统计表、表土保护率等 6 项指标计算及达标情况表。应附照片集。监测点照片应包含施工前、施工期和施工后 3 个时期同一位置、角度的对比。附图应包含项目区地理位置图、水土保持监测点分布图、防治责任范围图、取土（石、料）场、弃土（石、渣）场分布图等。附图应按相关制图规范编制。

对点型项目，图件应包括项目区地理位置图、扰动地表分布图、监测分区与监测点分布图、土壤侵蚀强度图、水土保持措施分布图等。对线型项目，图件应包括项目区地理位置图、监测分区与监测点分布图，以及大型弃土(石、渣)场、大型取土(石、料)场和大型开挖(填筑)区的扰动地表分布图、土壤侵蚀强度图、水土保持措施分布图等。

数据表(册)应包括原始记录表和汇总分析表。

影像资料应包括监测过程中拍摄的反映水土流失动态变化及其治理措施实施情况的照片、录像等。照片集应包含监测项目部和监测点照片。同一监测点每次监测应拍摄同一位置、角度照片不少于3张。照片应标注拍摄时间。监测成果应按照档案管理相关规定建立档案。

6.7.3　监测成果报送要求

水利部批复水土保持方案的项目，由建设单位向项目所在流域机构报送上述报告和报告表，同时抄送项目所涉及省级水行政主管部门。项目跨越两个以上流域的，应当分别报送所在流域机构。地方水行政主管部门批复水土保持方案的项目，由建设单位向批复方案的水行政主管部门报送上述报告和报告表。报送的报告和报告表要加盖生产建设单位公章，并由水土保持监测项目的负责人签字。《生产建设项目水土保持监测实施方案》和《生产建设项目水土保持监测总结报告》还需加盖监测单位公章。

复习思考题

1. 名词解释

生产建设项目　点型工程　线型工程　建设生产类项目　建设类项目

2. 简述从水土保持监测的角度可以将生产建设该项目分为哪几类？分别是什么？

3. 简述生产建设项目水土保持监测原则和任务。

4. 结合生产建设项目的类型，简述生产建设项目水土保持监测重点区域。

5. 简述生产建设项目水土流失监测成果的评价指标及其计算办法。

6. 某公路建设项目，项目经过丘陵沟壑区，施工组织规划有料场、堆渣场及施工生产生活设施。结合你学过的生产建设项目水土保持监测知识，剖析该项目的水土保持监测点的布设及其监测内容和方法。

本章附录

附录 A　生产建设项目水土保持监测实施方案提纲

一、综合说明

二、项目及项目区概况

1. 项目概况

2. 项目区概况

3. 项目水土流失防治布局

三、水土保持监测布局

1. 监测目标与任务

2. 监测范围及其分区

3. 监测点布局

4. 监测时段和进度安排

四、监测内容和方法

1. 监测内容

（1）施工准备期前（是指主体工程施工准备期前一年）

（2）施工准备期

（3）施工期

（4）试运行期

2. 监测指标与监测方法

3. 监测点设计

五、预期成果

1. 水土保持监测季度报告表

2. 水土保持监测总结报告

3. 数据表（册）

4. 附图

5. 附件

六、监测工作组织与质量保证体系

1. 监测技术人员组成

2. 主要工作制度

3. 监测质量保证体系

附录 B　生产建设项目水土保持监测总结报告提纲

一、综合说明

二、项目及水土流失防治工作概况

1. 项目及项目区概况

2. 项目水土流失防治工作概况

三、监测布局与监测方法

1. 监测范围及分区

2. 监测点布局

3. 监测时段

4. 监测方法与频次

四、水土流失动态监测结果与分析

1. 水土流失防治责任范围监测结果

（1）水土保持方案确定的水土流失防治责任范围

（2）各时段水土流失防治责任范围监测结果

2. 弃土（石、渣）监测结果

（1）设计弃土（石、渣）情况

（2）弃土（石、渣）场位置及占地面积监测结果

（3）弃土（石、渣）量监测结果

3. 扰动地表面积监测结果

4. 水土流失防治措施监测结果

（1）工程措施及实施进度

（2）植物措施及实施进度

（3）临时防治措施及实施进度

5. 土壤流失量分析

（1）各时段土壤流失量分析

（2）重点区域土壤流失量分析

五、水土流失防治效果分析评价

1. 表土保护率

2. 水土流失总治理度

3. 渣土防护率

4. 林草覆盖率

5. 土壤流失控制比

6. 林草植被恢复率

六、结论

第 7 章

荒漠化和沙化监测

土地荒漠化、沙土化严重威胁着国家生态安全，制约着社会经济可持续发展，是重大的民生问题。荒漠化和沙化土地监测是贯彻落实《中华人民共和国防沙治沙法》和履行《联合国防治荒漠化公约》的重要手段。在国家行政主管部门的统一部署下，我国已于 1994 年、1999 年、2004 年、2009 年、2014 年和 2019 年共进行 6 次荒漠化和沙化土地监测。这些荒漠化和沙化土地监测结果，为各级政府制定防沙治沙的方针、政策、规划，指导生态建设和保护工作等提供了科学依据和技术支撑。

7.1 监测目的、任务、周期及其范围

（1）目的

荒漠化和沙化监测的目的是定期准确掌握我国荒漠化土地和沙化土地的现状及动态变化信息，夯实数据基础，为加快推进生态文明建设，推动国家退化土地防治能力现代化，落实最严格生态环境保护制度，实施重大生态保护和修复工程，科学决策、合理保护、有效治理荒漠化和沙化土地提供依据。

（2）任务

荒漠化和沙化监测的任务：定期为全国各级行政单位及不同区域提供沙化土地和具有明显沙化趋势的土地面积、分布和动态变化情况；定期为全国各级行政单位及区域提供荒漠化土地的类型、面积、程度、分布和动态变化情况；分析自然和社会经济因素对土地荒漠化和沙化过程的影响，对土地荒漠化和沙化状况、危害及治理效果进行分析评价，提出防沙治沙和防治荒漠化的对策与建议，为国家决策提供服务。

（3）监测周期

我国荒漠化和沙化监测以 5 年为一个监测周期。

（4）监测范围

全国沙化监测范围为所有分布有沙化土地和具有明显沙化趋势的土地的地区；全国荒漠化监测范围为湿润指数在 0.05~0.65 的地区。

7.2 监测体系

（1）宏观监测

采用遥感影像划分图斑、地面核实图斑界线和调查各项因子的方法，按监测周期定期

提供各级行政单位不同类型及程度的荒漠化和沙化土地面积、分布及其动态变化和成因。

（2）敏感地区监测

对一些由于自然和人为因素或大中型生产建设项目造成的土地严重沙化、荒漠化的地区，或工程治理成效显著的地区进行专项监测，分析导致土地荒漠化和沙化的因素及驱动力，评价治理成效或生产建设项目对区域生态的影响。

（3）定位监测

在不同自然地理和社会经济类型区选择典型地段设立定位监测站，进行系统、连续的长期观测，收集与土地荒漠化、沙化过程及治理效果有关的数据；通过对土壤、植被、气候、社会经济等因子与荒漠化和沙化相互关系的分析，研究荒漠化和沙化发生、发展、演变机理，为防沙治沙和防治荒漠化提供科学依据。

7.3　荒漠化土地利用类型的划分

7.3.1　沙化土地分类

沙化监测区的土地划分为沙化土地、具有明显沙化趋势的土地和非沙化土地3个类型。

（1）沙化土地

沙化土地指在各种气候条件下，由于各种因素形成的、地表呈现以沙（砾）物质为主要标志的退化土地。可划分为流动沙地（丘）、半固定沙地（丘）、固定沙地（丘）、沙化耕地、非生物治沙工程地、风蚀残丘（劣地）和戈壁7种类型。

①流动沙地（丘）　指土壤质地为沙质，植被总盖度<10%，地表沙物质常处于流动状态的沙地或沙丘。

②半固定沙地（丘）　指土壤质地为沙质，10% ≤ 植被总盖度<30%（乔木林冠下无其他植被时，郁闭度<0.5），且分布比较均匀，风沙流活动受阻，但流沙纹理仍普遍存在的沙地或沙丘。分为人工半固定沙地（丘）和天然半固定沙地（丘）。通过人工措施（人工种植乔灌草、飞播、封育等措施）治理的半固定沙地（丘）为人工半固定沙地（丘），而植被起源为天然则为天然半固定沙地（丘）。

③固定沙地（丘）　指土壤质地为沙质，植被总盖度≥30%（乔木林冠下无其他植被时，郁闭度≥0.5），风沙活动不明显，地表稳定或基本稳定的沙地或沙丘。分为人工固定沙地（丘）和天然固定沙地（丘）。通过人工措施（人工种植乔灌草、飞播、封育等措施）治理的固定沙地（丘）为人工固定沙地（丘），而植被起源为天然则为天然固定沙地（丘）。

④沙化耕地　指没有完备的防护措施或灌溉条件，经常受风沙危害，作物产量低而不稳的沙质耕地。

⑤非生物治沙工程地　指单独以非生物手段固定或半固定的沙丘和沙地，如机械沙障或以土石和其他材料固定的沙地。在非生物治沙工程地上又采用生物措施的，应划为相应的固定或半固定沙地（丘）。

⑥风蚀残丘（劣地）　指干旱地区由于风蚀作用形成的雅丹、土林、白砻墩等风蚀地。

⑦戈壁　指干旱地区地表以石质、砾石和沙砾为主，地形平缓，植被稀少，一般盖度

在 10% 以下的土地。可分为石质戈壁，地表物质以块石为主的戈壁类型；砾质戈壁，地表物质以砾石或卵石为主的戈壁类型；沙砾质戈壁，地表物质以沙、砾为主的戈壁类型；沙砾地，特指青藏高原地表粗化、广布粗沙砾石，植被稀疏，植被覆盖度一般小于 30%，在干旱多风环境下呈现戈壁景观的土地。

（2）具有明显沙化趋势的土地

具有明显沙化趋势的土地，指由于过度利用或水资源匮乏等因素导致的植被严重退化，土壤表层土质破损，偶见流沙斑点出露或疹状灌丛沙堆分布（<10%），但无明显流沙堆积的土地。

（3）非沙化土地

非沙化土地是指沙化土地和具有明显沙化趋势的土地以外的其他土地。

7.3.2　荒漠化土地分类

荒漠化是指包括气候变异和人为活动在内的种种因素造成的干旱、半干旱和亚湿润干旱区的土地退化，这些地区的退化土地为荒漠化土地。而土地退化是指由于使用土地或一种营力或数种营力结合致使干旱、半干旱和亚湿润干旱区的雨浇地、水浇地或草原、牧场、森林和林地的生物或经济生产力和复杂性下降或丧失，包括风蚀和水蚀致使土壤物质流失；土壤的物理、化学和生物特性或经济特性退化，自然植被的长期丧失。

按照造成荒漠化的主导自然因素把荒漠化土地划分为风蚀、水蚀、盐渍化和冻融 4 种主要荒漠化类型，如同时存在 2 种荒漠化类型，分别记录主要类型和次要类型。

7.4　荒漠化程度分级

7.4.1　土地沙化程度分级

①轻度　植被总盖度>40%（极干旱、干旱、半干旱区）或>50%（其他气候类型区），基本无风沙流活动的沙化土地；或一般年景作物能正常生长、缺苗较少（作物缺苗率<20%）的沙化耕地。

②中度　25%<植被总盖度≤40%（极干旱、干旱、半干旱区）或 30%<植被总盖度≤50%（其他气候类型区），风沙流活动不明显的沙化土地；或作物长势不旺、缺苗较多（20%≤作物缺苗率<30%）且分布不均的沙化耕地。

③重度　10%<植被总盖度≤25%（极干旱、干旱、半干旱区）或 10%<植被总盖度≤30%（其他气候类型区），风沙流活动明显或流沙纹理明显可见的沙化土地；或植被盖度≥10%的风蚀残丘（劣地）及戈壁；或作物生长很差、作物缺苗率≥30%的沙化耕地。

④极重度　植被总盖度≤10%的沙化土地。

7.4.2　土地荒漠化程度分级

荒漠化程度反映了土地退化的严重程度及恢复其生产力和生态系统功能的难易状况。荒漠化程度分级是对同一演替序列、不同演替水平的土地单元进行的阶段划分。一般分为

4 级，即轻度荒漠化、中度荒漠化、重度荒漠化和极重度荒漠化，如图 7-1 所示。关于它们的确定依据，不同人有不同的看法。资源经济学家认为，衡量生态系统或资源的退化程度应以其实物产出价值或资源生产量为准。而生态学家则着眼于生态系统的结构、功能及系统演替的状态，认为土地退化是生态系统远离自然状态、结构和功能受到破坏、系统产出减少的过程。这里的系统产出不仅是指经济实物产出，而且还指生态和社会价值的产出。有的学者根据土地生产潜力下降程度，提出了如下的标准：

①轻度荒漠化　在一定的人为影响或气候波动（干旱等）状态下，土地生产力丧失 25% 以下，不影响目前土地利用方式，土地有自我恢复的可能性。

②中度荒漠化　在较强的人为影响下，土地生产力下降 25%～50%，对目前的土地利用方式有一定程度的影响，必需改善经营管理方式和采取一些措施，才可恢复土地的生产力。

（a）　　　　　　　　　　　　　　　（b）

（c）　　　　　　　　　　　　　　　（d）

图 7-1　土地荒漠化程度分级样地示意
（a）轻度荒漠化　（b）中度荒漠化　（c）重度荒漠化　（d）极重度荒漠化

③重度荒漠化　土地生产力下降 50%～75%，严重不适应目前的土地利用方式，必须停止利用，封禁保护，需较长时间才有可能恢复使用能力。

④极重度荒漠化　土地生产力下降 75% 以上，几乎无生产利用价值，恢复其生产力从经济上是不可能的。

7.5　荒漠化程度评价

7.5.1　荒漠化程度评价方法

不同的调查方式（遥感与地面调查）、荒漠化类型和土地利用类型，采用不同的荒漠化程度评价指标和方法。

① 多因子数量化评价方法　采用多个评价指标，调查每个指标的定量值或定性值，据此确定各指标评分值；用各指标的评分值之和确定荒漠化程度(轻度、中度、重度、极重度)和非荒漠化土地。

② 定性与定量相结合方法确定荒漠化程度。

7.5.2　风蚀、水蚀、盐渍化程度评价指标

7.5.2.1　地面调查荒漠化程度评价

（1）风蚀

① 草地、种植园地、林地和其他土地　采用表 7-1 中指标值之和确定程度分级：非荒漠化≤18，轻度 19～37，中度 38～61，重度 62～84，极重度≥85。

表 7-1　风蚀草地、种植园地、林地和其他土地评价指标及级距

植被盖度				土壤质地或砾石含量*				覆沙厚度		地表形态	
亚湿润干旱区		干旱、半干旱区		土壤质地		砾石含量					
盖度级/%	评分	盖度级/%	评分	类型	评分	百分比/%	评分	厚度/cm	评分	类型	评分
<10	40	<10	40	黏土	1	<1	1	≥100	15	平沙地或沙丘高度≤2 m	6
10～29	30	10～24	30	壤土	5	1～14	5	99～50	11	沙丘高度 2.1～5 m	12.5
30～49	20	25～39	20	砂壤土	10	15～29	10	49～20	7.5	沙丘高度 5.1～10 m	19
50～69	10	40～59	10	壤砂土	15	30～49	15	19～5	4	裸岩石砾地、裸土地或沙丘高>10 m	25
≥70	4	≥60	4	砂土	20	≥50	20	<5	1		

注：*土壤质地或砾石含量参与荒漠化程度评价计算时，取评分值较高者。

② 耕地　采用表 7-2 中指标值之和确定程度分级：非荒漠化≤24，轻度 25～40，中度 41～60，重度 61～84，极重度≥85。

表 7-2　风蚀耕地评价指标及级距

作物产量下降率*		土壤质地或砾石含量				有效土层厚度	
		土壤质地		砾石含量			
百分比/%	评分	类型	评分	百分比/%	评分	厚度/cm	评分
<5	4	黏土	2	<1	2	>70	2
5～14	10	壤土	9	1～9	9	70～40	6
15～34	20	砂壤土	17.5	10～19	17.5	39～25	12.5
35～74	30	壤砂土	26	20～29	26	24～10	19
≥75	40	砂土	35	≥30	35	<10	25

注：*作物产量下降率指作物现实产量与正常年景该地区作物平均产量相比下降的百分数。

（2）水蚀

① 草地、种植园地、林地和其他土地　采用表 7-3 中指标值之和确定程度分级：非荒漠化≤24，轻度 25~40，中度 41~60，重度 61~84，极重度≥85。

表 7-3　水蚀草地、种植园地、林地和其他土地评价指标及级距

植被盖度		坡度		侵蚀沟面积比例	
盖度级/%	评分	坡度级/°	评分	百分比/%	评分
≥70	1	<3	2	≤5	2
69~50	15	3~5	5	6~10	5
49~30	30	6~8	10	11~15	10
29~10	45	9~14	15	16~20	15
<10	60	≥15	20	>20	20

② 耕地　采用表 7-4 中指标值之和确定程度分级：非荒漠化≤24，轻度 25~40，中度 41~60，重度 61~84，极重度≥85。

表 7-4　水蚀耕地评价指标及级距

作物产量下降率		坡度		工程措施	
百分比/%	评分	坡度级/°	评分	类型	评分
<5	3	<3	1	反坡梯田	1
6~14	10	3~5	5	水平梯田	5
15~34	20	6~8	10	坡式梯田或隔坡梯田	10
35~74	35	9~14	15	简易梯田	20
≥75	50	≥15	20	无工程措施	30

（3）盐渍化

① 草地、种植园地、林地和其他土地　采用表 7-5 中指标确定程度分级。

② 耕地　采用表 7-6 中指标值确定程度分级。

表 7-5　盐渍化草地、种植园地、林地和其他土地评价指标

程度	评价标准			
	盐碱斑占地率或土壤含盐量		植被状况	
	盐碱斑占地率/%	土壤含盐量/%	生长状况	植被盖度/%
轻度	≤20	0.1~0.3(东部)或 0.5~1.0(西部)	有耐盐碱植物出现	>35
中度	20~40	0.3~0.7(东部)或 1.0~1.5(西部)	耐盐碱植物大量出现，一些乔木不能生长	20~35
重度	40~60	0.7~1.0(东部)或 1.5~2.0(西部)	大部分为强耐盐碱植物，多数乔木不能生长，难于开发利用	10~20
极重度	>60	>1.0(东部)或 >2.0(西部)	几乎无植被，极难开发利用	≤10

表 7-6　盐渍化耕地评价指标

程度	评价标准				
	盐碱斑占地率或土壤含盐量		作物状况		
	盐碱斑占地率/%	土壤含盐量/%	作物缺苗率/%	作物产量下降率/%	其他条件
轻度	≤15	0.1~0.3(东部)或 0.5~1.0(西部)	10~20	≤15	轻度耐盐作物能生长,土壤改良较容易
中度	15~30	0.3~0.7(东部)或 1.0~1.5(西部)	20~30	15~35	较耐盐植物尚能生长,需要水利改良措施
重度	盐碱斑占地率 > 30,作物难于生长,一般不作为耕地使用				
极重度	极重度盐渍化土地不适合于作物生长				

7.5.2.2　遥感调查荒漠化程度评价

（1）风蚀

① 草地、种植园地、林地和其他土地　采用表 7-7 中指标值之和确定程度分级：非荒漠化≤20、轻度 21~35、中度 36~60、重度 61~85、极重度≥86。

② 耕地　采用表 7-8 中指标值确定程度分级。

表 7-7　风蚀草地、种植园地、林地和其他土地评价指标及级距

植被盖度				地表形态	
亚湿润干旱区		干旱、半干旱区			
盖度级/%	评分	盖度级/%	评分	类型	评分
<10	60	<10	60	影像上分辨不出沙丘	10
10~29	45	10~24	45	影像上可分辨出沙丘,基本无阴影和纹理	20
30~49	30	25~39	30	沙丘在影像上清晰可见,纹理明显,沙丘阴影面积<50	30
50~64	15	40~54	15	地类为裸土地、裸岩石砾地或沙丘阴影面积>50,纹理明显	40
≥65	5	≥55	5		

表 7-8　风蚀耕地评价指标

程度	评价标准
轻度	有林带等防护措施,一般年景能正常耕作,作物长势较好
中度	有林带等防护措施,作物长势一般
重度	无防护措施,作物靠天然降水生长,生长较差
极重度	作物生长很差,收成无保证

（2）水蚀

① 草地、种植园地、林地和其他土地　采用表 7-9 中指标值之和确定程度分级：非荒漠化≤24,轻度 25~40,中度 41~60,重度 61~84,极重度≥85。

② 耕地　采用表 7-10 中指标确定程度分级。

表7-9 水蚀草地、种植园地、林地和其他土地评价指标及级距

植被盖度		坡度		侵蚀沟面积比例	
盖度级/%	评分	坡度级/°	评分	百分比/%	评分
≥70	1	<3	2	≤5	2
69~50	15	3~5	5	6~10	5
49~30	30	6~8	10	11~15	10
29~10	45	9~14	15	16~20	15
<10	60	≥15	20	>20	20

表7-10 水蚀耕地评价指标

程度	评价标准		
	坡度/°	侵蚀沟面积比例/%	作物长势
轻度	<5	5~15	长势较好
中度	5~9	15~40	长势一般
重度	9~15	40~60	长势差
极重度	≥15	>60	长势很差

（3）盐渍化

① 草地、种植园地、林地和其他土地 采用表7-11中指标确定程度分级。

表7-11 盐渍化草地、种植园地、林地和其他土地评价指标

程度	评价标准	
	盐碱斑占地率/%	植被总盖度/%
轻度	≤20	>35
中度	20~40	20~35
重度	40~60	10~20
极重度	>60	≤10

② 耕地 采用表7-12中指标值确定程度分级。

表7-12 盐渍化耕地评价指标

程度	评价标准	
	盐碱斑占地率/%	作物长势
轻度	≤15	长势较好
中度	15~30	长势一般
重度	30~60	长势差
极重度	>60	长势很差

7.5.3 冻融荒漠化程度评价

冻融荒漠化程度采用表7-13中指标确定分级。

表 7-13 冻融荒漠化程度分级指标

程度	评价标准	
	地貌单元	植被总盖度/%
轻度	极高原、高山、高寒缓坡草原漫岗区	40~60
中度	极高原、高寒丘陵荒漠草原区	20~40
重度	极高原、高寒中低山荒漠区	10~20
极重度	极高原、高山冰川侵蚀荒漠寒漠区	≤10

注：极高原指海拔 4 000 m 以上的高原；高山指海拔>3 500 m 的山地。

7.6 荒漠化、沙化治理调查

荒漠化、沙化治理调查指对难治理荒漠化、沙化土地和可治理荒漠化、沙化土地调查。前者指在目前技术经济条件下，由于气候、水资源等条件的限制，近期难以治理的荒漠化、沙化土地；后者指在目前的技术经济状况下，气候、水资源等条件许可，经过人为干预，能恢复林草植被，减轻风沙活动，土地退化状况好转的荒漠化、沙化土地。

7.6.1 治理措施调查

治理措施调查指主要对目前经济技术条件下所采用的荒漠化治理措施的生物措施、农艺措施、工程措施、化学措施等调查。

（1）生物措施

封山(沙)育林(草)、人工造林(乔、灌)、人工种草、飞播造林种草、封禁保护、植被改良、其他生物措施。

（2）农艺措施

保护性耕作措施(包括横坡等高耕作、深耕、垄耕、平翻耕和免耕)，间作措施(套种、混种)，禁牧、休牧、轮牧、轮作措施(包括草田轮作和水旱轮作)，作物配置、节水措施，种植水稻、种植绿肥、施肥、其他农业措施。

（3）工程措施

反坡梯田、水平梯田、坡式梯田、隔坡梯田、简易梯田、集水工程、沟谷防护工程(淤地坝、拦砂坝、谷坊、排水沟)，机械沙障(黏土、石头、尼龙、秸秆等)，洗盐、沙层衬膜、引水拉沙、风力拉沙、引洪淤灌，客土改良和其他工程措施。

（4）化学措施及其他措施

化学固沙、土壤化学改良、其他化学措施及治理措施。

7.6.2 治理程度调查

7.6.2.1 治理程度划分

对采取治理的沙化土地进行治理程度评价，治理程度划分为初步治理、中等治理和基本治理 3 个等级。

7.6.2.2 治理程度评价指标

（1）草地、种植园地、林地和其他土地

治理程度评价根据主体植被盖度、植被总盖度、风蚀状况及土壤状况综合确定。治理程度等级划分见表7-14。

表7-14　草地、种植园地、林地和其他土地治理程度评价指标及等级划分

治理程度	主体植被覆盖类型	主导指标						辅助指标	
		主体植被盖度/%			植被总盖度/%			风蚀状况	土壤状况
		极干旱和干旱区	半干旱区	亚湿润和湿润区	极干旱和干旱区	半干旱区	亚湿润和湿润区		
基本治理	乔木	≥20	≥25	≥30	≥50	≥60	≥70	弱	土壤质地为砂壤土，成土作用明显，地表形成腐殖质层
	灌木	≥30	≥35	≥40	≥50	≥60	≥70		
	草本				≥50	≥60	≥70		
中等治理	乔木	≥20	20~25	20~30	30~50	30~60	40~70	中	土壤质地为壤砂土，地表形成生物结皮层
	灌木	≥30	30~35	30~40	30~50	30~60	40~70		
	草本				30~50	40~60	50~70		
初步治理	乔木	<20	<20	<20	10~30	10~30	10~40	强	土壤质地为沙土，地表仍普遍存在流沙纹理
	灌木	<30	<30	<30	10~30	10~30	10~40		
	草本				10~30	10~40	10~50		

（2）沙化耕地

治理程度应根据沙化耕地所分布自然地理区域的主要限制性因素，综合灌溉能力、农田林网化率、作物产量下降率、作物长势、土壤质地确定。治理程度等级划分见表7-15。

灌溉能力调查主要指对农田水源类型、位置、灌溉方式、供水量的现场调查，通过以上指标综合判断灌溉用水在多年灌溉中是否能够得到满足的程度，分为充分满足、满足、基本满足、不满足、无灌溉。

农田林网化率调查指对农田四周林带保护面积及农田总面积现场调查，计算农田林网化率，综合判断农田林网化程度，分为高、中、低。

作物产量下降率指作物现实产量与该地区当年非荒漠化耕地产量相比下降的百分数。

表7-15　沙化耕地治理程度评价指标及等级划分

治理程度	主导指标			辅助指标	
	灌溉能力	农田林网化率	作物产量下降率/%	作物长势	土壤质地
基本治理	满足	高	<10	好	砂壤土
中等治理	基本满足	中	10~20	中	壤砂土、砂壤土
初步治理	不满足	低	20~30	中	砂土、壤砂土

7.7　荒漠化监测方法

荒漠化和沙化监测采用高分辨率遥感数据判读与地面调查相结合的技术方法，获得各

类监测信息。荒漠化和沙化土地的动态变化情况根据本次调查数据和前期调查结果对比获得。

应用经过处理后的卫星遥感数据，利用计算机软件分别按荒漠化和沙化土地区划条件划分图斑，并对调查因子进行初步判读，然后到现地核实图斑界线和调查、核实各项因子，按要求建立现地调查图片库，获取荒漠化、沙化土地和其他土地类型的面积、分布及其他信息。

采用地面实测和遥感相结合。在交通方便的地区，依靠地面调查；在交通不便的地区，依靠卫星影像和航测图。当航片、卫片定界与地面调查不符时，应以地面调查为准。

7.7.1　航测影像解译制作荒漠化现状分布图

（1）航测影像图的获取

航测图可向测绘部门索取。使用者应索要工作地区的数字正射影像图，比例尺最好选择 1∶50 000。选择影像图应考虑航摄季节和时间，测量植被应选择植被茂盛期的影像，对我国的监测地区，多数应在当地优势作物开花期前后 20 天内进行；测量盐碱地应选择干旱季节后期的影像。选择数字正射影像图的时间还应尽量与地面样区和测点进行的基准测试同步。所需图片的数量，可咨询提供影像图的部门。

（2）判读

① 根据样区、测点附近的地形、地貌、建筑物等的特点，确定这些观测点在航片上的位置。

② 参照已收集到的地理、地质、植被、土壤等资料，特别是本区域已有的土壤普查图，掌握所在区域的总体特征。

③ 使用图形编辑软件，根据影像的形状、纹理、色调、阴影、结构建立判读标志，以相同的标志划分成斑块。

④ 使用 ArcInfo、MapInfo 等 GIS 软件进行数据分析、统计等处理。按照先易后难、先明显后模糊的原则，参考地面测站提供的数据，逐块读出监测工作所需的数据，如植被覆盖度、水蚀区沟壑所占比例、沙土覆盖面积等，并定出荒漠化斑块的边界和属性。

（3）实地验证

选择一定的路线，调查验证判读结果是否正确。验证面积应大于总调查面积的 5%。调查过程要特别关注新产生、新扩展荒漠化斑块的界定。

（4）数据的量算及储存

根据实地验证结果对判读结果进行修正，确定荒漠化斑块分布，并量算各种类型荒漠化土地的面积。利用各图斑的数据成图。

7.7.2　卫星影像解译制作荒漠化现状分布图

（1）卫星影像的收集

① 卫星影像分辨率的选择　卫星影像一般多用于省级和地、市级的遥感调查。省级调查用比例尺（南方省 1∶500 000、北方省 1∶1 000 000）左右底图，多采用 TM 遥感影像

（空间分辨率 30 m×30 m）；地、市级常用比例尺 1∶100 000 或 1∶50 000 左右底图，适用于 TM（空间分辨率 30 m×30 m）、ETM+（空间分辨率 15 m×15 m）、SPOT（空间分辨率 5 m×5 m）或更高分辨率的卫星影像。

② 卫星影像数据适宜时相的选择　卫星资料时相应根据被调查区域的地理位置、环境特点、荒漠化土地的类型来选择。年份应与地面观测相同；季节应符合以下规定：土壤风蚀状况选择春秋季，土壤盐渍化状况选择春耕前，土壤水蚀状况选择春秋季，土壤冻融状况选择春耕前。

③ 卫星影像合成最佳波段的选择　为加强地面土壤、水分、植被的差异，使合成图像色彩鲜明、反映地物内容丰富、纹理清晰，以便更准确的判读与解译，应使用含有红外光谱通道的假彩色影像，如 TM 743、TM 742 或 TM 543 等。

（2）判读前的预处理

① 投影变换与复合配准　借助卫星遥感处理软件将卫星影像投影变换为所需用投影类型和比例尺的卫星影像，比例尺 1∶50 万的常选用兰伯特或亚尔勃斯圆锥投影，比例尺 1∶10 万或 1∶5 万的常选用高斯—克吕格投影。在与卫星影像比例尺相同的地形图或电子地形图上选择配准点与卫星影像复合配准，配准点多选用水系、大坝、桥梁等变化不大的地物。而后叠加公里网格、图幅号、经纬度、图廓线等信息。

② 建立影像判读标志和解译标　对调查区进行概查，着重了解调查目标—景观—影像标志之间的关系，建立影像判读标志。由于同一土壤、地貌、植被、潜水和水体在不同地区，特别是在不同的时相中会有变异，即同物异谱或同谱异物，因此必须认真分析解译对象的光谱特征，通过概查对解译对象和景观因素在影像上的反映有深入了解，建立解译标志。可参照表 7-16。

表 7-16　判读标志特征个例（TM 742 合成）

判读标志	影像颜色	影像图形、纹理
砂性土壤	白色 浅黄灰色（有部分植被）	沙丘：有沙丘纹理 河床：线状缺口 海岸砂：与海岸平行
盐渍土	浅蓝（轻盐渍化裸土） 灰蓝（重盐渍化裸土、盐土） 蓝灰（滨海盐土） 白色（硫酸盐土	絮块状：内陆盐土 大片状：滨海盐土及荒漠盐土
草甸性土壤	浅蓝（裸土） 红（生长植被）	
水体	深蓝（深而清的水体） 浅蓝（浅而浑的水体）	湖泊：片状 水库：有坝址整齐的几何图形 河流：线状

（3）判读

① 复合配准、概查之后，在卫星影像上确定样区所在地点，判读该点的属性，包括土地利用类型、荒漠化的类型、荒漠化程度评价指标等。同时确定各测点的位置。

② 在卫星影像上借助图像分析软件，进行人工判读。寻找与样区和测点性状类似的

像元，画成一个个图斑，确定界线。同时，根据样区和各测点取得的数据定出各图斑区的属性。

（4）实地验证

在所有图斑中抽取 5%～10% 的图斑进行实地调查，对所判读的内容进行实测。越难判读的地区，抽取调查的比例要越高。

（5）数据量算及储存

根据实地验证结果对判读结果进行修正，确定荒漠化斑块分布，并量算各种类型荒漠化土地的面积。利用各图斑的数据成图。

复习思考题

1. 名词解释

沙化土地　沙化耕地　具有明显沙化趋势的土地　非沙化土地　盐渍化

2. 简述荒漠化和沙化监测的目的、任务、周期及其范围。

3. 沙化土地的类型有哪些？如何对土地沙化程度进行分级？

4. 地面调查与遥感调查对风蚀、水蚀、盐渍化荒漠化程度的评价标准有何异同？

5. 简要介绍卫星影像解译制作荒漠化现状分布图的主要过程。

第8章

新技术在水土保持与荒漠化监测中的应用

当前，全球正处于信息化快速发展的时代，信息技术成为影响国家综合实力和国际竞争力的关键因素，信息化水平和程度高低也已经成为衡量一个国家和地区现代化水平高低的重要标志。党的十八大以来，信息化已经上升到国家战略的高度，各个领域都开始重视并大力发展信息化。水土保持监测信息化是指利用"3S"技术、无人机低空遥测技术、无线通信系统以及"互联网+"等信息技术，对水土保持相关数据进行采集、处理、管理、分析、表达、传播和应用的现代信息技术，实现地面监测与遥感监测的一体化，提高监测数据的获取、处理、传输和服务的能力，完成对水土流失与荒漠化及其防治动态的快速监测与预测，加快信息传输和处理速度，促进资源共享和开发利用，全面提高水土保持规划、科研、示范、监督和管理水平，也为不同空间尺度水土流失监测提供了强有力的技术保障，极大地促进了我国水土保持监测现代化和信息化发展，实现了监测的科学性、及时性、持续性和系统性。

8.1 遥感技术的应用

8.1.1 遥感技术概述

8.1.1.1 遥感的定义

遥感即遥远感知，是在不直接接触的情况下，对目标或自然现象远距离探测和感知的一种技术。空间中的电磁场、声场、势场等由于物体的存在而发生变化，测量这些场的变化就可以获得物体的信息，因而电磁波、机械波(声波)、重力场、地磁场等都可以用作遥感。当前遥感技术已形成了从地面到太空，即天空地一体化观测，从信息收集、存储、处理到分析和应用，对全球进行探测和监测，形成多层次、多视角、多领域的观测体系，成为获取地球资源与环境信息的主要手段。

8.1.1.2 遥感卫星数据的来源与常见的陆地卫星

(1) Terra 和 Aqua 卫星

中分辨率成像光谱仪(MODIS)是美国国家航空航天局(NASA)管理的 Terra 和 Aqua 卫星上搭载的传感器，两颗卫星过境时间分别为上午和下午，形成互补，使得 MODIS 具备每天 4 次的时间分辨率，可对陆地、海洋、大气进行高频次观测。MODIS 数据包含 2 个 250 m 分辨率、5 个 500 m 分辨率、29 个 1000 m 分辨率的图像，光谱范围广，从 0.4 μm (可见光)到 14.4 μm(热红外)全光谱覆盖，可为全球尺度、时间序列的自然灾害监测和环境分析研究提供高质量的原始数据和信息产品。

（2）Landsat 卫星

2013 年发射的 Landsat-8 卫星搭载的 OLI 传感器可获取 1 个 15 m 分辨率全色波段、5 个 30 m 分辨率可见近红外波段、2 个 30 m 短波红外波段、1 个 30 m 云检测波段，可满足多数对地观测的任务需求。Landsat-8 卫星充分考虑了水、植物、土壤、岩石等不同地物在反射率敏感度上的差异，遥感解译中常用不同波段组合来识别地物信息。与此同时，Landsat-8 的波段数目更多、划分更为精细，有效地扩大了遥感影像数据的应用范围。Landsat 卫星影像是全球中分辨率、长时间序列对地观测研究中使用的主要数据。

（3）Sentinel 卫星

Sentinel-2 卫星是多光谱高分辨率成像卫星，幅宽 290 km，具有 13 个波段，光谱范围在 0.4~2.4 μm，涵盖了可见光、近红外和短波红外，空间分辨率最高可达 10 m，可提供植被、土壤和水覆盖及海岸区域图像，常用于监测土地利用变化，植被监测等。

（4）高分卫星

高分系列卫星实现了高空间分辨率、高时间分辨率、高光谱分辨率的对地观测。其中，高分一号是我国首个民用高分辨率光学业务星座，服务于自然资源开发利用和保护监管，增强天空地一体化综合监测能力；高分二号全色影像有最高空间分辨率，达 0.8 m，标志着我国遥感卫星进入了亚米级高分时代；高分一、二、六号等卫星有重返周期小于 5 天的高精度时间分辨率，高分六号重访周期已提升为 1 天；高分五号卫星有最高的光谱分辨率，达 0.03 nm，可获取从可见光至短波红外光谱颜色范围里的 330 个光谱通道。高分六号增加了"红边波段"，提高了农、林、草等资源的监测能力；高分七号是首颗亚米级光学传输型立体测绘卫星，可实现 1∶10 000 立体测图。表 8-1 为高分系列卫星具体参数。

表 8-1　高分系列卫星主要参数

卫星	发射时间	传感器分辨率/m	幅宽/km	波段
高分一号	2013	全色 2，多光谱 8	60	全色、蓝、绿、红、近红外
高分二号	2014	全色 0.8，多光谱 3.2	45	全色、蓝、绿、红、近红外
高分三号	2016	1~500	10~100	C 频段 SAR
高分四号	2015	50~400	400	可见光近红外、中波红外
高分五号	2018	30	60	可见光至短波红外全谱段
高分六号	2018	全色 2，多光谱 8、16	90	全色、蓝、绿、红、近红外
高分七号	2019	全色 0.8，多光谱 3.2	20	全色、蓝、绿、红、近红外

遥感作为一种新兴技术，及时、客观、全面反馈地面信息的优势为新时期水土保持监测与评价提供了新的手段。卫星影像是解决水土流失与荒漠化问题的主要方法之一，通过解译卫星影像中的信息，了解水土流失与荒漠化的程度，遥感技术在水土流失调查中具有方便、快捷、可操作性强等特点，非常适合区域调查与制图。目前利用 MODIS 和 TM 的融合数据获取植被覆盖度，通过 Landsat 系列卫星动态监测土地利用及其变化，结合其他水土流失关键因子，计算土壤侵蚀模数，对区域水土流失与荒漠化进行动态监测与定量化评价的应用已比较成熟。我国高分系列卫星影像及国外的 SPOT、Sentinel、WorldView、

QuickBird 等卫星数据在水土流失监测中可提供 0.5~10 m 高分辨率的土地利用类型、植被盖度、水保措施等数据，可为水土流失与荒漠化监测及水土保持综合应用在时间和空间上提供更高精度的数据集，监测结果越来越深化、细化，对水土保持工作的支撑作用越来越强。

8.1.2 应用案例

我国自 2018 年开始依据《全国水土流失动态监测规划（2018—2022 年）》在全国范围内每年开展区域水土流失动态监测工作。以土壤侵蚀地块为基本空间单元，评价土壤侵蚀等级。土壤侵蚀地块指土地利用类型相同、水土保持措施相同、空间上连续的范围或地块。因此，利用遥感数据为主的多源数据集，进行土地利用和水土保持措施的识别与提取，计算水土流失因子，成为水土流失与荒漠化监测的重要工作内容。区域水土流失动态监测的主要内容及其指标包括影响水土流失的自然因素和人为活动，其中植被盖度、土地利用、水土保持措施的类型与数量、人为水土流失状况等均会应用遥感影像进行这些目标的解译、识别与提取。

8.1.2.1 遥感技术在土地利用及其变化监测中的应用案例

利用遥感技术进行土地利用分类是目前大范围土地利用识别的主要方法。人工目视遥感解译土地利用的分类方法是早期乃至现在最常用的一种方法。随着计算机技术的发展，遥感图像自动解译成为研究热点和主流，该方法可快速地从海量遥感图像数据中获取有效信息，从而进行图像分割、地物分类，高效率地提取专题信息。土地利用自动解译的精度和效率有了大幅度的提高。随着高分辨率遥感影像的普及，对土地利用分类的精度和效率都提出了更大的挑战。近年来，机器学习与深度学习技术在挖掘海量遥感数据方面的潜力逐渐突显。学者们借助语义分割网络模型，完成了单一或多地物要素分类的研究。深度学习能够充分挖掘遥感影像中的光谱及空间信息，在实现影像自动化特征提取，快速准确获取土地利用信息方面有较大潜力。我国水土流失动态监测已经实现了年度全国范围全覆盖，遥感目视解译依然是土地利用和水保措施识别与分类的主要方法，下面就简要介绍一下该方法的主要流程与具体应用。

（1）土地利用目视解译作业流程

以长江流域水土流失动态监测遥感解译项目为例，依据《水土保持遥感监测技术规范》（SL 592—2012）、《土壤侵蚀分类分级标准》（SL 190—2007）、《土地利用现状分类》（GB/T 21010—2017），将解译的土地利用类型划分为耕地等 8 个一级类，25 个二级类。

解译土地利用和水土保持措施的遥感影像，时间上应优先选择监测当年的影像，主要是当年春季和秋季的时相，便于区分耕地、林地和果园等地类；个别缺少数据的则选择去年下半年秋季影像；年际间遥感影像的时相应保持相对一致；遥感影像的空间分辨率统一为 2 m（或优于 2 m）。遥感影像的时相选择应符合《水土保持遥感监测技术规程》等规定要求。条件允许，可按土地利用和水土保持措施解译需求分别提供相应时相的遥感影像。本案例所涉及的基础地理数据、遥感影像、专题图等均应采用 CGCS 2000 国家大地坐标系，1985 国家高程基准，投影方式为正轴等面积割圆锥投影（Albers 投影）。采用高分一号（GF-1）遥感影像全色与多光谱融合数据进行长江流域土地利用分类。在 ArcGIS 平台上采用人机交互法（目视解译判读法），逐个图斑进行土地利用类型和水土保持措施的判读，并

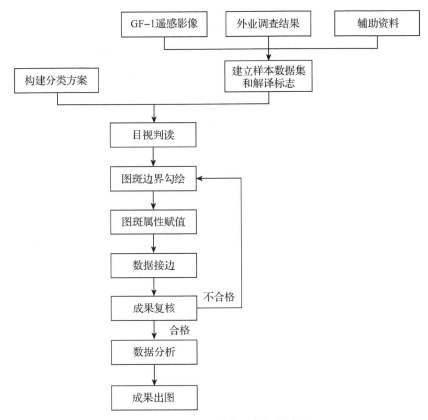

图 8-1　土地利用分类目视解译流程

进行图斑边界勾绘和属性赋值等操作土地利用目视解译流程，如图 8-1 所示。

①收集资料　收集上年度优于 2 m 分辨率的 GF-1 或其他遥感影像、水土保持措施实施图、坡度分级数据、其他辅助数据等。

②影像预处理　根据影像误差情况，必要时对遥感影像进一步处理，主要包括校正、镶嵌、裁剪等。制作解译影像，影像必须经过质量检查才能出外作业，要求空间误差控制在 1 个像元以内。主要采用人机交互法(目视判读法)、辅以计算机半自动解译方法进行。

③建立解译标志　根据遥感影像、地形地貌，土地利用，结合交通情况，在室内初步确定站点布局。根据站点布局和实际情况，实地确定站点具体点位。站点一般选择在视野开阔、土地利用类型丰富的典型地区。原则上每一景影像均应布设站点，充分考虑遥感影像特征(色彩、结构、纹理、大小、形状、阴影、分布位置等)具体解译标志见表 8-2。

④图斑边界勾绘　在 GIS 平台上，对照影像，结合解译标志，逐区域、逐地类、逐图斑进行图斑边界勾绘。原则上应多采集特征点，以确保图斑形态的真实性。边界勾绘精度执行《水土保持遥感监测技术规范》(SL 592—2012)。遥感解译最小图斑面积应符合以下规定：土地利用和水土保持措施的解译最小图斑为 10×10 个像元，道路或河道的最小解译宽度为 3 个像元。解译时，保证道路水系的连通，道路与水系交叉，以水系连通为主。

⑤数据接边　一般而言，解译之前应了解周边解译完成情况，主动与已完成解译的数据接边，以确保数据的一致性，消除矛盾，减少后期接边处理的工作量。接边误差原则上

应为 0。

⑥数据分析 图斑勾绘结束后，应及时进行检查。除进行图斑边界和属性检查外，还应进行数据统计分析。按照土地利用类型对各地类进行图斑面积汇总统计，生成统计表，结合当地收集的资料等进行土地利用类型、植被、水土保持措施数据的变化分析。

⑦成果出图 在 GIS 平台上制作土地利用类型专题图。

表 8-2 土地利用类型遥感影像解译标志对应表

土地利用类型	影像特征描述	影像	照片
水田	真彩色影像上呈黄棕色，主要分布于居民点、道路及水体附近		
旱地	真彩色影像上呈红褐色与灰白色相间，不规则块状分布		
果园	真彩色影像上呈浅黄色，块状分布，主要分布于林地覆盖程度高的道路两侧		
茶园	真彩色影像上呈绿色分布比较有规则，片状分布，纹理较细腻		
其他园地	真彩色影像上暗绿色或深绿色，纹理粗糙，斑块形状规则		
有林地	真彩色影像上呈暗绿色或者深绿色，部分颗粒状分布，纹理粗糙		
灌木林地	真彩色影像上呈灰绿色，纹理粗糙，部分颗粒状，不规则分布		
其他林地	真彩色影像上呈暗绿色，片状、块状，色调较均匀，部分有阴影		

（续）

土地利用类型	影像特征描述	影像	照片
草地	真彩色影像上呈黄绿色，纹理粗糙，有颗粒状		
城镇建设用地	真彩色影像上呈亮白色和蓝色，纹理粗糙，排列规整		
农村建设用地	真彩色影像上呈灰白色交杂绿色，纹理粗糙，排列规整		
人为水土流失地块	真彩色影像上呈白色，面积较大，形不规则，周围多林		
农村道路	条带状，真彩色影像上呈白色区域，边缘整齐，纹理光滑		
其他交通用地（公路、铁路等）	较长的条带状，真彩色影像上呈白色区域，边缘整齐，纹理光滑		
河湖库塘	真彩色影像上呈深蓝色，片状分布，周围有浅褐色区域		
沙地	真彩色影像上呈黄色，块状，部分呈绿色，有少量植物覆盖		
裸土地	真彩色影像上呈现不规则黄褐色，块状，纹理较粗糙		
裸岩石砾地	真彩色影像上呈亮白色或红褐色，有大面积不规则斑块		

图 8-2 为利用高分一号和高分二号融合影像解译的湖北省丹江口市的土地利用类型分布图，丹江口市国土面积为 3 121 km²，各土地利用类型所占面积及百分比见表 8-3。丹江口市以林地占比最大，超过该市土地面积 1/2，丹江口水库等水系面积占 10% 以上，其他地类主要为耕地、园地、草地、居民地及交通建设用地。

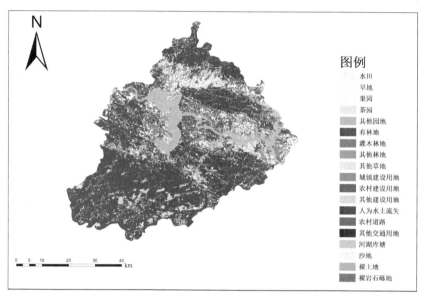

图 8-2　2020 年湖北省丹江口市土地利用图

表 8-3　2020 年丹江口市遥感解译土地利用统计

一级类	二级类	所占土地面积/km²	各地类占总面积百分比/%
耕地	水田	26.8	0.86%
	旱地	306.53	9.82%
园地	果园	207.3	6.64%
	茶园	3.18	0.10%
	其他园地	6.38	0.20%
林类	有林地	1 763.22	56.50%
	灌木林地	187.85	6.02%
	其他林地	12.97	0.42%
草地	其他草地	172.43	5.52%
建设用地	城镇建设用地	24.84	0.80%
	农村建设用地	37.22	1.19%
	人为水土流失地块	8.58	0.27%
	其他建设用地	13.73	0.44%
交通运输用地	农村道路	6.25	0.20%
	其他交通用地	11.69	0.37%
水域及水利设施用地	河湖库塘	329.05	10.54%

（续）

一级类	二级类	所占土地面积/km²	各地类占总面积百分比/%
其他土地	沙地	0.27	0.01%
	裸土地	1.86	0.06%
	裸岩石砾地	0.85	0.03%
合计		3 121	100.00%

8.1.2.2　遥感技术在水土保持措施监测中的应用案例

水土保持措施包括生物措施、工程措施、耕作措施。目前应用高分影像可以进行造林、梯田、工程护路等水保措施的监测，主要以面状和线状工程为主。在国家水土流失遥感解译中目前仍以目视解译为主，具体参考土地利用分类目视解译流程。表 8-4 为水土保持措施影像解译标志。

表 8-4　水土保持措施影像解译标志对应表

水土保持措施名称	影像特征描述	影像	照片
土坎水平梯田	真彩色影像上呈黄色，块状，田块间纹理较清晰，大小不一		
石坎水平梯田	真彩色影像上呈深灰色，条带状		
经果林	真彩色影像上呈暗绿色，颗粒细密，斑块形状不规则		
工程护路	真彩色影像上呈黄褐色，形状不规则，有条状纹理		
封育	真彩色影像上呈浅绿色或暗绿色，纹理粗糙，呈颗粒状零星分布		
种草	真彩色影像上秋冬季节呈土黄色与浅绿色，春夏季节呈现绿色，纹理平滑，有少量颗粒状为林地或灌木		

（续）

水土保持措施名称	影像特征描述	影像	照片
造林	真彩色影像上呈浅绿色，部分颗粒状零星分布		

图 8-3 为 2020 年湖北省丹江口市水土保持措施解译成果图。统计丹江口生物措施和工程措施的面积见表 8-5 所列。自长江上中游水土保持重点防治工程（"长治"）和丹江口库区及上游水土保持工程（"丹治"）开展以来，以丹江口库区为中心，在周边开展了大量封育和造林等生物措施的实施，保护了南水北调水源区生态环境和水源质量；针对坡耕地引起的水土流失恶化问题实施了坡改梯工程措施，大大降低了水蚀强度；对重大工程等基础建设项目，如高速铁路、高速公路的修建，均在主要道路两侧实施了工程护路等水保措施。

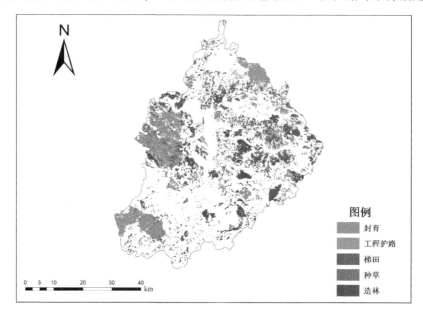

图 8-3　2020 湖北省丹江口市水土保持措施图

表 8-5　2020 年丹江口市水保措施解译数据统计

一级类	二级类	所占土地面积/km²
生物措施	造林	376.96
	种草	1.36
	封育	351.76
工程措施	梯田	122.28
	工程护路	0.03
合计		852.4

下面以基于高分一号遥感影像的梯田信息提取举例。

梯田作为一种重要的水土保持措施，一直是水土保持监测的重要指标。在大范围、连续监测时，遥感可以相对便捷、准确地获取梯田的分布信息。梯田具有明显的纹理、形状和光谱特征，结合坡度等地形信息可以进行梯田的自动或半自动识别。华丽、王昊等（2020 年）基于高分一号卫星影像，通过面向对象的分类方法，对甘肃省徽县局部地区的梯田信息进行识别与提取研究，以期提高梯田提取的精度。具体技术流程如图 8-4 所示。

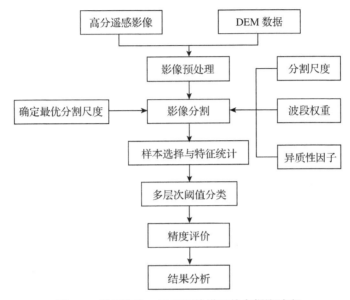

图 8-4　基于高分一号卫星的梯田信息提取流程

①影像预处理　对 GF-1 影像的预处理包括辐射定标、FLAASH 大气校正、正射校正、图像融合、图像裁剪和投影转换。采用多尺度分割方法进行影像分割得到各层次最优分割尺度。

②进行样本选择与特征统计　在小尺度影像对象层选择归一化植被指数、归一化水体指数、蓝波段均值、同质性、长宽比 5 个特征作为剔除建筑、道路、河流和河漫滩的特征参考。在大尺度影像对象层选择归一化植被指数、归一化水体指数、绿波段均值、近红外波段均值、同质性、异质性、边界指数、坡度 8 个特征作为剔除林地、茶园和非梯田耕地的特征参考。利用多层次阈值分类，确定一棵二叉分类规则树，每次通过设置 1~2 个分类特征的阈值条件提取一些非梯田地类，最终分离出所有非梯田地类，从而提取出梯田。其中林地、茶园和非梯田耕地在大尺度影像对象层进行剔除，建筑、道路、河流、河漫滩在小尺度影像对象层进行剔除。

③精度评价　利用 1 000 个随机点作为验证点，将随机点与遥感影像叠加显示，通过目视判读为随机点赋以类别属性，最后在易康软件中基于验证点进行精度评价。精度评价结果见表 8-6。多层次阈值分类结果如图 8-5 所示。

表 8-6　多层次阈值分类结果精度评价

	分类	验证点		总像元数
		梯田	非梯田	
混淆矩阵	梯田	264	71	335
	非梯田	20	645	665
	总像元数	284	716	
精度评价	生产者精度	0.929 6	0.900 8	
	用户精度	0.788 1	0.969 9	
	总体精度	0.909 0		
	卡帕系数	0.787 7		

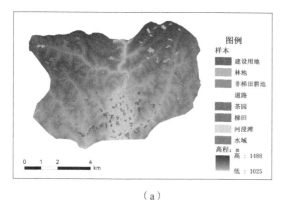
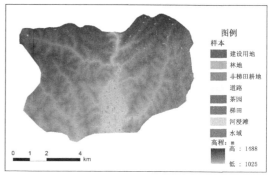

（a）　　　　　　　　　　　　　　　　（b）

图 8-5　多层次阈值分类样本

（a）Level2 层样本　（b）Level1 层样本

④结果分析　阈值分类没有精确区分出所有土地利用类型，故将所有土地利用类型重分类成梯田与非梯田两类（图 8-6）进行精度评价，梯田的生产者精度为 92.96%，总体分类精度为 90.90%，卡帕系数为 0.788。多层次阈值分类在大尺度对象层保留了梯田的纹理特征，更好地将梯田与林地、茶园、非梯田耕地区分开，在小尺度对象层，有效地将建筑、道路等细小地类剔除，因而提高了梯田提取的生产者精度；但是在大尺度对象层，非梯田耕地和林地内部异质性增加，更容易将其他土地利用类型错分成梯田，降低了梯田提取的用户精度。

8.1.2.3　遥感技术在植被覆盖度信息提取中的应用案例

（1）植被覆盖度定义及计算方法

植被覆盖度是衡量地表植被状况的一个重要指标，也是影响土壤侵蚀评价模型的主要因素，对区域环境变化和监测研究具有重要意义。遥感能够提供不同时空尺度的植被覆盖及其动态变化信息，为实时、连续地监测与评估提供了技术支撑，已成为区域植被覆盖度研究的主要手段。目前已经出现了许多利用遥感监测植被覆盖度的方法，包括经验模型法、植被指数法、亚像元分解模型法等。本案例采用像元分解法监测湖北省植被覆盖度的时空分布变化。

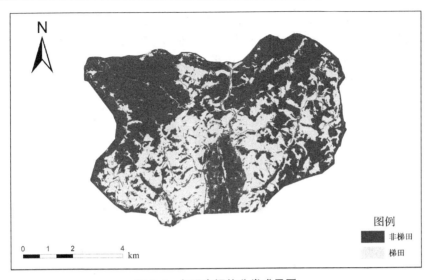

图 8-6　多层次阈值分类成果图

（2）植被覆盖度计算与处理流程

本案例参考水利部水土保持监测中心发布的《2020 年度水土流失动态监测技术指南》，基于 MODIS 和 TM 遥感影像提取植被覆盖度的处理流程如图 8-7 所示。

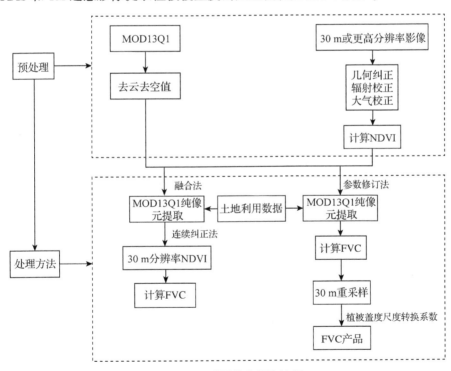

图 8-7　植被覆盖度提取流程

①MODIS 影像 NDVI 产品预处理　下载监测年前 3 年内每年 23 个半月 MODIS 遥感数据的 NDVI 产品 MOD13Q1，使用 MRT 软件进行 NDVI 数据预处理，包括：植被指数数据

层 NDVI 导出、影像拼接、投影转换、有云或空值数值确认和去除等。

②TM 影像预处理和植被指数 NDVI 计算 对 30 m 空间分辨率 TM 影像预处理，包括：采用地面控制点对影像进行几何精纠正；对影像进行大气校正，减少或消除大气对影像的干扰，以得到地表反射率影像；云量检查和去除。对预处理后的影像计算归一化植被指数（NDVI）

$$NDVI = \frac{NIR - R}{NIR + R} \tag{8-1}$$

式中　NIR——近红外波段的反射率；

　　　R——可见光红波波段的反射率。

③不同地类 MODIS 的 NDVI 纯像元提取与 24 个半月 NDVI 序列生成 利用 30 m 空间分辨率土地利用栅格数据与 MODIS-NDVI 数据叠加，判断某土地利用类别下，MODIS 像元所覆盖的 30 m×30 m 分辨率的像元类别在该 MODIS 像元内所占百分比。若任何一种土地利用类型面积比例大于 90%，则认为该 MODIS 像元为 1 个纯像元。按式（8-2）分别生成各类别 24 个半月 NDVI 序列

$$V_m(t) = \frac{1}{3N} \sum_{y=k}^{k+2} \sum_{n=1}^{N} NDVI(t, y, n) \tag{8-2}$$

式中　$V_m(t)$——某类别 t 时相（一年中第几期，所代表的儒略日 DOY $= 16t - 7$）多年 NDVI 的平均值；

　　　t——时相；

　　　N——指某一类别纯像元的个数；

　　　y——数据的年份；

　　　k——监测年前 3 年的起始年，如监测年为 2018 年，k 值为 2015；

　　　$NDVI(t, y, n)$——第 y 年 t 时间某类别第 n 个纯像元的 NDVI 值。

融合法生成 24 个半月 30 m 分辨率 NDVI 产品：利用式（8-3）的连续纠正法融合 250 m 分辨率 MODIS 的 24 个半月 NDVI 和 TM 的 30 m 分辨率 NDVI 数据

$$V_H(t_i) = V_M(t_i) + \frac{\sum_{j=1}^{n} \{ w(t_i, t_j) [V_T(t_j) - V_M(t_j)] \}}{\sum_{j=1}^{n} u(t_i, t_j)} \tag{8-3}$$

式中　$V_H(t_i)$——某一高分辨率像元的 NDVI 融合值；

　　　$V_M(t_i)$——此高分辨率像元对应地类 MODIS 多年平均值序列；

　　　$V_T(t_j)$——此像元对应某时间 TM 等高分辨率的 NDVI 数据，总有 n 景；

　　　t_i——f-NDVI 数据获取时的儒略日（DOY $= 16t - 7$）；

　　　t_j——高分辨率 NDVI 数据获取时对应的儒略日；

　　　$w(t_i, t_j)$——t_j 时的高分辨率 NDVI 的权重，表达式为 $w(t_i, t_j) = \dfrac{1}{|t_i - t_j|}$。

④将植被指数 NDVI 转换为植被覆盖度 如式（8-4），将 MODIS 24 个半月 250 m 分辨率 NDVI 转换为相应的植被覆盖度 FVC。

$$FVC = \left(\frac{NDVI - NDVI_{min}}{NDVI_{max} - NDVI_{min}} \right)^{k} \tag{8-4}$$

式中　FVC——植被覆盖度；

　　　NDVI——像元 NDVI 值；

　　　k——非线性系数，按气候类型区和植被类型确定，如简化处理，可直接取 1，线性方程；

　　　$NDVI_{max}$——为同一气候类型确定 MODIS 纯植被像元的 NDVI 最大值，取该像元内 TM 或环境卫星 NDVI 的平均值为对应像元值；

　　　$NDVI_{min}$——为同一气候类型确定 MODIS 纯裸土像元的 NDVI 最小值，取该像元内 TM 或环境卫星 NDVI 的平均值为对应像元值。

用上述方法依次计算监测年前 3 年的 24 个半月 30 m 植被覆盖度，再将 3 年栅格数据进行平均值运算，即得到 3 年平均 24 个半月植被覆盖度。

参数修订方法：参数修订方法是基于第一次全国水利普查土壤侵蚀普查 250 m 分辨率 MODIS-NDVI 和 30 m 分辨率 TM 计算的植被覆盖度 FVC 产品，计算二者之间的修正系数，利用修正系数对监测年前 3 年的 24 个半月 250 m 空间分辨率 MODIS-NDVI 计算的植被覆盖度 FVC 进行修订，得到每年 24 个半月 30 m 空间分辨率的植被覆盖度 FVC。按统一提供的 24 个半月 30 m 分辨率的植被覆盖度修订系数，将该系数乘以 MODIS 3 年中每年 24 个半月 250 m 分辨率的植被覆盖度 FVC，即生成 3 年 24 个半月 30 m 分辨率的植被覆盖度。用上述方法依次计算某监测年前 3 年的 24 个半月 30 m 植被覆盖度，再将 3 年栅格数据进行平均值运算，得到 3 年平均 24 个半月植被覆盖度。

$$FVC_{30} = 0.01 \cdot Coeff \cdot FVC_{re30} \tag{8-5}$$

式中　Coeff——植被盖度尺度转换系数，30 m 分辨率；

　　　FVC_{re30}——重采样后的 MODIS 植被覆盖度栅格数据，30 m 分辨率；

　　　FVC_{30}——计算得到的 30 m 分辨率植被覆盖度栅格数据。

在 ArcGIS 平台利用参数纠正法计算 2021 年湖北省第一期（第一个半月）植被覆盖度，并进行植被盖度等级的划分，结果如图 8-8 所示，表 8-7 为统计后的湖北省植被覆盖度等级面积占比统计表。

表 8-7　湖北省植被覆盖度等级分布表　　　　　　　　　　　　　%

植被覆盖度范围	0~30	30~45	45~60	60~75	75~100
所占比例	13.50	20.73	28.02	25.45	12.29

选用《土壤侵蚀分类分级标准》(SL 190—2007) 作为植被覆盖度分级标准，提取结果表明 2021 年湖北省第一期平均植被覆盖度为 52.23%，植被覆盖度为 45%~60% 的地块面积占比最高，为 28.02%，总体说明湖北省第一期植被覆盖度较高。由植被覆盖度分布图可知，湖北省第一期西南部和东南部地势以山地丘陵为主，土地利用类型主要以林地为主，故植被覆盖度为中高等级；中部地势平坦，主要为江汉平原和部分低丘，地类多为耕地、建筑用地，植被覆盖度为中低等级，水系植被覆盖度基本为 0。

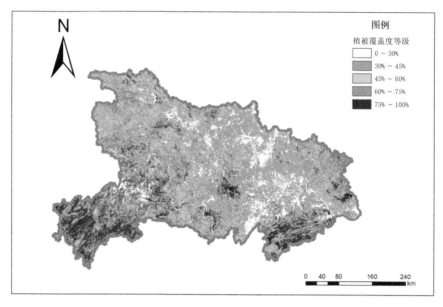

图 8-8　2021 年第一期湖北省植被覆盖度分布

8.2　无人机技术的应用

8.2.1　无人机技术概念及特点

无人机是通过无线电遥控设备或机载计算机程控系统进行操控的无人驾驶飞行器。无人机遥感系统的组成通常包括飞行平台、导航与飞行控制系统、地面监控系统、任务设备、数据传输系统、发射与回收系统、野外保障装备以及其他附属设备，如图 8-9 所示。

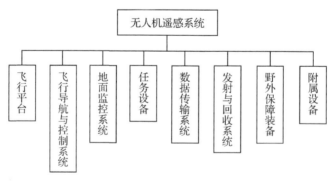

图 8-9　无人机遥感系统的组成

（1）飞行平台

无人机飞行平台即无人机本身，是搭载导航器、传感器等设备的载体。飞行平台可搭载多种任务设备(如高分辨率 CCD 相机等)获取遥感数据，利用空中和地面控制系统实现遥感影像的自动拍摄和获取，同时实现航迹的规划和监控、信息数据的压缩和自动传输、影像预处理等功能。无人机飞行平台分为固定翼飞行平台、旋翼飞行平台、直升机平台和其他类型，各平台特点、优势、劣势见表 8-8。

表 8-8　不同飞行平台对比

飞行平台	特点	优势	劣势
多旋翼无人机	多个旋翼控制，垂直起降方式	场地限制少，能垂直起降，结构简单，操作灵活，价格低廉	有效载荷小，航程短，航速慢，滞空时间短，续航时间短
固定翼无人机	固定翼和摆翼共同控制飞行，需助推起飞，跑道或降落伞方式着陆	载重大，续航时间长，航程远，飞行速度快，飞行高度高，性价比高	起降受场地影响大，无法悬停，对控制系统要求较高
无人直升机	螺旋桨和旋翼共同控制飞行，可垂直起降	载荷较大，续航时间稍长，起降受场地限制小	结构脆弱，故障率高，操控复杂，维护成本高

（2）导航与飞行控制系统

导航与飞行控制系统是保证飞行平台以正常姿态工作的系统，包括飞控板、惯性导航系统、GPS 接收机、气压传感器、空速传感器和转速传感器等部件。

（3）地面监控系统

地面监控系统由无线电遥控器、地面供电系统、监控计算机和监控软件等部分组成，用来时刻监视无人机的工作状态。

（4）任务设备

任务设备是指获取遥感数据的传感器及其控制装置，工作时被安装固定在无人机机身的任务仓内。遥感传感器包括高清摄像仪、高分辨率 CCD 相机、成像光谱仪、热红外成像仪、复合气体检测仪等。

（5）数据传输系统

数据传输系统分为空中和地面 2 部分，均包括数据传输电台、天线数据传输接口等，主要用于地面监控站与飞行控制系统以及其他机载设备之间的数据和控制指令的传输。

（6）发射与回收系统

发射与回收系统主要是针对固定翼无人机设计。其中，发射系统可以实现无人机在一定距离内加速到起飞速度，回收系统则确保无人机的安全着陆。

（7）野外保障装备

野外保障装备是指无人机遥感系统野外工作的运输装备和机械维护装备等。

无人机遥感技术作为卫星遥感和载人航空遥感的有效补充，具有其他遥感技术不具备的优势，具体表现在以下几个方面：①响应快速；②图像分辨率高；③自主性、灵活性强；④操作简单；⑤适应性好；⑥使用成本低；⑦系统集成性强。

8.2.2　无人机遥感工作流程

（1）无人机航飞规划

无人机的航飞需要进行详细的规划，包括航飞高度、航摄范围规划、飞行速度和影像航飞重叠度，以保证采集数据的精确性和完整度。

（2）现场数据采集

①航摄比例尺要求　为了充分发挥航摄影像的使用潜力，降低成本，在满足成图精度和应用要求的前提下，一般都选取较小的摄影比例尺。

②飞行质量要求　在现场数据采集时，对于飞行质量有着一定的要求，像片重叠度、像片倾角、像片旋角、摄区边界覆盖保证、航高保持、漏洞补摄和影像质量等均需满足相应的专业标准。

（3）影像传输

无人机遥感监测数据应按照适当的协议，经过一条或多条链路，在数据源（无人机）和数据宿（地面接收设备）之间进行传递。实时数据必须经过数据传输系统进行实时传输，主要包括遥测数据和视频数据。实时数据传输系统的基本特征是"无缝链接"和"实时传输"。当飞行距离较远时，可以通过通信卫星进行中转，即无人机实时数据首先传送到通信卫星上，然后由地面站进行接收，最后传递到无人机地面移动接收设备上。

（4）数据处理

水土保持监测无人机遥感数据处理对象主要包括视频数据、影像数据和定位定向数据，处理内容主要包括水土保持监测无人机遥感数据预处理、图像拼接与镶嵌、影像融合、图像分类与解译和水土保持监测无人机影像产品生产。根据水土保持监测过程中无人机遥感数据的处理目的、任务、内容和无人机遥感影像的特点，技术总体流程如图8-10所示。

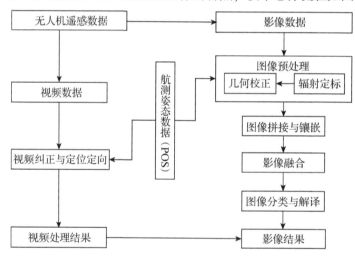

图 8-10　无人机遥感数据处理技术流程图

无人机遥感数据的具体处理流程是：①针对其遥感影像的特点以及相机定标参数拍摄（或扫描）时的姿态数据和有关几何模型对图像进行几何校正和辐射校正；②在几何校正和辐射校正的基础上进行快速拼接或精细拼接，完成数字正射影像图的制作；③根据不同的环境监管需要进行多源数据的融合，完成影像的分类与解译；④得到水土保持监测无人机遥感数据产品。

（5）数据存储

无人机在飞行时，搭载的多种载荷会获取大量数据，这就要求无人机遥感系统中的数据存储系统具有大容量、高速度存储等特点。此外，无人机遥感系统对数据存储系统的功耗、抗震性、温度范围也有较高的要求。

数据存储系统对数据进行存储之前，首先需要考虑高分辨率遥感数据与无人机平台其他传感器数据的实时可靠下传。下传过程中面对无人机遥感设备产生的数据量大的特点，选取高精度压缩编码方法，在保证实时下传的前提下，减小或消除图像压缩损耗。

8.2.3 无人机技术在崩岗监测中的应用案例

崩岗作为一种特有的严重沟蚀地貌，沟蚀的水沙输移过程在水力和重力侵蚀的综合作用下直接影响崩岗的形成与发展。因此，崩岗侵蚀产沙量化评价及预测对防治水土流失有着重要意义。传统的地面监测方法需要大量人工采样，只适用于小规模监测，作业效率低下；传统遥感方法对于发育缓慢、形态上变化小的崩岗不能精准测量，加之受地形和植被影响、存在死角而易产生空洞。利用无人机倾斜摄影的高精度监测方法可满足获取陡峭高立、地形复杂的崩岗信息的需求，对不同发育程度典型花岗岩崩岗侵蚀地貌形态参数及侵蚀量进行测量，分析崩岗侵蚀强度及其变化过程，为崩岗侵蚀量预测经验模型的建立提供技术支持。

华中农业大学魏玉杰等（2020）应用无人机遥感技术对花岗岩崩岗侵蚀量进行了监测和预测研究，通过多视立体运动恢复结构（Structrue from Motion-Multi View Stereo，SfM-MVS）技术构建不同侵蚀发育程度典型崩岗数字高程模型（Digital Elevation Model，DEM），分析崩岗形态类型与空间特征；利用数字高程模型的差异（DEM of Difference，DOD）分析监测期内侵蚀动态变化规律，分析崩岗重力侵蚀的发生与贡献，探究崩岗物质迁移过程，以及降水对崩岗侵蚀强度的影响。

根据野外地形的复杂程度和可视程度设计飞行方案，确定监测与分析流程：

（1）控制点的布设与选取

地面控制点（GCPs）应布设在崩岗研究区不同可视位置，如崩岗集水区、崩积体、沟道等处固定铁杆（附有直径 10 cm 的圆盘）或选择标志性点位作为控制点，以提高模型的空间位置参考精度。图 8-11 为崩岗控制点布设示意图。

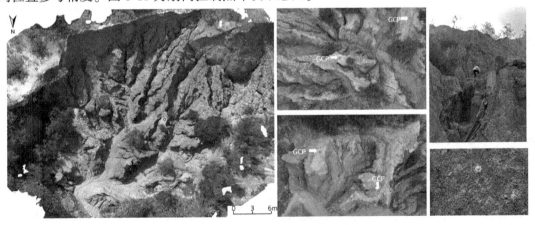

图 8-11　崩岗控制点布设示意图

（2）无人机飞行作业

由于崩岗存在垂直陡立、复杂破碎的地貌限制，选用旋翼无人机系统平台，搭配机载摄像机和高分辨率光学相机，获取监测区域实时视频观测数据和高分辨率影像。根据获取的崩岗完整影像，计算出图像深度信息，构建密集点云模型。

（3）数据处理与制图

对不同时期崩岗进行配准，为后续的崩岗地形变化监测与侵蚀量分析提供依据。无人机监测过程中布设的地面控制点是匹配不同时期崩岗点云数据的关键，可以作为提高点云配准精度评价的标准与验证，生成具有绝对坐标的 DEM 模型。每个崩岗最少需布设 4 个控制点，以用于 SfM-MVS 技术地形重建与点云匹配。

① SfM-MVS 技术生成点云　选择基于 SfM-MVS 测量技术的 Photo Scan 软件进行无人机数据图像处理。通过导入照片图像快速提取大量崩岗特征点，在其自带的 POS 信息辅助下自动得到相机参数和场景几何形态，并与匹配特征点构建的稀疏点云，共同构建出具有图像深度信息的密集点云模型，其三维点云包含从输入图像中提取 RGB 颜色信息。

② 去噪与配准点云　通过过滤方法去除孤立点、植被和地形异常，最后合并成单个要素进行扫描。选用对齐拼接工具对已标定控制点的不同时期点云模型进行手动对齐，以点到点的距离判断点云的重现性，配准精度均方根误差（RMSE）控制在 0.01 m 以下。

③ 生成 DEM　将对齐的崩岗点云 las 格式文件导入 ArcGIS 中，利用转换工具模块中的 las 数据集转栅格，根据反距离权重插值算法构建分辨率为 1 cm 栅格，输出生成 DEM。

（4）飞行成果分析

在对水土保持监测过程中，需要对不同时期崩岗进行配准，为后续的崩岗地形变化监测与侵蚀量分析提供支持。于 SfM-MVS 技术地形重建生成 DEM，以此大致反映崩岗地貌外部形态与表面复杂程度，直观体现崩岗径流泥沙输移通道与崩壁高差起伏程度。图 8-12 为无人机影像数据处理构建 DEM 示意图。

崩岗侵蚀监测与动态过程分析是以多时相 DEM 高程差异性计算出的 DOD，分析监测期内崩岗地形体积变化。图 8-13 为崩壁发重力侵蚀示意和不同发育程度崩岗的 DOD 图，以此描述分析监测期内侵蚀动态变化过程，并区分崩壁重力侵蚀发生部位与体积贡献。

（5）监测结果

该区域崩岗监测从 2018 年开始监测直至 2019 年 5 月结束。在监测期内，崩岗主要以沟道侧壁下切侵蚀与沟头溯源侵蚀后退为主。而在 2018—2019 冬春交际期间，相同位置处沟头发生溯源侵蚀，其崩塌量较前者更大，为 0.756 m³，总侵蚀量达到 3.543 m³，同时在沟头下方崩积堆发生小规模堆积，沉积量为 0.563 m³，说明沟头崩塌土体只有小部分沿径流冲刷而流失。

8.2.4　无人机技术在生产建设项目扰动图斑监测中的应用

水土保持监测作为生产建设项水土保持工作的重要组成部分，是水土流失预防监督和治理的重要基础。传统水土保持监测技术手段不能最大程度满足生产建设项目水土保持监测准确性、及时性和完整性的要求。无人机低空遥感具备高精度、实时性和全面性的特点，成为生产建设项目水土保持监测新的技术手段。

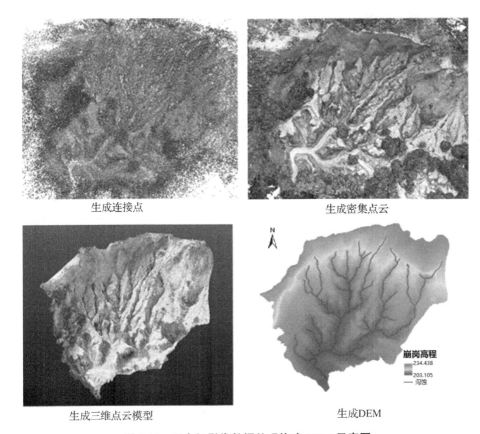

生成连接点　　　　　　　　　　生成密集点云

生成三维点云模型　　　　　　　生成DEM

图 8-12　无人机影像数据处理构建 DEM 示意图

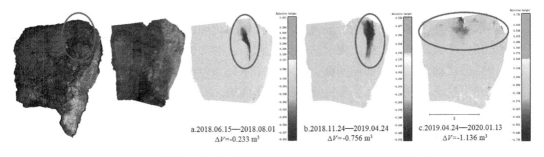

a.2018.06.15—2018.08.01　　b.2018.11.24—2019.04.24　　c.2019.04.24—2020.01.13
$\Delta V=-0.233\ \text{m}^3$　　　　　$\Delta V=-0.756\ \text{m}^3$　　　　　$\Delta V=-1.136\ \text{m}^3$

图 8-13　崩壁发生重力侵蚀示意和不同发育程度崩岗 DOD 图

　　以下以王志良等(2015)在铁路工程中充分运用无人机遥感技术实现对生产建设项目的水土保持监测为例,通过对项目中的扰动图斑进行解译调查,分析得到主要可能发生水土流失的溜坡区域,从而辅助环保验收工作,达到水土保持的目的。

　　(1)飞行作业与软硬件配置

　　选择小型固定翼无人机飞行平台,搭载高分辨率光学相机系统。利用飞控软件规划航迹的固定翼无人机,提前下载工作区域遥感影像,制订飞行方案,预设飞行高度、重叠度等关键指标,以保证成果精度和分辨率。遥感影像后期处理采用专业无人机数据处理软件 Pix4UAV Desktop 3D,利用 ArcGIS 软件进行图斑信息的识别与提取。

（2）数据处理与制图

首先，基于无人机飞行过程得到的遥感影像，利用图像空间维、光谱维算法消除因飞行姿态、光电系统特征、大气状况等因素影响所产生的图像畸变；其次，利用基于图像自身的边缘消光补偿技术和辐射校正技术，对图像进行辐射校正；再次，通过数据分析与误差控制方法，消除无人机遥感数据在辐射、光谱和几何精度上可能出现的偏差；最后，基于 GNSS 导航定位、航姿信息进行无人机图像快速拼接，将拼接好的图像进行扰动图斑解译。如图 8-14 所示，为无人机生产建设用地解译影像。

图 8-14 无人机生产建设用地解译影像

1. 弃渣场挡渣墙；2. 弃渣场主体区域；3. 路基边坡防护；4. 施工道路；5. 主体工程桥墩；
6. 主体工程路基山体开挖及基础施工；7. 弃渣场下游农田；8. 坡耕地、山地

（3）图像分析与再处理

收集水土保持方案以及防治责任范围图进行空间化和图形化处理，获得具有空间地理坐标信息和属性信息的矢量图。根据防治责任范围底图和解译图斑叠加分析，初步判定生产建设项目的扰动合规性。在此基础上，对扰动图斑和生产建设项目有关情况进行现场调查复核，并根据现场复核情况完善扰动图斑解译成果。

（4）现场复核

通过现场复核，对复核对象的有关信息进行现场采集，根据现场复核成果，对遥感解译的扰动图斑及上图后的防治责任范围图矢量数据的空间特征和属性信息进行修正和完善。

（5）监测统计

对无人机遥感水土保持监测数据处理得到的图像影像特征和空间特征进行统计提取，水土保持监测数据提取内容主要包括工程进展情况、水土流失防治情况、各类措施长度、面积、体积与填挖方等数据。

（6）监测结果

位于山丘区的工程建设为施工过程中的重点水保措施对象，对已经出现的重大溜坡、溜渣继续予以特别关注，敦促整改，以免扰动加剧。如图 8-15 所示，主要溜坡区域为渣场、施工道路和路基边坡。

在山丘区施工建设需特别注意可能存在的溜坡风险，对于施工过程产生的碎石碎渣以及在运出场外以前需进行合理归置，在具有一定坡度的地区需设置临时拦挡。上述工程措施在卫星遥感影像中不容易被辨识，而通过无人机航摄可以将其识别出来。在图 8-15 中可清楚发现，区域 1 和区域 3 设置了临时拦挡，有效预防了溜坡风险，防止水土流失；后期人工现场抽查再次核实以上水保措施。

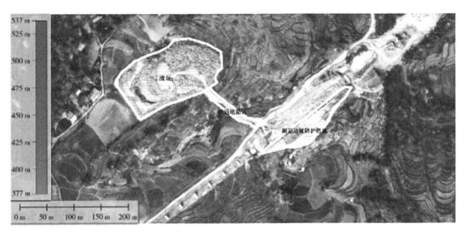

图 8-15　主要溜坡区域

8.3　其他技术

8.3.1　三维激光扫描

8.3.1.1　三维激光扫描简介

三维激光扫描技术又称为高清晰测量（High Definition Surveying，HDS），是一种全自动化、高精度的立体扫描技术，其利用激光测距原理，通过记录被测物体表面大量点的三维坐标信息和反射率信息，将各种大实体或实景的三维数据完整地采集到计算机中，进而快速复建出被测目标的三维模型及线、面、体等各种图件数据。该技术突破了传统单点测量方法的缺陷，具有高效率、高精度、高密度、不接触性、穿透性、动态、主动性、数字化、自动化、实时性强等优势，大大减少了现场测量的时间与次数。

三维激光扫描系统有 3 种分类方式。依据承载平台划分为星载激光扫描系统、机载激光扫描系统、车载激光扫描系统、地面三维激光扫描系统、手持式激光扫描系统；依据扫描距离划分为短距离激光扫描仪（<10 m）、中距离激光扫描仪（10~400 m）、长距离激光扫描仪（>400 m）；依据成像仪成像方式划分为全景扫描式、相机扫描式、混合型扫描式。

三维激光扫描技术为不同应用领域的需求提供了新的技术支撑，例如：在数字城市建设中，可以进行大规模城市还原、模型重建设计规划等；在测绘工程领域，可以进行大坝等基础地形测量、公路和铁路等要道、建筑物内外部、河道测绘等；在古遗迹保护中，进行文物测量保真、修复、赝品成像等；在紧急服务行业，开展森林火灾、泥石流监测和预警、陆地侦察、犯罪现场监测等；在娱乐业，应用于 3D 游戏开发、虚拟导游、虚拟博物馆等；在水土保持和荒漠化监测中，常应用于沟蚀面蚀、崩岗侵蚀、滑坡与泥石流、风沙微观地貌、沙丘形态变化监测以及开发建设项目全程监测等。

8.3.1.2 三维激光扫描仪组成及工作原理

三维激光扫描系统主要由三维激光扫描仪、计算机、电源供应系统、支架以及系统配套软件构成。三维激光扫描仪作为三维激光扫描系统的主要组成部分，是由激光发射器、接收器、时间计数器、滤光镜、控制电路板、微电脑、CCD 机以及软件等组成。

三维激光扫描仪的基本工作原理是结合结构光技术、相位测量技术、计算机视觉技术的复合三维非接触式测量技术。其测量原理是通过测距系统获取扫描仪到待测物体的距离，再通过测角系统获取扫描仪到待测物体的水平角和垂直角，最终计算出三维坐标信息。假设三维激光扫描仪到被测对象的斜距为 D，水平角为 φ，垂直角为 θ，如式(8-6)和图 8-16 所示，所测得对象激光点的三维坐标(x, y, z)可计算为：

$$\left.\begin{aligned} x &= D\cos\theta\cos\varphi \\ y &= D\cos\theta\sin\varphi \\ z &= D\sin\theta \end{aligned}\right\} \tag{8-6}$$

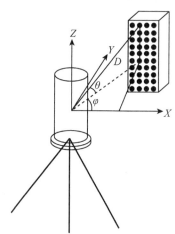

图 8-16　三维激光扫描工作原理图

《地面三维激光扫描作业技术规程》(CH/Z 3017—2015)中指出地面三维激光扫描总体工作流程如图 8-17 所示。技术准备与技术设计是在数据采集前的各种准备工作，包括资料收集与分析、现场踏勘、仪器准备与检查、技术设计；数据采集包括控制测量、扫描站布测、标靶布测、设站扫描、纹理图像采集、外业数据检查、数据导出备份；数据预处理是面对点云坐标有误差、存在噪声、图像变形等问题时所使用的处理方式，包括点云数据配准、坐标系转换、降噪与抽稀、图像数据处理、彩色点云制作；成果制作包括三维模型构建、DEM 制作、DLG 制作、TDOM 制作、平面图、立面图、剖面图制作和表面积与体积计算；质量控制与成果归档是对制作出来的成果进行质量检查并对合格的成果进行整理和归档。

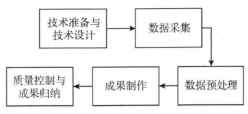

图 8-17　三维激光扫描的基本作业流程

8.3.1.3　三维激光扫描在水土保持和荒漠化监测的优势与应用

三维激光扫描技术已经在水土流失监测方面存在一定的应用，传统的水土保持监测在水土流失定量化上存在精度和深度不够、侵蚀沟测量方法陈旧、工作效率低下、数据测量人员工作难度大且工作危险系数高等问题。三维激光扫描技术可以克服以上问题，为水土流失定量监测提供新的技术手段。面对面蚀沟蚀监测，三维激光扫描技术能短时间高效精细地描述面蚀沟蚀演变过程，也能直观展现出片蚀所生成的细小侵蚀坑洼点；在崩岗侵蚀、滑坡、泥石流监测方面，三维激光扫描可以提供高精度的崩岗形态数据以分析崩岗的沟道发育特征，监测不同降雨条件下山洪泥石流坡面、沟道、断面和小流域地表形变以构建高精度 DEM，该技术有利于直观展现坡面泥石流和沟道泥石流的侵蚀、发育和演化特征，揭示泥石流的变形破坏、冲淤变化和演化规律，同时在监测时保障了监测人员的安全。在研究不同地貌环境下的土壤侵蚀时，也可以使用三维激光扫描仪对研究区进行多年份的定位监测，结合 GIS 软件进行分析，得到精准的侵蚀时空演化规律。

多年来沙漠迁移、沙尘暴等自然灾害给国家造成重大的经济损失，土地荒漠化作为全球十大环境问题之首，已成为当今社会普遍关注的热点，对沙漠的监测变得刻不容缓。传统监测手段有文字观测记录法、插标杆法，该类方法存在人为操作误差大、耗时耗力、无法开展大范围监测等缺点；现代监测手段有"3S"技术，可以实现大范围、高精度监测，其中，三维激光扫描技术利用测距和遥感技术，经过多次扫描可精细逼真地还原风沙地貌动态变化过程，对于风沙微观地貌有一定的适用性，同时，通过三维激光扫描技术可以模拟监测典型沙丘的相关运动轨迹，包括偏移、运动速度、整片沙漠的走向、是否向城市方向前进或者后退等；利用专业软件将监测数据进行处理和可视化，能够将沙丘变化状况以较高精度数值表示出来，并能分析计算沙丘的整体体积、变化体积、河道偏移距离、土方量等。因此，三维激光扫描技术在荒漠化防治尤其是沙丘形态变化、防沙治沙措施效益评估等方面有非常好的应用前景。

8.3.1.4　三维激光扫描在水土保持监测中的应用案例

（1）矿山开采水土保持监测应用

矿山开采中水土保持监测是一项必要且重要的工作。以山体边坡的开采与监测为例，假设现有一个山体边坡地的开采区域，该区域的长度为 700~800 m，宽度为 300~400 m。该开采区域具有地质条件差、岩石松散、山体坡度陡、高差大等问题，因此，在矿山开采施工的过程中极易出现山石滚落和塌方等灾害，并且，由于山体作业的不便性和危险性，传统监测方法也不能满足水土保持监测的要求。此时，可以无接触远程测量的三维激光扫描技术便成为该情况下水土保持监测的最优方案。

詹晓敏等（2013）利用三维激光扫描技术监测矿山边坡开采的具体应用步骤如图 8-18 所示。

图 8-18 应用步骤

①技术准备 根据开采场地布置情况，在对岸选取若干个扫描机位点，确定扫描点间距，以使得扫描范围涵盖全部目标边坡；为了提高精度，在扫描重叠区域设置控制点。

②数据采集 使用地面激光扫描仪，采用不同视角、独立坐标系统，分别扫描料场开挖边坡，得到数幅点云数据。

③数据处理 利用 PolyWorks 软件对多幅点云数据进行自动拼接，引入全站仪测量得到绝对坐标，对数据进行坐标转换。将拼接后的点云数据集与现场照片进行比对，人工去除目标边坡区域外的点和现场植被、扬尘反射等噪点，获取目标边坡完整的三维数据，依据建模软件需要的文件格式导出。

④建立模型 对目标边坡数据进行处理后，利用不同软件建立模型。一般选择 Poly-Works、Surfer、ArcGIS 3 种软件分别对料场边坡三维点云数据建立模型。

⑤得到监测结果 利用模型进行料场边坡的监测与计算，得到分析结果。一是料场计划开采的边坡面已全部动工；二是开采完成作业面已部分实施支护、喷护等工程措施。三维激光扫描技术引入后，其构建的料场三维模型准确地反映现场实际情况，计算所得数据真实可靠，可对矿山开采工作中的扰动面积、弃渣量、开采量等内容进行动态监测。

（2）室内模拟坡面细沟土壤侵蚀监测

王军光等（2019）在室内模拟不同土壤坡面细沟侵蚀的研究中，利用三维激光扫描点云采集系统，采集了降雨前后土壤坡面的微地貌点云数据，构建数字高程模型，在该模型上分析坡面土壤细沟侵蚀的变化状况，技术路线如图 8-19 所示。

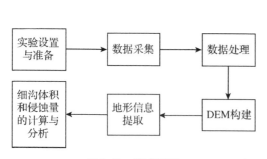

图 8-19 技术路线

图 8-20 实验设置准备

①实验设置、准备和数据采集 采用三维激光扫描仪进行数据的采集。在实验土槽设置完毕后，使用分测站扫描的方法，扫描前在土槽不同位置布设 3 个靶球，扫描时在土槽周围布设 5~7 个不同位置的测站以获得坡面的点云数据（图 8-20）。

②数据处理 利用 FARO SCENE 软件对扫描数据进行数据处理。对采集的点云数据

进行降噪、彩色化和裁剪处理，转出格式为".xyz"的三维点云坐标数据后经由 Trimble Real Works software 软件导出格式为".las"的点云坐标数据。

③DEM 构建　利用 ArcGIS 进行空间建模，将导入了点云数据的 LAS 数据集转换为 TIN，再转换为栅格数据，对栅格数据进行空间校准后再次生成 TIN，构建出 DEM 数据，实现原始坡面的可视化，图 8-21 所示。

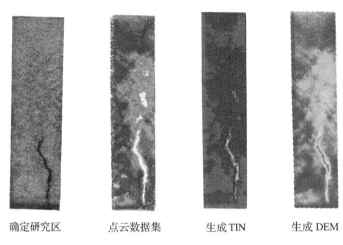

确定研究区　　　点云数据集　　　生成 TIN　　　生成 DEM

图 8-21　点云数据集、TIN 和 DEM 结构图

使用 ArcGIS 进行坡面细沟网络的提取，分析细沟形态特征的时空分布规律（图 8-22）；进行细沟、沉降体积计算和侵蚀量计算，分析土壤细沟侵蚀的时空分布，制出土壤坡面的细沟沟深在各个侵蚀阶段沿坡长的变化图（图 8-23），动态地展现土壤细沟深度的变化状况。较传统方法，能更加快速精确地展现不同时期坡面 DEM 的差异，获得监测时段内土壤侵蚀的状况。

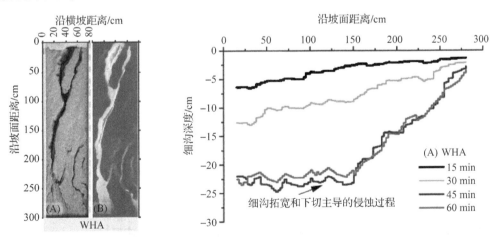

图 8-22　降雨后土壤坡面 DEM　　　**图 8-23　细沟沟深在各个侵蚀阶段沿坡长变化图**

总的来说，三维激光扫描技术作为水土保持监测领域的新兴技术，虽然对于布设具有一定的技术要求，但其满足了水土保持监测中侵蚀量测定的精度要求，为水土保持定量监测提供了强有力的技术支持，在实际的生产实践中，可大大改善水土保持监测工作人员的作业环境，提高工作效率。

8.3.2 大数据和"互联网+"

8.3.2.1 时代背景与大数据、"互联网+"简介

2015 年 3 月，李克强总理在第十二届全国人大三次会议的政府工作报告中提出了"互联网+"的行动计划，鼓励各行各业与"互联网+"进行合作，全面走入信息化时代。在"互联网+"与多个领域的结合中，水土保持、荒漠化治理与大数据和"互联网+"的结合大大提高了原监测系统的共享能力与分析能力。近年来基于大数据集成和自动信息化采集的进行，建成水土保持大数据系统工作正在全面开展，国家颁布的《全国水土保持信息化工作2017—2018 年实施计划》《水利改革发展"十三五"规划》以及中国国家级别和各省（自治区、直辖市）的空间数据库的不断完善等，均表明通过大数据、互联网技术改进的水土保持工作已经进入新的时代。

（1）大数据

大数据（Big Data）是一个抽象的概念，常常被描述为巨大的数据集，2011 年 5 月，麦肯锡咨询公司对该定义进行升级，认为大数据意味着通过传统的数据库软件不能获得、存储和管理如此大量的数据。IBM 曾提出大数据的"4V"特征，分别是数量（Volume）、多样性（Variety）、速度（Velocity）和价值（Value）（刘鹏，2018）。凭借该四大特征，相较于传统数据，大数据具有如下优势：①提高了数据处理效率，增加人类认知盈余；②通过全局的数据让人类了解事物背后的真相；③有助于了解事物发展的客观规律，利于科学决策；④提供了同事物的连接，客观了解人类行为；⑤改变过去的经验思维，帮助人们建立数据思维。在这些优势下，大数据在医疗、智慧城市、保险、交通、农业、零售、房地产等诸多行业都有着重要应用。

（2）"互联网+"

我国"互联网+"的理念最早由易观国际董事长兼首席执行官于扬在 2012 年 11 月提出，他认为"互联网+"公式应该是我们所在的行业的产品和服务，在与我们未来看到的多屏全网跨平台用户场景结合之后产生的这样一种化学公式。2014 年，李克强提出互联网是大众创业、万众创新的新工具。2015 年，马化腾表示，"互联网+"是指利用互联网的平台、信息通信技术把互联网和包括传统行业在内的各行各业结合起来，从而在新领域创造一种新生态。综合上述观点，"互联网+"可以理解为在创新 2.0（信息时代、知识社会的创新形态）推动下由互联网发展的新业态，也是在知识社会创新 2.0 推动下由互联网形态演进、催生的经济社会发展新形态。"互联网+"具有跨界融合、创新驱动、重塑结构、尊重人性、开放生态和连接一切六大特征，其在工业、金融、商贸、智慧城市、通信、交通、民生、医疗、教育、农业等领域都有重要的应用发展。

8.3.2.2 大数据和"互联网+"在水土保持和荒漠化监测的优势与应用

水土保持监测是一项长期且连续的工作，在这个过程中需要及时获取、收集和传递水土保持相关信息，这些信息主要包括：水土流失的影响因素、水土流失状况、水土流失危害及实施的水土保持措施等，当前监测手段多样，遥感、GPS、各类传感器通过互联网传

输将数据汇入数据管理中心，得到监测大数据。面对数据量庞大的信息，需要应用大数据技术来使监测的管理和分析更科学、更合理，以推动水土保持监测的数据分析和决策。

传统的水土保持工作通常采用人工计算和简易设备监测等方式，与"互联网+"时代下的要求相比，无论是数据收集、传递和存储还是数据实时共享等环节都有明显的不足，数据的可信度、有效性和精确度无法得到保障，难以满足当前时代背景下水土保持监测发展要求，在引入"互联网+"技术后，信息感知不全面、整合共享不充分、资源使用效率不高、智能应用不广泛、民生服务水平较低、基层信息化管理能力薄弱、区域发展不平衡、运行管护经费不够等全局性和系统性的问题得到了有效的改善。

在大数据时代，结合"互联网+"技术，水土保持和荒漠化监测领域迸发出许多更成熟的应用，如国家水土保持监测网络、国家级/省（自治区、直辖市）级水土保持大数据管理系统、天空地一体化信息监测、侵蚀土壤的网格型空间模型的构建、水土保持管理方案监督、农田水利工程监督指导、特殊地貌水土保持监测等。

8.3.2.3　大数据和"互联网+"应用案例

中国水土保持监测网络和信息系统项目于 2007 年 1 月完成一期工程建设，又于 2007 年 7 月批复建设二期工程可行性研究报告、2009 年 5 月批复二期工程初步设计，在 2013 年全国水土保持监测网络和信息系统建设二期工程竣工。其中一、二期共建设了水利部水土保持监测中心 1 个、流域水土保持监测中心站 5 个、省级水土监测总站 21 个、水土保持监测分站 175 个、水土流失监测点 738 个。在各省和一些城市地区监测站的数据收集、加工和传输设备均依靠水利信息网络实现互联互通，使得我国主要的水土流失地区有一个较为完善的监测体系。在数据库和信息系统建设方面，中国水土保持监测中心拥有一个专业数据库，用于存储国内土壤侵蚀、水土保持管理和生态建设方面的数据。并通过水土保持数据共享交换中间件，实现国家–流域–省级水土保持应用系统间的信息交换与共享。随着中国水土保持监测网络的建立及逐年完善，中国的监测工作也在继续，相关数据也在不断增加。

（1）省（自治区、直辖市）级水土保持监测系统

在国家号召下，各省（自治区、直辖市）已经陆续建立起基于大数据和"互联网+"的水土保持监测相关系统平台。各省依据《全国水土保持信息化工作 2017—2018 年实施计划》，依托遥感无人机、地理信息技术、移动互联网等前沿信息技术，通过卫星遥感、无人机航拍、摄像头监控等自动化信息采集系统，实现全省（自治区、直辖市）水土保持信息化监管，全面建成水土保持信息大数据管理系统。并在后续的时间里，各省（自治区、直辖市）全面应用本省（自治区、直辖市）及全国的水土保持监督、治理、监测信息管理系统，利用无人机实现了对在建和竣工水土流失治理项目措施图斑的精细化核查，做到全年 3 次的高频次、全覆盖监管，实现了对全省（自治区、直辖市）生产建设项目"天空地一体化"监管和全省（自治区、直辖市）水土流失消长分析，既提升了省（自治区、直辖市）内水土流失动态监测的时效性，为全省（自治区、直辖市）水土流失综合防治提供了宏观数据支撑，也全面实现了水土保持的业务数据联通和管理。让水土保持监测迈上了全新的阶梯（金时来，2020）。

（2）生产建设中的水土保持监测应用

当前，我国生产建设项目中水土保持信息化监管具有覆盖全国、数量巨大、年度多次

的特点。监管工作及技术方法存在人工复核工作量大、识别分析难、快速精准监管效能低等瓶颈问题。因此，迫切需要大数据、人工智能、互联网、云计算等最新科技来提升监测能力和效率。

姜德文等(2021)在水土保持信息化监测中，在利用遥感影像进行土地利用和人为扰动图斑的识别与提取中，人工智能、云计算等技术得到广泛的应用。国土部门研发应用人工智能方法实现水体、城市建筑物、耕地、林草地等土地利用类型的监控，较传统人工现场复核相比精度达90%以上，工作效率提高300%，极大地节省了人力物力。判断哪些图斑为生产建设项目产生的扰动图斑至关重要，如果将这些水土保持重点监管对象甄别出来，就可以极大地减少现场复核工作，提高监管效率。当前，很多学者利用机器学习、深度学习等人工智能方法，训练目标样本，实现目标智能化判别与识别。在生产建设项目扰动图斑的自动或半自动识别中，通过建立各类建设项目及其标志性工程的扰动图斑训练样本库，反复训练，得到快速精准的人工智能算法，从而大大提升扰动图斑的识别精度。有关研究实验中，扰动图斑提取的准确率可达90%以上，符合扰动图斑规范性的智能判断，与人工核判比较，工作效率提高50%以上。在遥感解译标志建立方面，以项目基本组成建立综合判别标志，实现智能化自动识别，提高解译的准确率和工作效率。

水土流失与荒漠化监测在未来将均建立在大数据和"互联网+"的基础之上。国家对水土保持生产建设项目实行全过程、全方位监管，从水土保持方案上报、审查、审批，到水土保持监理、水土保持监测，再到最后的验收评估和水土保持验收，全过程实现信息化管理。在监管环节中，可对生产建设项目开工前进行卫星定位、定边界；开工后利用卫星对照监控，发现未编制方案，并对项目实施区域边界变化等情况进行自动识别与报警，指导地方水土保持部门现场核实和监督，实现生产建设项目的全程跟踪。从而达到精准的数据定位，连续的数据追踪，对比分析不同区域生产项目的优势与劣势，总结经验，实现对水土保持项目进行有效管理的目的。

虽然大数据和"互联网+"技术近年在水土保持监测领域内有着迅猛的发展，但其应用还处于初级阶段，尚有诸多问题，如对于数据的收集和挖掘还存在一定的困难、数据的处理整合和分析还不成熟、各方面的管理尚不完善、相关技术人员专业素质不够高、数据的管理缺乏统一的标准、数据共享程度低等。日后的发展方向包括：提高监测设备的自动化水平、数据提取能力、实时监测的速度；完善监测站点的网络、数据库、共享平台建设；落实基层信息化建设等。随着水土保持监测与这些新兴技术的不断融合和改进，以上问题也将逐一迎刃而解，将水土保持监测推向全新的高度。

复习思考题

1. 名词解释

遥感　无人机技术　三维激光扫描技术　大数据　互联网+

2. 遥感目视解译在土地利用和水保措施解译中的工作流程是什么？

3. 利用遥感影像估算植被覆盖度的方法是什么？

4. 相对于传统方法，无人机技术在水土保持与荒漠化监测领域有什么优势？

5. 无人机遥感工作的主要技术流程是什么？

6. 三维激光扫描技术在水土流失监测中的优势有哪些?

7. 简述三维激光扫描技术在水土保持与荒漠化监测中的应用方向。

8. 以土壤侵蚀微地貌监测为例,地面三维激光扫描技术的工作流程是什么?

9. 大数据与"互联网+"在全国水土保持信息监测中的作用体现在哪些方面?

10. 为什么新时代需要大数据、"互联网+"等其他技术来和水土保持、荒漠化监测进行结合?

为方便直观阅读,请扫描下方二维码查看本章图表彩色版。

参考文献

包为民，陈耀庭，1994. 中大流域水沙耦合模拟物理概念模型[J]. 水科学进展，05(04)：287-292.

毕华兴，2008. "3S"技术在水土保持中的应用[M]. 北京：中国林业出版社.

蔡强国，1988. 坡面侵蚀产沙模型的研究[J]. 地理研究(04)：94-102.

蔡志洲，2017. 小微型无人机应用：环境保护和水土保持[M]. 北京：高等教育出版社.

丁国栋，1998. 荒漠化评价指标体系的研究：以毛乌素沙区为例[D]. 北京：北京林业大学.

董玉祥，陈克龙，1995. 中国沙漠化程度判定与分区初步研究[J]. 中国沙漠，15(02)：170-174.

范昊明，蔡强国，2003. 冻融侵蚀研究进展[J]. 中国水土保持科学，01(04)：50-55.

范瑞瑜，1985. 黄河中游地区小流域土壤流失量计算方程的研究[J]. 中国水土保持科(02)12-18.

高永，2013. 荒漠化监测[M]. 北京：气象出版社.

高尚武，王葆芳，朱灵益，等，1998. 中国沙质荒漠化土地监测评价指标体系[J]. 林业科学(02)：3-12.

郭强，2018. 中国北方荒漠化遥感动态监测与定量评估研究[D]. 北京：中国科学院大学(中国科学院遥感与数字地球研究所).

郭索彦，2010. 水土保持监测理论与方法[M]. 北京：中国水利水电出版社.

郭索彦，2014. 生产建设项目水土保持监测实务[M]. 北京：中国水利水电出版社.

郭索彦，李智广，2009. 我国水土保持监测的发展历程与成就[J]. 中国水土保持科学，07(05)：19-24.

国家测绘地理信息局，2015. 地面三维激光扫描作业技术规程：CH/Z 3017—2015[S]. 北京：测绘出版社.

国家林业局，2004. 全国荒漠化和沙化监测技术规定[M]. 北京：中国林业出版社.

韩汝才，傅鹤林，2004. 国内外崩滑、泥石流监测整治技术现状综述[J]. 西部探矿工程(09)：206-207.

胡小龙，王利兵，余伟莅，等，2005. 浑善达克沙地荒漠化指标评价的研究[J]. 内蒙古林业科技(04)：1-4，8.

霍艾迪，张广军，武苏里，等，2007. 国内外荒漠化动态监测与评价研究进展与存在问题[J]. 干旱地区农业研究(02)：206-211.

江忠善，李秀英，1988. 黄土高原土壤流失预报方程中降雨侵蚀力和地形因子的研究[J]. 中国科学院西北水土保持研究所集刊(01)：40-45.

江忠善，宋文经，李秀英，1983. 黄土地区天然降雨雨滴特性研究[J]. 中国水土保持(03)：32-36.

姜德文，2007. 开发建设项目水土流失影响度评价方法研究[J]. 中国水土保持科学，05(02)：107-109.

姜德文，2016. 高分遥感和无人机技术在水土保持监管中的应用[J]. 中国水利，06(16)：45-47，49.

姜德文，蒋学玮，周正立，2021. 人工智能对水土保持信息化监管技术支撑[J]. 水土保持学报，35(04)：1-6.

金时来，2020. 福建省"十四五"期间水土保持信息化建设探讨[J]. 亚热带水土保持，32(04)：64-67.

景可，王万忠，郑粉莉，2005. 中国土壤侵蚀与环境[M]. 北京：科学出版社.

康东玲，史启敏，2002. 基于"3S"技术的滑坡泥石流监测新技术[J]. 湖北地矿，16(04)：60-63.

李斌兵，2008. 黄土丘陵区小流域分布式水文—侵蚀预报模型研究[D]. 西安：陕西师范大学.

李斌兵，郑粉莉，王占礼，2010. 黄土丘陵区小流域分布式水文和侵蚀模型建立和模拟[J]. 土壤通报，41(05)：1153-1160.

李璐，袁建平，刘宝元，2004. 开发建设项目水蚀量预测方法研究[J]. 水土保持研究，11(02)：81-84.

李香云，2004. 干旱区土地荒漠化中人类因素分析[J]. 干旱区地理(02)：239-244.

李智广，2005. 开发建设项目水土保持监测实施细则编制初讨[J]. 水土保持通报，25(06)：91-95.

李智广，2005. 水土流失测验与调查[M]. 北京：中国水利水电出版社.

李智广，2008. 开发建设项目水土保持监测[M]. 北京：中国水利水电出版社.

李智广，2018. 水土保持监测[M]. 北京：中国水利水电出版社.

李智广，姜学兵，刘二佳，等，2015. 我国水土保持监测技术和方法的现状与发展方向[J]. 中国水土保持科学，13(04)：144-148.

刘秉正，吴发启，1997. 土壤侵蚀[M]. 西安：陕西人民出版社.

刘刚，杨明义，刘普灵，等，2007. 近十年来核素示踪技术在土壤侵蚀研究中的应用[J]. 核农学报，21(01)：101-105.

刘鹏，张燕，付雯，等，2018. 大数据导论[M]. 北京：清华大学出版社.

刘咏梅，杨勤科，王略，2008. 水土保持监测基本方法述评[J]. 水土保持研究，15(05)：221-225.

刘震，2004. 水土保持监测技术[M]. 北京：中国大地出版社.

卢小平，王双亭，2012. 遥感原理与方法[M]. 北京：测绘出版社.

鲁胜力，2005. 加快花岗岩区崩岗治理的措施建议[J]. 中国水利(10)：44-46.

麻德明，王勇智，赵鸣，等，2018，环海阳万米沙滩河流流域土壤侵蚀量估算及演变[J]. 中国海洋大学学报(自然科学版)，48(S2)：88-97.

马永潮，1996. 滑坡整治及防治工程养护[M]. 北京：中国铁道出版社.

潘松一，2017. 丹东市水土保持监测中3D激光扫描技术的应用[J]. 黑龙江水利科技，45(08)：156-158.

裴欢，房世峰，覃志豪，等，2013. 干旱区绿洲生态脆弱性评价方法及应用研究——以吐鲁番绿洲为例[J]. 武汉大学学报(信息科学版)，38(05)：528-532.

全国国土资源标准化技术委员会，2017. 土地利用现状分类：GB/T 21010—2017[S]. 北京：中国标准出版社.

史景汉，郝建忠，熊运阜，等，1989. 黄丘一副区小流域暴雨洪水输沙过程预报模型[J]. 中国水土保持(01)：34-39，65-66.

水利部国际合作与科技司，2006. 水土保持术语：GB/T 20465—2006[S]. 北京：中国标准出版社.

水利部水土保持监测中心，2006. 水土保持监测技术指标体系[M]. 北京：中国水利水电出版社.

水利部水土保持监测中心，2006. 水土保持监测设施通用技术条件：SL 342—2006[S]. 北京：中国水利水电出版社.

水利部水土保持监测中心，2011. 水土流失动态监测方法研究[M]. 北京：中国水利水电出版社.

水利部水土保持监测中心，2015. 径流小区和小流域水土保持监测手册[M]. 北京：中国水利水电出版社.

水利部水土保持监测中心，2016. 高分遥感水土保持应用研究[M]. 北京：中国水利水电出版社.

水利部水土保持监测中心，2020. 2020 年度水土流失动态监测技术指南[OL]. https：//www. cnscm. org/tggg/202012/W020201225598071259150. pdf.

孙厚才，袁普金，2010. 开发建设项目水土保持监测现状及发展方向[J]. 中国水土保持(01)：36-38.

孙家抦，2013. 遥感原理与应用[M]. 3 版. 武汉：武汉大学出版社.

孙立达，孙保平，陈禹，等，1988. 西吉县黄土丘陵沟壑区小流域土壤流失量预报方案[J]. 自然资源学报，3(02)：141-153.

唐克丽，等，2004. 中国水土保持[M]. 北京：科学出版社.

田均良，周佩华，刘普灵，等，1992. 土壤侵蚀 REE 示踪法研究初报[J]. 水土保持学报，06(04)：21-27.

仝达伟，张平之，吴重庆，等，2005. 滑坡监测研究及其最新进展[J]. 传感器世界(06)：10-14.

王葆芳，刘星晨，王君厚，等，2004. 沙质荒漠化土地评价指标体系研究[J]. 干旱区资源与环境，18(04)：23-28.

王念忠，张大伟，刘建祥，2019. 无人机摄影测量技术在水土保持信息化中的应用[M]. 北京：中国水利水电出版社.

王桥，王晋年，杨一鹏，2014. 环境监管无人机遥感技术与应用[M]. 北京：科学出版社.

王万忠，1983. 黄土地区降雨特性与土壤流失关系的研究[J]. 水土保持通报(04)：7-13，65.

王志良，付贵增，等，2015. 无人机低空遥感技术在线状工程水土保持监测中的应用探讨[J]. 中国水土保持科学，13(04)：109-113.

吴发启，2003. 水土保持学概论[M]. 北京：中国农业出版社.

吴发启，张洪江，2012. 土壤侵蚀学[M]. 北京：科学出版社.

吴彤，倪绍祥，2005. 土地荒漠化监测方法研究进展[J]. 国土资源科技管理(05)：73-76.

谢宏全，谷风云，2016. 地面三维激光扫描技术与应用[M]. 武汉：武汉大学出版社.

谢宏全，韩友美，陆波，等，2018. 激光雷达测绘技术与应用[M]. 武汉：武汉大学出版社.

许慧敏，齐华，南轲，等，2019. 结合 nDSM 的高分辨率遥感影像深度学习分类方法[J]. 测绘通报(08)：63-67.

严义顺，1984. 水文测验学[M]. 北京：水利电力出版社.

杨建宇，周振旭，杜贞容，等，2019. 基于 SegNet 语义模型的高分辨率遥感影像农村建设用地提取[J]. 农业工程学报，35(05)：259-266.

杨勤科，刘咏梅，李锐，2009. 关于水土保持监测概念的讨论[J]. 水土保持通报，29(02)：97-99，124.

杨艳生，1998. 土壤退化指标体系[J]. 土壤侵蚀与水土保持学报，12(04)：44-46.

姚志宏，2010. 基于 GIS 的区域水土流失过程模拟研究[D]. 杨凌：中国科学院研究生院(教育部水土保持与生态环境研究中心).

英国赠款小流域治理管理项目执行办公室，2008. 小流域水土保持监测评价技术手册[M]. 北京：中国计划出版社.

游智敏，伍永秋，刘宝元，2004. 利用 GPS 进行切沟侵蚀监测研究[J]. 水土保持学报，18(05)：91-94.

余新晓，毕华光，2013. 水土保持学[M]. 3 版. 北京：中国林业出版社.

喻权刚，2007. 新技术在开发建设项目水土保持监测中的应用[J]. 水土保持通报(04)：5-9，162.

曾大林，2006. 用新理念提升开发建设项目水土保持工作[J]. 中国水土保持(06)：5-7.

詹晓敏，雷婉宁，秦甦，2013. 三维激光扫描技术在开发建设项目水土保持监测中应用初探[J]. 水土保持应用技术(06)：18-19.

张超, 高永, 党晓宏, 等, 2018. 三维激光扫描技术在水土保持与荒漠化防治中的研究进展[J]. 浙江林业科技, 38(03): 72-76.

张洪江, 2008. 土壤侵蚀原理[M]. 2 版. 北京: 中国林业出版社.

张洪江, 程金花, 2014. 土壤侵蚀原理[M]. 3 版. 北京: 科学出版社.

张建军, 朱金兆, 2013. 水土保持监测指标的观测方法[M]. 北京: 中国林业出版社.

张萍, 查轩, 2007. 崩岗侵蚀研究进展[J]. 水土保持研究, 02(14): 170-172.

张雅文, 许文盛, 沈盛彧, 等, 2017. 无人机遥感技术在生产建设项目水土保持监测中的应用方法构建[J]. 中国水土保持科学, 15(01): 134-140.

赵永军, 张峰, 王云璋, 等, 2009. 开发建设项目水土保持工作现状及发展思路[J]. 中国水土保持(01): 48-51.

中国气象局政策法规司, 2006. 土地荒漠化监测方法: GB /T 20483—2006 [S]. 北京: 中国标准出版社.

中华人民共和国国土资源部, 2006. 崩塌、滑坡、泥石流监测规范: DZ/T 0221—2006 [S]. 北京: 中国标准出版社.

中华人民共和国水利部, 2002. 水土保持监测技术规程: SL 277—2002[S]. 北京: 中国水利水电出版社.

中华人民共和国水利部, 2019. 生产建设项目水土保持监测与评价标准: GB /T 51240—2018 [S]. 北京: 中国计划出版社.

中华人民共和国水利部, 2019. 生产建设项目水土流失防治标准: GB/T 50434—2018[S]. 北京: 中国计划出版社.

中华人民共和国水利部, 2019. 水土保持工程调查与勘测标准: GB/T 51297—2018[S]. 北京: 中国计划出版社.

中华人民共和国水利部, 2012. 水土保持遥感监测技术规范: SL 592—2012[S]. 北京: 中国水利水电出版社.

中华人民共和国水利部, 2008. 土壤侵蚀分类分级标准: SL 190—2007[S]. 北京: 中国水利水电出版社.

中华人民共和国水利部, 2018. 生产建设项目水土保持技术规范: GB 50433—2018[S]. 北京: 中国计划出版社.

周佩华, 豆葆璋, 孙清芳, 等, 1981. 降雨能量试验研究初报[J]. 水土保持通报(01): 51-61.

周佩华, 王占礼, 1992. 黄土高原土壤侵蚀暴雨的研究[J]. 水土保持通报, 05(03): 3-7.

朱显谟, 1960. 黄土地区植被因素对于水土流失的影响[J]. 土壤学报, 08(02): 101-121.

朱震达, 刘恕, 1984. 关于沙漠化概念及其发展程度的判断[J]. 中国沙漠, 04(03): 2-8.

Baver L D, 1939. Ewald Wollny-a pioneer in soil and water conservation research[J]. Soil Science Society Proceedings, 3(C): 330-333.

Berry L, Ford R B, 1977. Recommendations for a system to monitor critical in areas prone to desertification [M]. Massachusetts: Clark University.

Kosmas C, Kairis Or, Karavitis Ch, et al., 2014. Evaluation and selection of indicators for land degradation and desertification monitoring: methodological approach[J]. Environmental Management, 54(5): 951-970.

Morgan R P C, Rickson R J, 1994. The european soil erosion model: an update on its structure and research base. [C]// Conserving Soil Resources: European Perspectives Selected Papers from the First International Congress of the European Society for Soil Conservation. CAB International, Cambridge, 286-299.

Reining P, 1978. Handbook on desertification indicators[J]. American Association for the Advancement of Science, 7827: 141.

Reynolds J F, Grainger A, Stafford Smith D M, et al., 2011. Scientific concepts for an integrated analysis of desertification[J]. Land Degradation & Development, 22(02): 166-183.

Rose C W, Williams J R, Sander G C, et al., 1983. A mathematical model of soil erosion and deposition processes: I. Theory for a plane land element[J]. Soil Science Society of America Journal, 47(05), 991-995.

Sepehr A, Zucca C, 2012. Ranking desertification indicators using TOPSIS algorithm[J]. Natural Hazards, 62(03): 1137-1153.

Wischmeier W H, Smith D D, 1965. Predicting rainfall-erosion losses from cropland east of the rockey mountains[J]. Agricultural Handbook, 282.

Wischmeier W H, Smith D D, 1978. Predicting rainfall erosion losses-a guide to conservation planning[J]. Agriculture Handbook (537): 285-291.